向地球深部进军

《向地球深部进军》编委会◎编著

中国石化出版社
·北京·

图书在版编目（CIP）数据

向地球深部进军 /《向地球深部进军》编委会编著 . 北京：中国石化出版社，2024.10. -- ISBN 978-7-5114-7734-7

Ⅰ. P618.13

中国国家版本馆 CIP 数据核字第 2024TS5080 号

中国石化出版社出版发行

地址：北京市东城区安定门外大街58号
邮编：100011　电话：（010）57512500
发行部电话：（010）57512575
http：//www. sinopec-press. com
E-mail：press@ sinopec. com
宝蕾元仁浩（天津）印刷有限公司印刷
*
710 毫米 ×1000 毫米　16 开本　16 彩插　19.25 印张　291 千字
2024 年 10 月第 1 版　2024 年 10 月第 1 次印刷
定价：98.00 元

坐落在塔克拉玛干沙漠的顺北油气田

涪陵页岩气田钻井平台

胜利济阳页岩油国家级示范区揭牌仪式现场

亚洲陆上最深井——跃进3-3XC井

9000米超深井钻机在新疆作业

西北油田的岩芯库里收藏着4200余口井的岩芯样本

顺北10斜井经过放喷测试喜获高产油气流，为中国石化“深地工程”再添一口高产井

世界首台万米修井机在顺北油气田作业

大漠里的“不夜城”——顺北油田联合站

坐落在顺北油气田4号断裂带的顺北4-7井

中国石化员工扎根塔克拉玛干沙漠，推动中国石化“深地工程”向地层深部进军

正在施工中的焦页23东平台“瘦身井”

焦页11东平台压裂现场

焦页106-7HF井（瘦身Ⅱ型井）

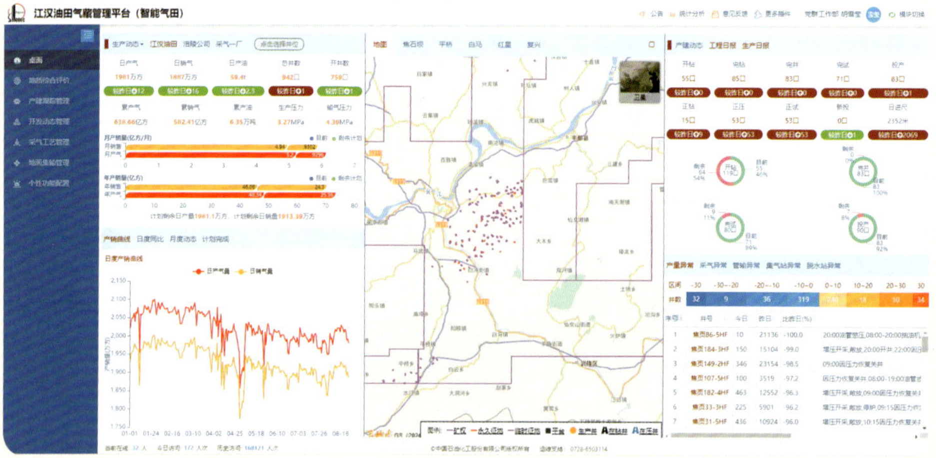

江汉油田气藏管理平台

运行中的白涛集输站

涪陵页岩气公司采出水处理站

焦页12平台完成最大规模电驱压裂施工

涪陵页岩气公司生产调度调控中心指挥施工现场

胜利济阳页岩油国家级示范区重点项目牛页一区试验井组现场，胜利石油工程公司4部钻机正同时进行钻井施工，唤醒“沉睡的宝藏”

胜利石油工程公司在胜利民丰页岩油示范区进行钻井施工

5000 型电动压裂装备在胜利济阳页岩油国家级示范区作业

胜利油田勘探开发研究院天然气项目部科研团队通过地震资料讨论断裂解释方案

胜利石油工程公司9部钻机迎着风雪在民丰示范区同时进行页岩油钻井施工

黄河钻井 70183 钻井队在莱深斜 2 井进行钻井施工

樊页平 1 井生产现场

中国石化首台2500型超大功率固井车下线

SCF8000型全电动压裂装置亮相北京CIPPE石油展会

编 委 会

提供资料人员名单（排名不分先后）

仝攀龙	张　玉	雷　丽	吴丽萍	余志群	郭旭升	刘津农
周　怿	刘胜华	朱向前	杨晓敏	王永刚	管京伟	蒲　舜
龚武彦	王从章	余满和	朱克民	李星灼	冯　麒	陈常山
孙继军	张义铁	侯　林	孙　珂	魏祥峰	王福全	林　波
黄智勇	程　强	魏佳琪	秦紫函	张　俊	杨　威	龚　伟
汤　晶	杨卫星	戴　莹	骆洪峰	邹　成	张　琳	王玉鹏
单旭泽	丁大雷	赵春国	王玉庆	任丽丽	姜邵华	朱　汧
朱　维	刘景涛	于成旺	李　澎	常　宏	宋　民	钱　程
孙海涛	孙万芹	王海琳	朱荣威	李占军	王明堂	罗　涵
邱振军	游少雄	夏　梅	杨楚钰	徐清洲	刘　猛	汪　睿
胡雪莹	冯　柳	姜　睿	邵洪伟	谢　江	毛红兵	曹　伟
刘洪波	谭伟春	李　翔	陈　卉	赵　昂	陈谨之	黄　丽
王海坤	王　彦	田其中	贺　彦	李风勋	王再峰	王孝祥
戴安妮	薛　婧	姜智利	徐智华	王　强	陈斐然	刘春光
周　霞	王　昆	李世凯	沈志军	韩克宁	郭　涛	张矿明
蒋仁义	陈四平	刘　明	张勇林	袁　鹏	刘江波	李学仁
农瑞雪	付　松	李　伟	林佳欣	石建芬	梁　榜	郑爱维
黄予剑	朱晓明	程　涛	师清洋	李子贤	张　磊	林利明
李　玲	孟宪波	冯海涛	王维东	于　佳	李泰豫	史忠华
徐海峰	张　太	赵　静	张翠琦	邵明浩	张吉源	张晶晶
陈国峰	袁　敏					

序

今年适逢新中国成立75周年，《向地球深部进军》一书即将出版发行，这部书的主题聚焦石油铁军在油气勘探领域向地球深部进军的新历程、新成就、新经验，读来令人十分感奋，可喜可贺！

中华人民共和国豪迈地跨进伟大的新时代，在以习近平同志为核心的党中央坚强领导下，石油战线上的广大干部职工深入贯彻落实习近平新时代中国特色社会主义思想，认真学习党的二十大精神，全面深化改革，大力发展新质生产力，取得了一个又一个新成就，实现了一个又一个新突破，中国石油工业又迎来一个新的发展黄金期。英雄的石油铁军按照党和国家大力实施“深地”战略的重要部署，吹响“向地球深部进军”的强劲号角，持续攻克超深、超高温、超高压等世界级难题，不断刷新“深地”纪录，真正把“深地工程”铸造成为深层油气勘探开发的“大国重器”，为保障国家能源安全、端牢能源饭碗提供了有力支撑。《向地球深部进军》一书从举世瞩目的“深地一号”写起，全方位、立体地展现出深地工程三大基地——顺北、济阳、川渝异常艰辛的开发建设历程，可谓举全国之力，调集精兵强将，通过大兵团联合攻关、攻坚啃硬，先后在深地油气富集理论、深地技术等方面取得重大突破，我国深地系列技术一举跨入世界前列，多年来积极探索，已在四川盆地深层天然气页岩气、塔里木顺北深层油气和胜利油田深层页岩油等领域取得一系列重大发现，成为我国深地油气领域的主力军。“深地一号”已落实4个亿吨级油气区，逐步形成国内领先的“地下珠峰”找油采油的深地技术序列，实现了由“打不成”到“打得快、打得准”的重大跨越。十几年来，正是把推进“深地工程”建设与贯彻落实“四个革命、一个合作”能源安全新战略紧密结合起来，在深地油气领域研究及勘探开发上持续发力，才真正将“深地工程”打造成为深层油气勘探开发的“大国重器”，成为“向地球深部进军”战略部署中当之无愧的金牌工程，为保障国家能源安全再添利器。《向地球深部进军》全书分为六章：技术创新创奇迹、管理提升谱新篇、绿色环保树典范、拼搏奋斗见精神、敢为人先铸功勋、“深地”建功育英才。六个板块相互呼应、层层递进、浑然一体、引人入胜。

《向地球深部进军》的出版发行，对于真实记录、生动展示中国石油铁军十几年来向地球深部进军攻坚克难、屡创佳绩的辉煌历程，大力弘扬在石油工业波澜壮阔发展历史征程上长期孕育形成的伟大石油精神、大庆精神与铁人精神，在新时代进行伟大斗争、建设伟大工程、推进伟大事业、实现伟大梦想具有重要的史料价值与现实意义。这部厚重的史诗性作品的创作与出版发行，堪称一项传播新时代石油铁军形象的亮点工程，更是一项用心、用情、用力铸造的精品文化工程。

“中华民族伟大复兴，绝不是轻轻松松、敲锣打鼓就能实现的”，在保障国家能源安全、全面建成社会主义现代化强国这一伟大征程中，中国石油工业大军任重道远。在当前认真学习贯彻党的二十届三中全会精神之际，中国石油人当全面深化改革，大力培育发展新质生产力，坚决扛起“国之大者”的使命担当，踔厉奋发、苦干实干，开启新时代中国石油工业“由大到强到优”的新征程，把“向地球深部进军”的宏伟壮举进行到底，全面推动石油工业高质量发展，为实现中华民族伟大复兴的中国梦做出新的更大贡献，用更加优异的成绩庆祝新中国成立75周年。

第十四届全国政协委员
中国能源化学地质工会主席

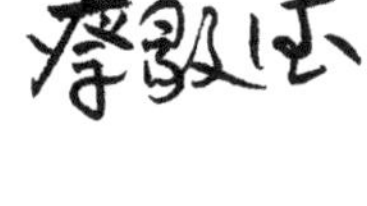

2024年9月2日

前 言

人类社会进入工业时代以来，油气产业在全球迅速发展，石油与天然气成为世界经济和社会发展的主体能源，成为支撑人类社会工业文明的重要基础和全球经济发展的“血液”，在国际经济、政治和军事领域发挥着越来越重要的作用。当今世界风云激荡，正处在百年未有之大变局，无论是发达国家还是发展中国家，无一例外地高度重视本国油气产业发展，都在根据世界能源发展形势与本国国情制定油气产业发展战略，迎接国际政治和经济环境变化带来的机遇与挑战。油气产业发展有其自身的现实特征与理论逻辑，多年来，中国石化持续攻克超深、超高温、超高压等世界级难题，不断刷新“深地”纪录，吹响“向地球深部进军”强劲号角，把“深地工程”铸造成为深层油气勘探开发的“大国重器”，为保障国家能源安全、端牢能源饭碗提供了有力支撑。

党和国家大力实施“深海、深地、深空”战略，强调“向地球深部进军”是我们必须解决的战略科技问题，深层油气资源勘探开发则是开展地球深部探测的重要组成部分。向地球深部进军的伟大战役打响之后，华夏大地捷报频传，历史必将永远铭记这两个熠熠生辉的日子：

2022年8月10日，中国石化宣布：公司在油气领域实施的“深地工程”获得重大突破，顺北803斜井测试喜获高产工业油气流，成为顺北油气田超深层第15口“千吨井”。就在同一日，中国石化正式命名顺北油气田为中国石化“深地工程”顺北油气田基地，这是我国第一个以“深地工程”命名的油气项目，也是中国石化首次命名

“深地工程”，顺北油气田基地被誉为“深地一号”。

2023年11月15日，中国石化宣布：公司“深地一号”亚洲陆上最深井——跃进3-3XC井获油气突破，这口井完钻井深达9432米，刷新亚洲陆上最深井纪录，其成功钻探充分证明我国深地系列技术已跨入世界前列，为进军万米超深层提供了重要技术和装备储备，为保障国家能源安全再添利器。

深层、超深层已经成为我国油气重大发现的主阵地。我国深层、超深层油气资源达671亿吨油当量，占全国油气资源总量的34%，勘探潜力巨大。近年来，中国石化调集精兵强将，通过“大兵团”联合攻关，在深地油气富集理论、深地油气勘探开发技术等方面取得重大突破，成为我国油气领域“向地球深部进军”的主力军。

中国石化部署的“深地工程”分为顺北、川渝、济阳三大基地，横跨华夏大地的东部与西部，具有战线长、分布广、油气储量大的特征。

深地工程·顺北油气田基地：位于塔里木盆地腹地，储层平均埋藏深度超7300米，钻探深度超8000米的油气井达114口，是世界陆上最深的商业开发油气田之一，已落实4个亿吨级油气区，成为10年来塔里木盆地油气勘探的新亮点，被誉为“深地一号”。

深地工程·川渝天然气基地：主要包括深层海相碳酸盐岩常规天然气、深层页岩气两个领域，勘探分公司部署的元深1井完钻井深达8866米，创造了中国石化在四川盆地直井最深纪录。截至2022年底，在四川盆地矿权区内拥有深层天然气资源量15万亿立方米。

深地工程·济阳页岩油基地：位于胜利油田，具有“低、深、厚、高”的特征，演化程度低、埋藏深（一般为3000~4000米，局部可达5500米）、页岩厚度大、异常高温高压。初步估算，该区域页岩油资源量41亿吨，区域深度是当前国内页岩油领域之最。

2023年11月15日，中央广播电视总台将镜头对准中国石化“深地一号”跃进3-3XC井，在CCTV13新闻频道两次进行直播连线、全时段七次报道，见证挺进万米、亚洲陆上最深井测试获得高产油气流的历史时刻。这是继中央广播电视总台直播跃进3-3XC井5月1日开钻实况之后，再次聚焦中国石化“深地一号”。

当日，“亚洲陆上最深井获高产油气流”登上中央电视台《新闻联播》节目，引发全社会对“深地工程”的广泛关注。新华社发布“9432米！中国石化‘深地一号’跃进3-3XC井刷新亚洲陆上最深井纪录”权威快报。央视客户端进行一小时直播。《人民日报》、新华社、央视新闻、央视财经、《科技日报》、《证券日报》等多家媒体发布新闻快讯和新媒体视频。《新疆日报》、新疆广播电视台等地方媒体对该井的突破进行全方位报道。

与此同时，中国石化向深地进军、挺进近万米地下获取油气资源的相关新闻在网络上引发热议，话题“亚洲最深井找到油了”登上抖音热搜榜。“国资小新”等纷纷转发。中国石化及报社新媒体矩阵做好“深地一号”直播宣传，在微信视频号、抖音、快手三个平台同步直播，截至当日20时发布图文视频数十条，在全系统引发热烈反响。

在我国油气勘探开发实践中，埋深超过8000米的地层为超深层。目前塔里木盆地和四川盆地是我国两个最丰富的深层油气盆地，虽具有资源丰富度高、规模大、整体储量大等特点，但存在诸多世界级勘探开发难题。

通过“大兵团”联合攻关，中国石化在深地油气富集理论、深地技术等方面取得重大突破，通过多年积极探索，已在四川盆地深层天然气页岩气、塔里木顺北深层油气和胜利油田深层页岩油等领域取得一系列深层油气大发现，成为我国深地油气领域的主力军。

中国石化董事长、党组书记马永生在为“深地一号”揭牌时表示，深地工程既是中国石化贯彻落实“深海、深地、深空”战略的实际行动，也体现了打造深地技术原创策源地的阶段性成果。未来，中国石化将继续推进“深地工程”，加大深地油气勘探开发力度，提升深部资源勘探开发能力，推进深地领域技术研发和成果应用，为更好端牢能源饭碗提供战略科技力量。

中国石化“深地一号”已落实4个亿吨级油气区。“深地一号”——顺北深层油气田项目，位于塔里木盆地中西部，油藏具有超深、高温、高压等特点，储层平均埋藏深度超过7300米，是全球陆上最深的商业开发油气田之一，也是中国石化向地球深部进军的重要代表。截至2023年5月，“深地一号”垂直深度超过8000米的井已有49口，定向井井深最深达到9300米，刷新亚洲最深井纪录，井深超过珠穆朗玛峰的高度，这些井堪称“地下珠峰”。“深地一号”油气井平均深度已是全国之最，在塔里木盆地超深层凝析气藏连续获得重要油气突破，落实了4个亿吨级油气区，成为近十年来塔里木盆地石油勘探的新亮点。

中国石化已形成国内领先的深地技术序列。“地下珠峰”是否有油，地质理论创新起到重要的引领作用。面对顺北极限地质条件，中国石化率先突破8000米超深层油气勘探“死亡线”，提出在“低地温、大埋深、高压力”条件下海相烃源岩抑制生烃模式、超深断控缝洞型储集体成储机制和油气成藏模式，形成超深层断控缝洞型油气成藏理论，丰富和发展了海相油气成藏理论。

“地下珠峰”找油，技术突破至关重要，犹如站在珠穆朗玛峰顶看清雅鲁藏布江上的游船。经过数年研究，中国石化形成了超深层储层立体成像技术和缝洞体精细雕刻技术，相当于给地球深部做CT扫描，断裂识别精度从30米提高至15米。该技术已经应用在顺北1.4万平方千米的地震资料处理中。目前，根据该技术形成的地震资料部署井位超过80口，建成产能超百万吨。

“地下珠峰”采油，中国石化已掌握超深层油气优快钻进技术，攻克了超高强度套管、钻杆、钻井液、测控仪器、完测工具等关键技术，探索形成了一套具有顺北特色的8000米级复杂超深层井身结构设计及配套技术和标准规范，实现了由“打不成”到“打得快、打得准”的重大跨越。

“深地工程”将成为深层油气勘探开发的“大国重器”，具有广阔前景。十几年来，中国石化把推进“深地工程”与贯彻落实“四个革命、一个合作”能源安全新战略紧密结合起来，在深地油气领域研究及勘探开发上持续发力。

除了顺北油气田，中国石化四川盆地深层天然气项目和济阳深层页岩油项目均有突破。四川盆地深层天然气项目主要包括深层海相碳酸盐岩常规天然气和深层页岩气两个领域。一是深层海相碳酸盐岩常规天然气领域，该领域主要包括中国石化的普光气田、元坝气田、川西气田。截至2022年12月，普光气田有深度超6000米井45口；元坝气田有深度超7000米井58口，其中元深1井完钻井深8866米；川西气田有深度超6000米井18口。二是深层页岩气领域，中国石化在四川盆地矿权区内拥有深层页岩气资源量6.3万亿立方米，是页岩气未来增储上产的重要领域，该区域投入商业开发的页岩气埋藏深度是目前我国乃至全世界之最，2022年实现4200米深层页岩气攻关新突破。济阳深层页岩油项目位于中国石化胜利油田，具有“低、深、厚、高”的特征：演化程度低，埋藏深，页岩厚度大，异常高温、高压。初步估算，该区域页岩油资源量41亿吨，区域深度是当前国内页岩油领域之最。

本书对我国“深地工程”建设过程中取得的系列成果、涌现的杰出人物事迹等进行系统呈现。受作者水平所限，书中难免存在不足之处，敬请读者谅解指正。

目　录

第一章 技术创新创奇迹

第一节　理论创新

1　理论技术新突破催生油气勘探重大新成果

积极践行习近平总书记“四个革命、一个合作”能源安全新战略，加大国内油气勘探开发与油气增储上产力度，破解油气资源接续困局，是油气勘探队伍的使命与责任。中国石化坚持以习近平总书记重要指示精神为指引，坚持以保障国家能源安全为己任，坚定发展信心，突出科技创新，解放思想、勇于实践，理论技术不断取得新突破，指导发现了一批重大的油气勘探新成果。

破解瓶颈难题，开拓“深地工程”新领域

2016年，中国石化在塔里木盆地顺托果勒地区发现了8000米以深的顺北超深层油气田，展现了良好的资源潜力。作为全球首个超深层海相碳酸盐岩走滑断裂带控制的油气藏类型，不仅面临高温高压的工程技术挑战，更面临全新油气藏类型的地质理论认识挑战。为此，中国石化油气勘探人员直面挑战、创新思维，突破“走滑断裂带不能形成规模储集体”传统认识的束缚，揭示了超深层走滑断裂断控缝洞型储集体形成机制，认识到走滑断裂带具有“控储、控圈、控运、控藏、控富”五位一体特征，提出了“多源供烃、多期充注、断坡输导、断栅控富”断控缝洞型油气藏成藏模式，初步形成了超深层海相碳酸盐岩走滑断裂断控油气成藏理论。同时，攻关形成了超深层碳酸盐岩走滑断裂立体成像、量化描述与目标刻画等关键技术，创造性地提出了超深层定向井“通源主断面、串珠红波谷、应力场方向”三参数靶点空间精准定位技术，以及“两控、三定、四型”高产井部署流程和“七要素”定井关键技术；攻关集成了超深层优快钻完井技术与装备，实现了由“打不成”到“打得快、打得准”的重大跨越，具备了向万米深地进军的能力。

以此为基础，中国石化在顺托果勒地区部署探井28口，断控规模储集体钻遇率由71%大幅提升到87.5%，其中，日产千吨以上的高产井达到25口。通过整体评价、重点部署、分步实施，截至2024年6月，已落实4个亿吨级油气富集带，累计探明石油地质储量1.8亿吨、气层气地质储量2093.1亿立方米、凝析油地质储量1.23亿吨，建成了300万吨/年油气当量的生产能力。顺北油气田是我国第一个以“深地工程”命名的油气田，成为全球陆上超深层领域油气勘探开发引领者。

加快技术迭代，形成页岩气发展新局面

中国石化强力推进涪陵国家级页岩气示范区建设。10余年来，经过持续探索与实践，创新提出海相页岩气“二元富集”理论认识，指导发现了涪陵大型页岩气田；创新形成“超压富气、石英抗压保孔”新认识，攻关形成“密切割、增净压、促缝网、保充填”深层压裂工艺技术，实现了威荣、丁山、东溪深层页岩气重大突破；创建立体开发新模式，涪陵页岩气田采收率最高达44.6%，达到国际先进水平；创新形成常压页岩气“沉积相带、保存条件、地应力场”三因素控制富集高产新认识，实现了南川、白马等地区常压页岩气的勘探突破。

通过加快理论技术升级迭代，中国石化形成了独特的页岩气勘探开发理论体系和技术系列，实现了“走出涪陵、走向深层、走向常压、走出志留系”的四大突破。到2023年底，中国石化已累计探明页岩气地质储量1.2万亿立方米，累计产气623亿立方米。其中，2018年探明并开发的威荣页岩气田成为我国首个深层页岩气田，也是中国石化第二个超千亿立方米的页岩气田；2022年探明的綦江页岩气田成为中国石化第三个超千亿立方米的页岩气田。2021年在川东石柱复向斜突破二叠系吴家坪组，2023年在井研地区突破寒武系筇竹寺组，在普光地区突破二叠系大隆组。中国石化已经探索出一条技术自主、装备国产、环境友好、效益优化的涪陵特色页岩气勘探开发之路，形成了“多层系有序接替、多领域共同发力”的南方海相页岩气快速发展新局面。

创新勘探模式，打造页岩油上产高起点

中国陆相页岩油存在沉积相带变化快、非均质性强、泥质含量高、原油可动性弱、油层可压性差等特点，与国外的海相页岩油相比，地质条件更复杂、勘探开发难度更大。

勘探技术人员从宏观上布局，从微观处着手，优选济阳坳陷沙河街组、苏北盆地溱潼凹陷阜宁组二段、四川盆地万县复向斜侏罗系凉高山组，以及南襄盆地泌阳坳陷核桃园组三段作为重点攻关领域。通过集中优势力量创新研究，揭示了页岩油主要赋存于“千层饼”状“纹层型”混积页岩无机孔隙之中的富集机理，形成页岩油“甜点”地球物理预测技术，建立了“地质‘甜点’最优定层、压裂‘甜点’最大定窗、钻井‘甜点’最快定靶”的长水平井定井模式，形成了集“井轨迹优化控制+精细控压+差异化堵漏+个性化模式+高效固井技术”于一体的长水平井优快成井技术，配套形成了集“CO_2混相压裂+缓速酸压+通道压裂+体积压裂”于一体的大规模“组合缝网”压裂工艺，初步探索出了中国特色的陆相页岩油勘探开发理论体系及工程技术系列，水平井“甜点”钻后测试符合率达到91.8%。

在此基础上，中国石化实现了陆相页岩油从单井到井组、从博兴洼陷8口井“3层楼”井网，到牛庄洼陷20口井“5层楼”井网，再到民丰洼陷39口井“7层楼”井网立体勘探开发模式的新突破，在4个盆地均取得战略性突破，在高起点上实现了陆相页岩油高质量勘探与效益开发，落实了济阳坳陷一个十亿吨级和四川、苏北两个亿吨级规模效益增储区。2022年8月25日，济阳陆相断陷湖盆页岩油国家级示范区正式挂牌，2023年示范区产量已快速上升到32.8万吨，济阳坳陷新增探明页岩油地质储量1.5亿吨，中国石化页岩油累计三级储量超过10亿吨。

完善理论体系，拓展致密油气增储大场面

中国石化碎屑岩致密油气主要分布在鄂尔多斯、四川、准噶尔、塔里木四大盆地边缘与深拗区，理论技术难题多，增储上产难度大。

油气勘探技术人员针对致密油气的特殊性和复杂性，先后组织多轮次协同攻关。在成藏理论方面，揭示了四川盆地须家河组致密油气具有“多源供烃、相带控储、两类成藏、差异富集、缝孔高产”的富集高产规律，建立了断缝型、孔隙型、复合型成藏模式，实现了须家河组致密砂岩勘探由“大面积成藏”到“甜点富集带”勘探思路的新转变；揭示了鄂尔多斯盆地北部“近源优先、断砂输导、调整定型、单砂控富”准连续-非连续差异成藏规律，指导探明了鄂尔多斯盆地中北部大牛地、东胜两个千亿立方米大气田；揭示了准噶尔盆地超深层碎屑岩“低温、超压、优相、烃充注”四要素控储机制，有效储层下限拓展到7000米以深。在工程技术方面，攻关形成了物探与地质、地质与工程、技术与经济一体化评价技术，支撑了甜点储层评价及井位目标优选；通过个性化PDC钻头优选、精细控压钻井，引进抗高温、封堵、抑制合成基钻井液，实现了致密储层超深井打得快、打得好；攻关形成了以“精细分段+超高压+大排量+高强度”为核心的精细分段体积压裂，储层改造成效再上新台阶。

通过十年攻坚，中国石化致密油气勘探开发场面持续拓展，发现了中江、大邑、东胜、合兴场、新召、巴中6个大气区和准北缘亿吨级油田，成为中国石化油气增储上产的稳定器。

突出价值引领，激发老油区勘探新活力

经过70多年的勘探开发，中国石化东部断陷盆地已进入中高勘探程度阶段，勘探对象更加复杂隐蔽，新发现储量品位呈现规律性下降趋势，剩余资源劣质化程度更加明显，要想保持老区勘探旺盛的生命力，就必须在精细上下功夫，在质量上求生存，在效益上谋发展。

为此，油气勘探人员突出价值引领，坚定树立“任何资源都有价值”“精细勘探创造价值”的理念，着力创新驱动，重在管理提效。系统开展构造、储层、沉积、成藏等要素的再认识，结合油气有序性分布规律，细分目标类型多轮次开展精细地质建模；攻关形成以“节点采集、宽频宽方位处理、五维数据解释”为核心的单点高密度地震勘探技术，实现了对复杂隐蔽油气藏目标的精细刻画，结合高质量勘探流程再造和标准重建，细分勘探单元多层次推进精细勘探。以此为保障，中国石化东部老油区在储量“空白区”、复杂断裂带“接合部”及大型沉积体系“边缘地带”不断获得新的发现，探明石油地质储量呈现恢复性增长，老区勘探活力不断激发。

今后，中国石化油气勘探队伍将继续以“深地工程”为引领，以低成本适应性技术攻关为抓手，在8500~10000米特超深层、3500米以深的中高成熟度页岩油、中–上扬子“三新”领域页岩气，以及中西部复杂领域致密油气、东部老区复杂隐蔽油气藏、海域低勘探程度区等领域，持续打造油气勘探理论技术新高地，进一步提升增储规模、质量与效益，不断夯实保障国家能源安全的资源基础。

2 深化地质认识，解锁走滑断裂勘探密码

在世界范围内，走滑断裂广泛发育于板块边界或板内构造环境。早期走滑断裂研究集中于超大-大尺度的板缘或盆缘边界断裂，这些走滑断裂滑移距往往可达数百千米，如美国西部的圣安德列斯断裂、中国西部的阿尔金断裂等。然而，板内或盆内中-小尺度走滑断裂由于远离挤压碰撞边界，滑移距在数百米至数千米不等，如美国密歇根盆地、俄罗斯西西伯利亚盆地、中国塔里木盆地。板内走滑断裂由于资料少、变形弱、识别难，无成功商业勘探开发经验可借鉴，未形成系统的断裂解析方法及勘探评价思路。

顺北地区位于塔里木盆地腹部构造低部位，广泛发育中-小尺度板内走滑断裂体系。2016年以来，西北油田与石油勘探开发研究院研究团队针对顺北东部走滑断裂开展持续攻关，据统计，塔里木盆地走滑断控领域资源量可达20亿吨。

顺北地区走滑断裂埋深大、断距小、成藏过程复杂，勘探存在“三难”特点：一是断裂隐蔽性强，埋深更大，且受火成岩等干扰，地震成像与识别难度更大；二是断裂样式多变，储集结构更复杂，非均质性更强，规模储集体的发育模式不清；三是断裂控藏要素多样，富集高产机制复杂，勘探目标优选难度大。

2019年以来，研究团队通过联合攻关，取得“三新”成果：一是通过地球物理技术攻关和针对性处理，有效提升了顺北超深层断控储集体的处理成像精度；二是提出走滑断裂通过构造破碎直接成储，具有“平面分段、纵向分层”的空间结构，建立储层“簇状结构”新模式；三是确立了断裂精细解析要素与勘探评价关键因素，形成了“烃源岩选区、输导性选带、储集性选段、非均质性选点”全过程高效勘探评价技术。

在上述理论方法的指导下，塔里木盆地顺北地区走滑断控新领域油气勘探获得连续突破，迅速成为增储上产的主阵地。而纵观全

局，中西部塔里木、四川、鄂尔多斯、准噶尔四大盆地均为压扭性叠合盆地，走滑断裂普遍发育，推动走滑断控领域油气勘探向四大盆地拓展，意义重大。

中国石化高度重视走滑断控领域原创技术策源地建设，持续引领走滑断控领域油气成藏理论与技术攻关，设立“中西部大型盆地走滑断裂体系成因及控藏机制研究”重大项目群，石油勘探开发研究院联合西北油田、勘探分公司、西南油气、华北油气、胜利油田、物探院等单位，产学研用一体化攻关，依托国家级、集团公司级科技攻关项目及油田生产项目整体推进，实现基础研究与技术创新成果的快速转化。

形成一系列理论技术创新成果

初步完成对走滑断裂解析、油气成藏理论与勘探评价技术的知识产权布局，构建了企业标准体系，在国内外形成了较大影响力。

在走滑断裂综合解析技术与成因序列方面，建立了压扭性盆地走滑断裂发育的4种地质模型与分布序列，揭示了大型盆地内部走滑断裂发育的必然性和分布的规律性，相比国内外前期依靠野外露头定性描述走滑断裂变形样式、重点关注盆内单断裂或单体系的解析，研究的解析方法更具多样性、针对性、先进性和系统性。

在走滑断控储集体内部结构表征与刻画方法方面，前期研究以核带结构成储认识为主，仅建立了适用于常规储层的叠后稀疏脉冲反演等地球物理方法。本轮研究将走滑断控储层从核带结构成储认识提升至“簇状”多断面认识，从单一均质模式提升至“横向分带、走向分段、纵向非均质性”模式，阐明了断裂–岩相–溶蚀叠加控制的4类储集体形成机制，建立了从隆起区到覆盖区断控储层的分布序列。

在走滑断控多类型油气成藏模式与富集机理方面，前期研究仅明确了碳酸盐岩断控缝洞型油气藏富集规律，未针对走滑断控油气藏建立针对性评价方法。本轮研究建立了断裂、岩相、流体耦合控制下的不同岩性地层走滑断控油气成藏动态模式，形成了全过程多参数的多类型油气藏断控目标评价技术，对勘探开发更具指导性与可操作性。

各大盆地边界条件、地层结构及演化过程等地质条件迥异，源-储-盖等地质条件也不尽相同，因此，需要在盆地内部不同成因走滑断裂有序分布的规律性认识指导下，加强走滑断裂与源、储等条件协同演化研究，科学指导勘探部署。

四大盆地勘探成果显著

在塔里木盆地，早期油气勘探主要围绕古隆起展开，对走滑断控领域的探索始于向斜坡区-低隆区勘探。跃进1井等重点探井的突破，拉开了斜坡区-低隆区油气发现的序幕。2015年，顺北油气田的发现标志着走滑断控领域获得重大突破。2016年以来，走滑断控油气藏勘探开发实践不断深入，形成了一系列走滑断裂控储控藏机制新认识，相继落实了顺北5号断裂带、顺北4号断裂带等4个亿吨级油气富集带。

在四川盆地，“十二五”期间开始探索川东涪陵地区走滑断裂，永兴1井在二叠系茅三段钻遇白云岩储层。“十三五”以来，系统研究川东涪陵、川东南綦江、川西南井研等地区走滑断裂及其控储控藏作用。2017年，建立断相溶三控型油气藏部署思路，在涪陵地区15号走滑断裂部署的泰来6井在茅三段试获气流。2019—2020年，建立断溶双控部署思路，在綦江地区部署的两口探井获得下二叠统天然气勘探新发现。

在准噶尔盆地，早期以构造圈闭、构造-地层岩性圈闭为主要勘探对象，先后发现了莫西庄油田、永进油田。对于盆内深洼带，前期认为不发育大规模走滑断裂，以低序次层间断裂为主。近10年，走滑断控油气藏理论的丰富和发展，开拓了准噶尔盆地超深层勘探新领域及接替阵地。在断相双控型油气藏理论指导下，在准中深洼带领域部署了征10井，实现二叠系上乌尔禾组和三叠系克拉玛依组勘探突破；建立断相溶三控型油气藏部署思路，在准西断壳体领域部署了排66等井，落实了准西规模增储阵地。

在鄂尔多斯盆地，早期认为克拉通盆地内断裂不发育。“十二五”以来，随着地震勘探技术进步，发现盆内广泛发育近直立状高陡断裂，具有断面直立、垂直断距小、多期活动的中小尺度走滑断裂特征。近年来，“断缝体”概念的提出及相应表征方法的进步，迅速推动走滑断裂构造认识与油气勘探开发获得新进展，并建立断相双控型油气藏部署思路，推动了鄂南致密油的有效动用。同时，建立断相、断溶双控油气藏部署思路，带动了杭锦旗新召、大牛地西部等地区的高效勘探。

3　转战海相新层系，开辟页岩气勘探新阵地

2023年3月，中国石化在川东北普光地区针对二叠系大隆组实施的首口页岩气专探井——雷页1井，首次在我国实现二叠系大隆组海相深层页岩气勘探重大突破，这是普光地区高能相带取得突破之后，时隔20年又在低能深水陆棚相区取得的重大突破。

2012年，国内首个页岩气田——涪陵页岩气田发现之后，历经10余年发展，我国在四川盆地奥陶系五峰组–志留系龙马溪组，相继发现了长宁、昭通、威荣、永川、綦江等多个页岩气田，为保障国家能源安全做出了重要贡献。我国页岩气地质理论认识逐步深化，地质工程一体化综合评价技术体系日趋完善，在五峰组–龙马溪组海相深层、常压及复杂构造区页岩气新领域相继取得重大突破。

为实现四川盆地页岩气可持续发展，勘探分公司坚决贯彻落实集团公司“走出志留系，走向新层系”的战略部署，立足全盆地，

积极开展海相深层新层系——二叠系的基础地质条件和勘探潜力评价，组建了一支“专家+新博士+老师傅”模式的勘探科研攻关团队，聚焦川东北地区开江-梁平深水陆棚相区，在米仓山山前带开展大量野外地质工作，利用地质露头、钻井取芯和超3000项次分析化验资料，结合地震资料编制沉积相图，认识到：中上二叠统发育大隆组、吴家坪组、茅口组3套海相富有机质页岩，3种类型页岩分布受“三阶段”沉积格局转换控制，建立了“初始扩张裂陷、地壳均衡坳陷、强烈拉张裂陷”构造沉积演化模式；综合页岩品质、保存条件及埋深，明确了南江与普光两个有利目标。

2019—2020年，攻关团队利用南江地区常规风险探井乐坝1井，开展兼探取芯评价，发现大隆组页岩具有良好含气性，揭示了二叠系大隆组海相页岩总体为高脆、低黏页岩，高脆性矿物页岩具有良好抗压保孔能力，埋深5400米超压区依然发育高孔储层，为进一步勘探坚定了方向。

2020—2023年，攻关团队积极开展大隆组页岩气深化评价研究工作，优选普光地区雷音铺构造，决定部署实施四川盆地首口大隆组页岩气风险探井——雷页1井。

该井位于宣汉-达县地区雷音铺构造，构造较为复杂，二叠系优质页岩分布非均质性强，且埋深大于4000米。通过老井复查和构造分析详细研究，发现雷音铺构造“优质页岩发育、构造背景独特、保存条件好、微裂缝发育”，这些都有利于大隆组深层页岩气富集高产，由此建立了盆内高陡超压型富集模式。

以此为理论依据，勘探分公司部署实施了四川盆地二叠系大隆组第一口页岩气专探井，导眼井钻探后，实际情况与钻前预判基本一致，大隆组页岩气“甜点”层含气量高、可压性好，决定实施水平井钻探。

然而，在水平井钻探中又面临新问题：因构造复杂，井轨迹控制存在较大难度。对此，攻关团队充分利用旋转导向+伽马成像，结合三维地震实时标定，对井轨迹进行精准控制调整，探索形成了复杂构造区“导眼井信息指引+快速偏移成像+伽马成像+旋转导向”的水平井轨迹控制技术，实现了该井水平段钻长1315米优质页岩钻遇率100%的目标。

针对大隆组页岩灰质含量高、泥灰岩夹层多、埋深大的特征，攻关团队与施工单位紧密合作，开展地质工程一体化研究，优化施工工艺，探索形成了二叠系海相复杂岩性深层页岩气“多段密缝+前置扩缝+超前打磨+阶梯提排+多级中顶+多粒径长段塞”的压裂工艺技术。按照“先压完7段，中途放喷评价压裂效果，优化后再完成后期压裂”的方案，顺利完成了全井段压裂施工，实现了埋深大于4000米大隆组新层系的高产。

雷页1井二叠系深层页岩气的突破不是一蹴而就的，是科研人员始终以问题为导向，集中攻关、持续攻关、做细研究，在创新海相新层系复杂岩性富集机理和页岩气关键技术基础上取得的。雷页1井大隆组页岩气层为国内新层系新类型深层页岩气层，其测试产量为目前国内二叠系海相页岩气最高，评价川北–川东北二叠系深层页岩气资源量超万亿立方米，具有良好的勘探开发前景，极大地拓宽了页岩气勘探领域，为推动“深地工程·川渝天然气基地”建设提供了强大动力。

4　创新深层油气成藏理论实现油气井高产

2014年7月，顺北地区的第一口重点探井顺北1井完钻，揭开了塔里木盆地超深层油气勘探的“冰山一角”，由此发现和建成了被誉为“深地一号”的顺北油气田。10年间，顺北油气田钻探深度超过8000米的油气井达114口，发现4个亿吨级油气区带，建成300万吨/年产能阵地，累计油气当量产量超过1100万吨。

只有掌握好油气成藏的地质理论，解决“有没有”的问题，才可能发现和建设大油气田。从顺北勘探起步开始，西北油田率先突破了8000米以深超深层油气勘探区域，创新形成了超深层断控缝洞型油气成藏理论，首次发现盆地腹部中小滑移距走滑断裂体系，创新提出“非共轴挤压，调节区域变形”发育机制；首次发现“断控缝洞型”储集体新类型，阐明其“构造破碎”成储机制；首次建立其内部“栅状”结构模型，开拓了超深层勘探新领域，有效指导了勘探方向。

地质理论创新成为照亮勘探进程的“灯塔”

塔里木盆地埋深在6000~10000米的石油和天然气资源丰富。探索深地对于缓解西北油田油气资源短缺局面、落实战略资源接替有着重要意义。

早在2004年，西北油田就提出了“塔河之下找塔河，塔河之外找塔河”的勘探战略，力求找到新的规模储量资源阵地。

打井采油，首先要从地质理论上明确某个区域或地层“有没有油”。进疆40多年的勘探开发实践证明，每一次的油气大突破，都离不开地质理论的先行飞跃。

1984年，沙参2井获得突破，拉开了塔里木盆地海相碳酸盐岩油气勘探的序幕。在生产实践中创新形成的海相碳酸盐岩缝洞型油气藏成藏理论，有力指导发现和建设了雅克拉气田等多个油气田。

1996—1997年，西北油田在奥陶系碳酸盐岩领域部署的沙46井、沙48井相继获得突破，以海相碳酸盐岩油气藏成藏理论和缝洞型油藏开发理论为指导，又发现和建成了我国最大的古生界海相油田——塔河油田，累计生产原油1.36亿吨。

在深地探索中创新形成超深层断控缝洞型油气成藏理论

2010年以后，通过一轮深入的区域地质研究，西北油田对盆地演化、烃源分布规律、油气成藏富集规律有了新认识，勘探思路由“邻近满加尔烃源区，以古隆起、古斜坡为勘探目标”转变为“立足原地烃源岩，沿着深大断裂带，以超深多成因、多类型裂缝－洞穴储集体为目标，寻找晚期原生规模轻质油气藏”。

在新思路指导下，2014—2015年，顺南4井、顺南5井、顺托1井相继获得重大油气突破，实现了由塔中隆起向顺托果勒低隆的勘探战略转移。2014年，顺北1井证实顺北地区奥陶系具备很好的成藏条件，实现了新地区、新领域的油气新发现。此后，顺北1-1H井、顺北1-2H井等7口滚动评价井均获得高产工业油流，发现了顺北1号断裂带整装亿吨级规模储量油气富集区，实现了顺北重大油气突破。

通过多年持续勘探评价，西北油田对顺北的油气地质特征有了深刻全面的认识，在前期潜山型、岩溶缝洞型油气藏的基础上，发现了国内乃至全球又一种新的油气藏类型，即断控缝洞型油气藏。

超深层断控缝洞型油气成藏理论创新提出了克拉通内中小尺度走滑断裂带“控储、控圈、控运、控藏、控富”五位一体油气富集模式，揭示了新的储集体类型与油气藏类型，丰富了海相碳酸盐岩成储与成藏理论，将碳酸盐岩有效储层埋深下限延深至8500米以深，拓展了超深层海相碳酸盐岩的勘探潜力。

新理论有效指导发现了10亿吨级的顺北油气田，并实现商业开发，为西北油田长远发展奠定了基础。

在攻克难题中获得新认识，持续丰富完善创新理论

虽然同在塔里木盆地，但顺北油气田与塔河油田在烃源岩、储层成因、成藏期、油气特性、构造位置、油藏类型等方面都存在明显差异。

西北油田在攻克难题中不断获得新认识，持续丰富完善创新理论，更精准地指导油气勘探。

顺北走滑断裂“一体多栅”规模储集体发育模式，就是近两年取得的新认识。

在勘探顺北油气田1号断裂带过程中，当在断裂面附近钻遇放空或漏失，研究人员通常认为找到了规模储层发育的位置，也取得了不错的油气效果。在勘探顺北油气田5号断裂带时，研究人员却发现在断面附近发育多个破碎储集体，这说明顺北断裂带内部储层结构并非想象中那么简单。他们结合野外地质考察、岩芯观察、室内实验模拟，分析4条断裂带近千个地震剖面，创新提出走滑断控缝洞型储集体“栅状结构”空间模型的新认识。

一道“栅栏”就像一排书架。以前，钻穿第一道栅栏，就认为找到了油气储藏空间。运用“栅状结构”新认识指导生产，一次就能钻穿多道栅栏，沟通多个储集体。顺北油气田4号断裂带、8号断裂带的34口井实现了“少井高产”，“栅状结构”空间模型功不可没。

向地球深部进军，需要探索更多的地质理论无人区、开辟更多的找油找气新路径，步履不停，奋发向前。

5 地质理论创新“唤醒”细如发丝般孔缝中的宝藏

2024年10月10日，中国石化发布高质量发展十项成果，“胜利济阳页岩油国家级示范区取得重大成果”入围，作为我国首个陆相断陷湖盆国家级页岩油示范区，估算资源量可望达到105亿吨，落实探明储量1.27亿吨，累计产油超80万吨，引领了中国陆相断陷湖盆页岩油的开发。

近年来，胜利油田立足自主创新，加强页岩油富集规律、开发机理研究，创新提出了页岩油勘探开发理论认识，成功“唤醒”了藏于细如发丝般孔缝中的宝藏。

胜利济阳页岩油国家级示范区取得重大成果，得益于胜利油田科技工作者敢于突破传统、自主创新，打破了成熟度小于0.9%的页岩油勘探开发禁区，将90%的资源从“不可动”变为“可动”。

胜利与页岩油的交集可以追溯到1972年，彼时，在渤南洼陷义18井泥页岩中首次发现工业油流。

在常规油气勘探过程中，胜利油田有多口井在页岩中见到了油气显示。

“这一阶段是‘偶遇’，没有意识到它就是几十年后风靡全球的页岩油。”受限于当时的地质认识，胜利与页岩油“擦肩而过”。

2006年前，胜利油田在济阳坳陷68口井泥页岩发育段进行测试，其中40口井初产达到工业油气流标准，累计产油超过11万吨。

21世纪初，美国依靠水平钻井和压裂技术迭代，实现页岩油革命。页岩油正式进入胜利油田地质工作者的视野，2008年，胜利油田首次对页岩油进行科研立项。

与北美页岩油相比，济阳坳陷页岩油具有海相与陆相、中高成熟与中低成熟之别。

2012年，借鉴北美页岩油勘探开发经验，胜利油田部署了4口页岩油专探水平井，因页岩油富集规律认识不清和钻井压裂技术不成熟等，最终铩羽而归。

国外石油公司给出的结论是：“济阳页岩油没有商业开采价值。”

国外公司的判断绝非信口开河。已发现的济阳页岩油比较稠，其特点是分子量大、黏度高，即使有油，在纳米级的微孔隙中也很难流动，即便能流动也不能高产。

钻探停了，研究不能停！稳住心神，耐住寂寞，脚踏实地，一群石油科研工作者默默耕耘，誓要打开济阳陆相页岩油这座古城堡。

岩芯是地质研究的第一手资料。2010年，胜利油田部署钻探了4口泥页岩系统取芯井，取芯1010米，这成为研究页岩油宝贵的第一手资料。

在胜利油田岩芯库，页岩油岩芯已累计上万米。依托国家级、省部级研究课题，胜利油田开展了15万次室内试验，验证页岩含油性、储集性、可压性、可动性，提出陆相断陷湖盆页岩油“咸化早生、无机控储、源储一体、超压封存”富集理论认识。

传统的石油成藏理论认为，生油层和储油层往往不在同一个层系，而页岩油属于源储一体、自生自储，生油层就是储油层，储集空间整体含油，体量巨大。

“济阳页岩油发育不同类型孔隙与裂缝，并且相互连通，构成不同孔–缝组合模式。”页岩油项目部负责人介绍道，“天然物质基础叠加工程工艺技术的进步，造就了济阳页岩油高产的传奇。”

目前，胜利油田已投产94口页岩油水平井，其中，36口页岩油井峰值日产油超百吨，单井峰值日产油262.8吨，刷新了国内页岩油单井日产最高纪录。

2024年6月20日，“页岩油气富集机理与高效开发全国重点实验室”和“济阳页岩油勘探开发试验示范基地”正式揭牌。

眼下，地质工作者正系统梳理总结页岩油的试采特征与规律认识，深化富集高产机制研究。

“从前研究孔在哪，只能定性地分析，如今我们能够将各级孔隙都刻画清楚，形成全尺度、多维度表征。”科研人员介绍道，“我们正在进一步探究这些孔到底是怎么来的，真正做到‘刨根问底’。”

犹如一名“蜂农”，胜利油田的专家每天在济阳坳陷四处追逐“蜜点”。

他们寻找的“蜜点”，是地质“甜点”和工程“甜点”重叠度最高的部分，次之称为“蔗点”，再次之称为“橘点”。

在页岩油井综合解释成果图上，红色、玫红色、橘黄色错落分布，“甜点”类型、厚度等参数一目了然。

“甜点”是指油气富集、在当前技术条件下可以有效开发的区域或层段，就像蛋糕店里摆放的一块块蛋糕，甜度不同，口感不同。

“页岩就像千层酥，油气就蕴藏在层层书页一般的岩石中，就像千层酥中的黄油和糖粉。”页岩油项目部专家说道。根据岩芯描述、分析化验及投产井产能分析，他们把页岩油的“甜点”锁定在页岩中的纹层状和层状岩相中。

油田创新陆相断陷盆地页岩油“三元储渗”理论，揭示了济阳页岩油高产稳产机制：灰泥纹层储集结构是高产的基础，人工造缝与天然裂缝叠加是高产的条件，高压油水置换、精细生产调控是高产稳产的保障。

“中高成熟度（大于0.9%）是页岩油富集可动门限”，这曾经是学术界的普遍共识。济阳页岩油勘探实践表明，在中低成熟度情况下，胜利济阳陆相咸化湖盆有机质不仅能早生油，而且能早富集，打破了传统的中高成熟度页岩油才富集可动用的金科玉律。

地质理论认识的重大突破带动了胜利济阳页岩油资源的急速扩张，初步测算，济阳页岩油资源量达105亿吨。

胜利油田分公司领导说，胜利油田已落实页岩油控制预测储量为17.3亿吨，资源量超百亿吨，与60多年来发现的常规油气资源量相当，为端牢能源饭碗、建设百年胜利开辟了新的资源。

第二节　技术创新

1　技术加持，沉睡页岩气横空出世

加快发展新质生产力，需要通过科技创新来推动产业创新。近年来，我国“深地产业”快速发展，为能源开发开辟了新的空间。

华东地区，每天都有源源不断的页岩气从重庆涪陵页岩气田通过川气东输管道奔腾1600多千米，输往长江经济带沿线6省70多个大中型城市，惠及上千家企业、近2亿居民，为他们的生产生活提供清洁能源，保障他们的能源安全。

根据国家能源局发布的《2019年中国天然气产业回顾与展望》，截至2018年底，我国页岩气探明储量达到7.5万亿立方米，占全球总储量的42.3%；然而，我国页岩气开发起步较晚，在此前一段时间里，丰富的页岩气资源深藏地底，难以有效开发利用。

2013年，重庆涪陵页岩气田开发建设，成为我国首个投入商业开发的页岩气田，结束了页岩气“沉睡”的历史。如今，这里已成为国家级页岩气示范区和勘查开发示范基地，年产量能达到100亿立方米。

该气田地处武陵山脉，这里谷地、岩溶洼地及小型山间盆地相间，逆顺地貌并存，山路陡、险、峭。地下的页岩气不仅埋藏较深，深度普遍都在数千米，而且由于经历复杂的地质变动，藏气岩层已经变形，甚至存在破碎情况，开采难度世所罕见。那么，这些页岩

气是如何开采出来的呢？

重庆武隆长坝镇石梁河畔，涪陵页岩气田焦页138平台井架高高耸立，在阳光照射下十分耀眼。

平台共布井9口，采取“井工厂”模式，2023年8月开始施工，现已完成5口井的施工任务，平均深度6100米左右。

一口井，钻井施工完成后，就进入了施工管理阶段：压裂效果评估、产能测试、环保评估等。

管理阶段结束后，就开始了压裂施工。压裂就是通过向地层注入高压液体和细砂，将地下含气岩缝撑开，形成树状的“羊肠小道”，然后页岩气就会通过这四通八达的通道逸出，可以起到增产增效的作用。

压裂完成后，页岩气会沿着形成的裂缝流动，被气井管收集起来，再经过处理和加工，输送给用户使用。

从几千米的地层深处采气，需要解决一系列的难题。在解决生产难题的过程中，技术团队研究开发了三维可视化综合地质导向技术、超长水平段优快钻完井技术、“井工厂”施工技术、“瘦身井”技术、高效水基钻井液等。他们还研发了全电驱压裂、“套中固套”重复压裂、“一键式”智能压裂等新技术，实现深层页岩气压裂技术升级换代。

现在，涪陵页岩气田平均钻井周期由最初的90多天下降到40多天，最短钻井周期仅20.75天，优质储层钻遇率在95%以上。每年，气田都要增加100口左右新气井。

截至2024年6月底，重庆涪陵页岩气田累计部署立体开发调整井超过500口，累计产量已突破650亿立方米。

2　页岩开发：加快推动“东方页岩革命”

北美海相致密油和页岩油通过科技创新引发了产业革命，主体开采技术持续升级，年产规模达亿吨级。我国为陆相沉积油藏，非均质性严重，不能套用北美技术，攻关形成了陆相致密油开发技术体系，年产规模已达千万吨级。我国陆相页岩油资源与开发潜力很大，开发理论技术研究和矿场试验已经取得显著效果，在新疆、大庆、胜利等油田设立了3个国家级页岩油示范区，页岩油开发技术迭代升级和提高采收率等核心技术研究取得了新进展。

目前，我国初步形成了针对不同类型页岩油的开采技术系列，实现了页岩油有效开采，但存在单井产量和累计产量低、区块采收率低（大都小于10%）等问题。近年来发展的二氧化碳前置压裂、密切割均匀压裂、无水压裂、提高垂直缝高压裂等新工艺，以及区块整体立体开采、页岩油尽早补能和二氧化碳吞吐/驱替提高采收率等新技术具有广阔的应用前景。需加快攻关、不断迭代升级配套技术，加快形成适用不同类型页岩油的压裂模式、开发模式和提高采收率技术系列，努力使单井EUR（评估的最终可采储量）达5万吨以上，力争区块采收率达到20%以上，实现区块整体规模立体效益开发，尽快推动我国页岩油年产量达千万吨级，成为我国原油长期稳产的有效接替资源。

页岩油气立体开发技术

“页岩革命”改变了世界能源格局。2023年，全球页岩油气产量为12.6亿吨油当量，占全球油气总产量的14.9%。美国依靠两次“页岩革命”，使页岩油气产量快速增长，从石油进口国转变为输出国，实现了能源独立。2023年，全球页岩气产量8706亿立方米，其中美国产量8312亿立方米，占比95%；全球页岩油产量4.75亿吨，其中美国产量4.3亿吨，占比91%；我国页岩油产量435万吨，页岩气产量250亿立方米。

立体开发能够大幅度提高页岩油气资源动用率和采收率，经过立体开发调整、整体立体开发等阶段，其已成为北美页岩油气主要开发方式。同时，工程技术的快速迭代，支撑了立体开发高质高效发展。钻井技术由密集井工厂钻井向自动化钻井迭代，超长水平段（普遍大于3000米）、超级“一趟钻”（造斜段+水平段“一趟钻”）、超级井工厂（单平台16口井）、强化钻井参数成为常态，大幅缩短了钻井周期、降低了建井成本。压裂技术则由单层体积压裂向多层立体压裂迭代，簇间距缩减至10米以内，加砂强度达到5吨/米，水平段单位长度产量提高30%以上；同步分流压裂、拉链式等施工作业模式的推广，使压裂效率由每天2~4段增至12~18段；以砂代陶，一体化变黏滑溜水使单段压裂成本大幅降低。

“立体开发+技术迭代”推动页岩油气产量持续上升、成本持续下降。2023年，美国页岩油气主产区钻机数为617台，不及2014年峰值的一半，但投产井数量仅下降11%，产量提升1.5倍，二叠盆地页岩油桶油成本由2014年的80美元降至29美元。

页岩油气立体开发是一种高效、系统化的开发模式。它是基于页岩油气沉积特征、储集特点和“甜点”分布，进行立体井网设计，通过优快钻井、立体压裂，在多维空间改造形成“人工油气藏”，以实现页岩油气藏储量“动用率、采收率、收益率”（3R）最大化。其中，地质-工程“甜点”描述是基础，缝网协同优化是关键，工程提速提效是保障。

页岩油气立体开发的关键因素包括双点（地质“甜点”是资源基础，工程“甜点”是改造基础）、双网（压裂缝网是动用关键，人工井网是控制关键）、双提（工程提速是效率保障，工程提效是效益保障）。

页岩油气立体开发技术体系包括页岩储层精细描述与建模技术、页岩压后储量动用表征技术、立体开发政策优化技术、立体开发配套工程工艺技术、页岩油气监测评价技术。

页岩储层非均质性描述是立体开发的基础。宏观尺度地质特征非均质性决定了立体开发的分区差异，储层微观尺度非均质性决定了立体开发的层系划分。

物质基础、应力隔层、纵向裂缝发育程度是页岩油气立体开发层系划分的关键参数。涪陵页岩气田焦石坝区块基于页岩品质、应力、裂缝特征精细研究，明确了不同分区的开发层系划分，形成了二层、三层差异化立体开发分区技术政策。胜利济阳页岩油示范区则根据地质"甜点"分层和泥岩隔层厚度、高应力层分布组合层段，结合压裂实际缝高，确定了立体开发层系，如将牛庄洼陷划分为沙三下、沙四纯上、沙四纯下3套开发层系5层立体开发。

立体开发井距、井网最大限度减少井间、层间负向干扰，达到"通而不窜"，实现储量动用最大化。涪陵页岩气田焦石坝区块立体开发确定了同层系300米、不同层系150米平面投影井距的立体开发技术政策，立体开发阶段89%的老井正面受效，平均增加EUR达2600万立方米。在胜利济阳博兴洼陷，综合考虑天然裂缝发育程度、压力干扰的正向和负向作用、邻井压力响应等因素，采用微地震监测、一体化模拟、矿场实践等方式，优化井距与压裂规模适配关系，确定了樊页平1井组合理井距为350~400米。

页岩油气要保证在黄金靶窗穿行。苏北盆地小断块发育，水平井难以实施，采用定向井（直井）分段压裂，优选阜二段Ⅰ/Ⅱ亚段纹层发育、可动油含量高、可压裂性好的水平井黄金靶窗位置射孔，采用"大规模注液+高强度加砂+变排量稳缝"压裂工艺，实现了造长缝、远支撑，取得拟水平井开发效果。红201井测试获最高日产油79.1吨，已累计产油1.9万吨，预测EUR 3.5万吨。

页岩油气压后缝网具有极强的应力敏感特征，合理配产能够有效提高单井EUR。在涪陵页岩气田白马区块，控压生产方式对单井EUR的影响程度可达到10%。胜利济阳页岩油示范区建立了以初期快排降水、稳定期合理控压为核心的全周期生产调控模式，通过长周期保持裂缝有效导流能力、页岩油在缝网空间的流动能力及储集层能量有序释放，控压生产单井EUR在4万~6万吨。

立体开发压裂突出人工缝网与剩余气控制程度的匹配性。涪陵页岩气立体开发调整中，沿水平段分类定制了“适度改造–精细改造–强化改造”工艺参数组合，以及交错/定向射孔、暂堵转向等工艺对策，实施后，改造缝网扩展形态与剩余气展布匹配度达91%。济阳页岩油断裂系统发育，整体同步压裂易造成局部应力集中，存在套变、压窜风险，通过兼顾井筒安全和压裂改造体积最优，在差异化压裂设计基础上，优化压裂施工顺序，减小应力集中，有效控制套变套损，实现缝控体积最优化。牛页一区井组每百段套变段数由8段降至0.8段。

压后取芯可以评价人工缝网。涪陵页岩气田三层立体开发焦石坝66井组共有9口生产井，已累计产气6.5亿立方米，预计采收率48.1%，设计实施了3种不同井型6口取芯井，累计取芯1122.96米、识别出水力裂缝3384条，岩芯裂缝中取到支撑剂10处，由此得到了诸多压裂认识。

目前，中国石化页岩油气立体开发成效显著。涪陵页岩气田立体开发井日贡献气量占气田总产量的50.2%，焦石坝区块储量动用率达到85.4%，三层立体开发区采收率提高至44.6%，2022年起实现净现金流为正。胜利页岩油产量实现跨越式增长，2023年产油29.6万吨，2024年日产油量升至1900吨，平均单井EUR达4.4万吨。苏北页岩油产量持续快速增长，2023年产油8.5万吨，2024年日产油量升至400吨，年产量目标10万吨。

3　精准勘探：“地下珠峰”寻油藏

在埋深超过8000米的“地下珠峰”找油，就好比站在珠穆朗玛峰顶透过层层云雾去看清雅鲁藏布江上的游船。

超深层储层立体成像技术和缝洞体精细雕刻技术攻克了深地领

域可视化尖端难题，将断裂识别精度从30米提高至15米，可以对地层进行360度扫描，相当于给地球深部拍“CT”，让8000米以深的油气储集体“看得清、描得精、定得准”，实现了从“摸着打”到“看着打”的转变，为顺北油气田勘探开发立下了汗马功劳。

超深层立体成像，看清顺北地下“藏宝图”

超深层储层立体成像技术类似单反相机的对焦原理，让复杂的地下油藏得以清晰呈现。这项技术虽听起来容易，做起来却异常困难。科研团队潜心攻关多年，持续迭代技术，顺北地下8000米以深储集体的“CT”图才得以高清成像，使断裂识别精度从30米提高至15米。

2015年，当技术人员将储层立体成像技术应用在顺北油气田时，却发现“水土不服”。不同于塔河油田的戈壁地表，顺北沙漠区地震信号接收的能量仅为激发能量的1/10，储集体成像精度低、描述难度大。

科研团队夜以继日反复研究、推导、演算，经过无数次试验论证，形成了沙漠区超深层弱信号恢复技术，并构建了以“二叠系火山岩、奥陶系碳酸盐岩、寒武系深层和走滑断裂带”为目标的高精度速度建模技术，获得了用于描述地层构造、岩性和储层的三维数据体，逐步摸清了顺北沙漠区超深层的地下含油气分布，有力支撑了顺北1号带、5号带的相继突破。

随着顺北油气田快速发展，地震勘探技术也在持续升级。科研团队将传统三维地震数据体拓展至五维数据空间，通过增加与储层相关的方向角和反射角信息，创新形成了大沙漠区超深碳酸盐岩断控型油气藏地震关键技术体系，实现了8000米以深中小尺度储集体的成像表征，使断裂识别精度从30米提高至15米，为4号带、8号带的高效勘探开发提供了有力的成像技术支持。

缝洞体“精雕细刻”，练就寻油“火眼金睛”

2016年，顺北油气田发现后，科研团队明确了走滑断裂带具有控储、控藏、控富作用，但如何清晰展示前期地震资料发现的地下18条断裂带，成为高效开发急需解决的难题，这就轮到缝洞体雕刻技术大显身手了。

缝洞体雕刻技术就像在考古现场剥离地下文物上的附着物。在地震勘探中，我们利用数字化技术来剥离地下背景，用建模、数模的方式将储集体在空间中以全息影像的形式展示出来，直观获取优质储油气空间影像。

顺北开发初期，科研团队围着一张张地震剖面图仔细分析讨论，在剖面人工解释断裂的基础上，采用空间插值的办法，将解释的断裂线连成一个个断裂面，直观地呈现了走滑断裂带在地下的空间展布形态，给钻井设计指明了方向。当时的这种简单雕刻虽不太成熟，但经过地质、物探等专业人员的努力，还是为顺北1号带的突破和开发提供了可靠的影像支持。

2018—2020年，顺北油气田处于快速增储上产阶段，但也出现了一些问题，直接按照断裂带钻井并不全是高产。经过研究，科研团队认为地下断裂带内部存在不同程度隔挡的缝洞结构，这就对缝洞体雕刻技术提出了更高的精度要求——除了展示断裂带空间形态，还需要对里面的缝洞分布进行刻画展示。

经过反复测试，科研团队对原有技术进行了迭代升级，研发了三维体Q补偿和弱反射特征提取重构增强的沙漠区超深层解释性处理技术，将具有一定规模的洞穴、孔洞、裂缝等在三维空间融合显示，直观展示了不同规模储油气空间及与断裂带的关系，推动了顺北4号带、5号带的高效开发。

2021年起，断控型油气藏内部在钻探过程中多次发生放空、漏失，说明地下断裂带内部存在“间隔分布、形如栅状”的多个破碎带。“栅状结构”储集体内部构造的雕刻描述难度前所未有，不仅需要展示缝洞位置，而且要厘清缝洞之间的连通关系。科研团队认真比对资料，进行实践分析，在方法试验的基础上，引入人工智能手段，提升了“栅状结构”储集体预测模型精度，研发了超深层断控缝洞体相控波阻抗反演技术，创新形成了“三元一体”断控缝洞体与圈闭量化雕刻技术，实现了断控“栅状结构”储集体360度无死角高清全息影像显示。

顺北42X井是第一口拥有全息影像的油气井。建成实景模型后，技术人员发现其地下空间与假设的一样呈“栅状结构”，可以一井多靶，获得更高产量。

此后，缝洞体雕刻技术在顺北4号、8号、6号、10号等多条断裂带实践应用和持续迭代，规模储集体预测吻合率达88%以上，成为顺北油气田高效勘探开发的“利器”之一。

4 优快钻井：挺进万米探“瑰宝”

顺北油气资源深埋在地下近万米，如何才能将它们又快又好地钻探出来？超深层油气优快钻井技术应运而生。

顺北油气田深化地质工程一体化，形成8000~9000米特深断控型油气藏钻完井技术系列，实现了从“钻得成”到“钻得快”再到“钻得优”的转变。截至2024年7月，已完成8000米以深钻完井超110口，其中9000米以深安全高效钻完井7口，钻井周期由300天缩短到120天，创造了多项钻完井工程纪录。

一体化联动地质工程，保障效益开发

想让深埋地下几千米的油气资源到达地面，需要通过钻井作业在地面和地下深层油气藏间修建一条“高速公路”。对于超深井来

说，绝非易事。

在世界上衡量钻井难度的13项指标中，塔里木盆地有7项名列第一。当钻井打到地下9000米时，井底温度约200摄氏度，地层压力在150兆帕以上。

面对超深复杂油气藏开发难题，西北油田构建地质工程一体化运行模式，按照“少井高产、多控长稳”的总体部署，提出逆向设计、正向优化的“五优”设计理念，努力实现地质目标最大化、工程风险最小化。

他们通过优选靶点、方位、距离、长度、井口，避开上部复杂地层，最大限度保证破碎带井壁稳定，高效沟通多个储集体，收到“1+1>2”的效果。

在5000~6000米深的志留系地层，断裂裂缝发育，钻井中常发生井眼轨迹距离断裂带较近或者穿越断裂带的情况，导致漏失严重，影响钻井周期。通过地质工程一体化，地质人员建立复杂地层风险预测技术，对可能出现的风险进行识别提醒，优选井口避开断裂带；工程上则根据地质认识，制定防漏堵漏对策，使漏失率下降了92%。

经过多年技术攻关和现场实践，西北油田向着构建9000米特深断控型油气藏钻完井技术体系迈进，固化形成了顺北地区少井高产“七要素”设计方法及各级标准规范，全面支撑了顺北油气田勘探持续突破和开发快速建产。

高水平推进提速增效，引领深地钻井

顺北油气田压力系统复杂，为了安全成井，需要多次下套管，导致井身结构复杂，钻井周期长，常用的五级井身结构平均钻井周期达210天。

西北油田聚焦高水平提速，创新形成了顺北超深井井身结构优化设计技术、超深断裂破碎带复杂地层井筒强化技术、超深硬地层强参数钻井提速技术，研发出性能优良的钻完井工具等，大幅提高了超深井钻进速度。

针对裂缝性地层承压能力低、破碎性地层垮塌风险大等难题，技术人员构建了复杂地层井筒强化技术，采用微纳米材料阻隔压力传递，变排量使堵漏材料温和进入地层，逐级提高地层承压，实现破碎防塌，复杂损失时间缩短了92%。

在超深井钻探过程中，由于不同地层的岩石硬度不同，需要用到不同大小的钻头十多个。面对二叠系火成岩破岩效率低、古生界深部防斜打快难的情况，技术人员应用分级破岩、预弯曲防斜理论，升级复合异型齿PDC钻头，建立预弯曲防斜能力评价图版，形成了火成岩高效破岩、易斜地层防斜打快技术，古生界硬地层机械钻速由4.5米每小时提高至8.6米每小时。

高质量保障井筒完整，强化工程提质

近万米的钻杆在高温高压超深的地下软如面条，各种井下设备和仪器极易失效，特别是钻头上的随钻导向系统，一旦出现问题，地下钻井就像是人在黑夜中穿行，难以精准到达目标位置。

打得快，更要打得优。高精度命中地质靶点，提升固井质量，保障井筒完整性，实现长期稳定生产，这是顺北油气田超深井钻井工程的最终目标。

针对深地仪器故障率高、轨迹控制难度大、定向效率低的问题，西北油田逐步构建了超深超高温断控型储层高效定向技术，充分利用中国石化联合创新平台升级仪器，成功研发出国内首套耐温200摄氏度、耐压172兆帕以上的高精度随钻测量仪器，能实时控制地下钻头钻进方向，实现了地下万米“指哪儿打哪儿”，地质靶点精准命中率100%。

在创造亚洲超深水平井位移最长纪录的跃进3-3XC井，钻井技术再次刷新纪录。工程技术人员采用超深大位移水平井安全高效钻井技术，在3000米以外垂直钻进7200米后，再转弯进行横向钻进，直至油气所在的地层，兼顾了油气生产和生态保护，为生态红线区储量高效动用提供了有力的技术支撑。

既要有找得到油的本事，更要有拿得到油的能力。至2024年，西北油田超深层油气优快钻井技术已攻克超高强度套管、钻杆、钻井液、测控仪器等关键领域，探索形成了具有顺北特色的9000米级复杂超深层井身结构设计方案和配套技术、设备及标准规范，实现了由“打得成”到“打得快、打得准”的重大跨越。

5 技术迭代，胜利页岩油形成配套勘探开发技术

钻机林立，压裂车聚集，位于东营市垦利区的民丰洼陷，如今正是胜利油田页岩油效益开发的主战场。

曾几何时，一口页岩油井，少则七八千万元，多则上亿元，高昂的投资，让地下的储量“高不可攀”。

从樊页井组到牛页井组，再到民丰井组，一步一个脚印，不到四年的时间，胜利油田和胜利石油工程公司、经纬公司强化目标导向，深化一体化运行、技术迭代和精益管理，千方百计降低页岩油开发成本，胜利济阳页岩油国家级示范区建设高质量推进。

至2023年12月，民丰洼陷实现50美元/桶效益开发。

中国的页岩油主要以陆相页岩油为主，具有埋层深、渗透率低、开采难度大等特点。多年来，通过不断的技术攻关，胜利济阳页岩油国家级示范区已形成陆相页岩油规模勘探与开发技术体系。

通过国家级示范区的建设，降低了开采过程中对环境的影响（如地面塌陷、地裂缝等），为中国的页岩油勘探、开采与使用提供了更有效的措施和宝贵的经验，为世界页岩油的开采提供了中国方案。

页岩油的开采技术主要包括变排量压裂、重复压裂、小井距立体开发、同步压裂等。胜利油田提出页岩油“储-缝-压”三元储渗

理论，找油、探油取得突破，并开始尝试改造压裂工艺。经过攻关，自主研发“密切割组合缝网”页岩压裂工艺。针对压裂过程中面临的高压风险点，胜利油田出台了《页岩油水平井钻磨桥塞作业指导意见》《页岩油压裂井口操作规范》等12项页岩油安全开发的新标准、新规定，制定45个风险点、82项管控措施，实现了压裂投产全流程管控。

从40吨、70吨，再到262.8吨，单井产能不断创新高，然而如何做到高效开采是关键。胜利油田推行多部门联动“一体化”机制，钻井周期从133天到29.5天。

提速提效是路径，技术攻关是支撑。

胜利油田和胜利石油工程公司、经纬公司携手把难题当成山头去攻克，仅用了2~3年的时间就走完了国外页岩油钻井技术10年的迭代升级之路。

从樊页到牛页再到丰页，三方一直致力于工程技术配套与关键技术攻关，先后破解了非均质强“甜点”预测难、高温高压仪器受限、钻井涌漏并存等难题。

基础研究方面，通过地质工程一体化和勘探开发一体化，开展大规模分析化验测试，分洼陷分区带构建典型井“铁柱子”，建立了5个洼陷级大模型，指导“甜点”评价和开发优化设计，水平井黄金靶体钻遇率达100%。

工程配套技术方面，攻关配套形成以“精细控压+抗高温组合+激进参数”为核心的水平井优快钻井技术，钻井速度大幅度提升。

优快钻井技术的突破，使得页岩油立体开发取得重要进展。聚焦最大限度控制储量、最大限度改造储层、最大限度提高产能目标，地质工程一体化实现了从单井到井组、从“3层楼”到“5层楼”再到“7层楼”的突破，相当于在地下深处盖楼，楼层越盖越高，小区越建越大。

页岩油是胜利油田的未来，也是打造百年胜利的最有力支撑。

在进尺不变、人工费用及设备费用有限的情况下，只有通过不断提速提效，推动百万吨产能建设投资不断下降，才能实现页岩油低成本规模效益开发。“这是一个共同做大蛋糕、实现共赢的连锁反应。”

“推动页岩油低成本开发是我们的责任和使命。”页岩油开发项目部负责人深有感触，“技术加持让我们有了‘金刚钻’，今后要变标杆为标准，持续提速提效，加快济阳页岩油国家级示范区建设，往国家能源饭碗中装入更多胜利页岩油。”

6 “瘦身井”技术实现页岩气钻井创新性突破

2022年，江汉油田油气产能建设管理中心在涪陵页岩气田成功探索了“瘦身井”井身结构，从根本上解决了常规井身结构面临的钻井提速降本问题；2023年，通过实施“瘦身井”示范井工程，为今后此类钻井提供了更多的经验借鉴。

至2023年12月，该中心已完钻97口“瘦身井”，累计节约钻井成本2亿多元，让众多低效页岩油气资源具有了开采价值，推动国内页岩油气钻井工程技术取得革命性突破。

创新引入“瘦身井”技术，为井筒“减肥”

所谓“瘦身井”，就是在保证安全成井的前提下，从钻井设计源头进行优化，科学缩小各开次井眼及套管尺寸，以提高钻井速度、节约材料费用、减少钻屑产生量。

钻井好比修建油气地下通道，把通道改小了，相应地，固定通道的材料尺寸也会缩小，进而省时省力、节省成本，而且废渣产生量也能大幅减少。

“瘦身井”技术虽好，但能不能适用于页岩气开发呢？为提高技术适用性，技术人员进行了反复研讨和大量技术论证。他们结合前期钻井施工经验，参考邻井地层构造及实钻井身结构数据，强化钻井实钻资料剖析论证，采取“一井一工程”设计理念，根据有利于安全优质高效钻井和油气层保护的原则，选择气田有利区块，持续优化井身结构，进行多次现场试验，努力为井筒“减肥”。

技术专家根据页岩气不同埋深下的钻井和后续压裂改造要求，差异化地缩小井眼尺寸，提出两套“瘦身井”井身结构：钻井目的层埋深在3500米以浅的，采用小尺寸井眼和套管，定为“瘦身Ⅰ型”；钻井目的层埋深在3500米以深的，采用稍大尺寸井眼和套管，定为“瘦身Ⅱ型”。

在实施页岩气田实施“瘦身井”技术时，他们将方案论证了三四十遍，反复修改，把从开钻到固井各个施工环节全想透，不放过任何细节。

联合攻关，全力解决“瘦身井”技术难题

由于“瘦身井”井眼小，井壁承压能力弱，钻井参数无法提高，钻速下降，扭矩也无法增大，还容易产生托压，钻头像汽车轮胎打滑一样，即使加大钻压，钻头也很难前进。

井筒小了，就需要配套小尺寸的井下工具，面临的技术难题也不少。

油气产能建设管理中心召开技术研讨会，派技术骨干到现场实地考察，与钻井队、井下工具生产厂家开展联合攻关，不断摸索尝试，取得了众多装备和技术上的突破。

该中心与石化机械开展“瘦身井”钻头、螺杆一体化攻关，相继研发生产出针对“瘦身井”适应性强的钻头、螺杆等破岩工具，并在短期内进行迭代升级，解决了施工中托压、进尺难等问题，提高了机械钻速；开展钻具组合和钻井参数匹配性研究，通过对钻具受力和水力参数进行计算，优化钻具组合，减轻了“瘦身井”设备负荷，释放了钻井参数。他们还与经纬公司合作，调研国内适用于“瘦身井”的定向工具，引进质量可靠、稳定性强的仪器取代原有定向工具，确保钻头“指哪儿打哪儿”，精准掌握小井眼轨迹控制技术。

能不能打成、打得好不好，固井是关键一环。固井时，大家在小尺寸趾端滑套这块“卡壳”了。趾端滑套是固井时下放至套管末端的重要工具，由于井眼小，套管带着趾端滑套下入井底时，很容易遇阻、憋压，造成井漏，固井施工难度大。

为此，该中心在油田工程技术管理部牵头下，组织相关单位，就趾端滑套尺寸选型进行多次技术交流，结合涪陵气田“瘦身井”相关数据和要求，对趾端滑套进行优化，设计出两种尺寸的“瘦身”滑套，并开展多轮次的模拟计算和室内实验，验证工具的可靠性，同时完善适合“瘦身井”的弹韧性固井水泥浆体系，丰富“瘦身井”配套工艺技术序列，相比首段连续油管射孔施工，可节约两天施工时间。

经过不断摸索，涪陵气田“瘦身井”越打越顺，频频打破钻井纪录，特别是焦页10-Z4HF井钻井周期仅24.12天，较设计提前16.88天完钻，创气田开发以来钻井施工周期最短纪录。

成功应用“瘦身井”技术释放井位，促进气田效益开发

涪陵页岩气田已开发了10余年，高丰度、高品质、高产量区块越来越少，增储上产压力越来越大，气田开发重心逐步向新区深层常压页岩气及已开采的老区中部气层转移。

肥沃的土地种完了，要把以前没动用的贫瘠土地甚至边角料动用起来，就必须认真考量投入产出比，做到有效益、有回报地开发。

在凤来区块焦页171号、172号、173号井组产能建设项目论证过程中，若按照常规井身结构测算，钻井成本过高，项目经济评价始终无法过关。为此，该中心另辟蹊径，在凤来区块采用“瘦身Ⅱ型”井身结构开展经济效益评价。经测算，单井钻井成本平均可减少300多万元，该区块20口井经济评价一下达到了效益开发要求。

白马常压区块共有5个，之前只有2个区块可达到经济有效动用门槛。应用“瘦身Ⅱ型”井身结构后，4个区块实现有效动用。

近年来，涪陵气田在焦石坝老区实施上部、中部、下部三层立体开发。由于中部气层开发井是在已开发了上部、下部气层的地层打井，剩余储量已经不多。为实现效益开发，该中心在30多口中部气层井均应用“瘦身Ⅰ型”井身结构。

有了“瘦身井”技术，气田至少释放了1/3的井位。甲方能有效降低施工成本，乙方有了工作量，实现了双赢。

7 “隐身”采气树助力同平台立体开发

采气树是气井地面井口装置的俗称，连接气井油、套管和地面工艺设备，在各个气田都很常见。井口装置有大量的管汇和阀门，立在地面上二三米高，排列整齐，远远看去像一棵棵树一样，人们形象地称这些井口装置为采气树。涪陵页岩气田也有采气树，但不同的是，采气树却“长”在地下，这是为什么呢？

涪陵页岩气田地处重庆市武陵山系的崇山峻岭间，平地少，可利用的土地资源十分有限。

近年来，气田在已投产的老采气平台打新井，遇到一个难题：井场上的采气树占据了一定空间，无法在同一横排方向进行钻井施工，一棵采气树可能会影响一排丛式井。

能不能让采气树隐身地下，“礼让”钻井施工呢？技术人员萌生出这种创造性的设想。

江汉油田产建管理中心组织人员反复研究和多轮次技术论证，在确保采气安全的情况下，技术人员采取两步走方式，成功把采气树“种”到地下：一是在钻前施工时就把地下方井深度加深，也就是把采气树“种”低一些；二是优化采气树设计，降低“树干”高度，并形成统一规范，使采气树与地面持平，不再露出地面。这样一来，看似一整块平地，却暗藏玄机，气井在地下采气，地上进行钻井施工，互不干扰。

焦页34号平台已迎来第五轮扩建，原平台有8口气井，要在老平台打4口中部气层井。技术人员事先对老井——焦页34-Z2HF井开展“方井下沉”和“降身高”工艺优化，为它的“邻居”——4口中部气层井腾出钻井施工位置，顺利开展钻井施工，这样在平台面积不变的情况下可以钻更多的井。

至2023年7月，该中心已在52个平台、203口井实施方井下沉和采气树工艺改造，共节约用地572亩，其中单次扩建最高可节约钻前工程施工费用400万元，节省土地11亩，缩短产建周期40天，为后续气田同平台多轮次立体开发打下坚实基础。

8　打造页岩油钻探技术中国新版本

2023年4月，历经一年多的探索攻坚，胜利济阳页岩油国家级示范区牛页一区试验井组顺利完钻，该井组优质高效完成全部20口井12.23万米进尺，用一组组亮眼指标，交上了一份保障国家能源安全的高分答卷。

突破“不可能”，形成中国页岩油钻探技术新版本

从常规油气储层到致密油气储层，再到页岩油气储层，随着国内上游勘探开发对象逐步向复杂深层转移，井越打越深，油越找越难。而胜利页岩油优质资源量具有占比低、埋藏深、岩层厚、压力高、温度高、断层多等特点，更让开采难度倍增。

这一点在施工时效上可见一斑：自2020年挥师页岩油钻探新领域以来，胜利黄河钻井总公司（简称“黄河钻井”）虽先后打成樊页平1井、牛页1-1HF井、丰页1HF井等10余口胜利页岩油发现井，但是普遍钻井周期都高达120余天。

井下情况复杂多变、施工周期长，让规模建产和效益开发无从谈起。为彻底扭转这一局面，胜利石油工程在牛页一区试验井组大胆确立了“钻完井周期40天”的目标。

从120余天到40天，周期缩短2/3以上，听起来像是不可能完成的任务；但是，要想最短周期钻透“铁板”挤出油，没有捷径可走，只有技术创新一条路。

黄河钻井抽调骨干组建页岩油专家组，集中力量开展技术攻关。针对超过170摄氏度的井下高温，技术人员深入现场，反复研究措施，创新提出在循环罐上开窗，并加装耐油闸门和降温装置的思路。这样不仅可最大限度冷却钻井液，降低井底仪器环境温度，提高仪器稳定性，而且解决了高温条件下钻井液性能下降严重的问题。

面对三开施工钻遇裂缝导致涌漏同层、地层压力高、泥浆密度可调整范围小等一系列技术难题，他们大胆应用精细控压装置，采取了确保井底当量密度稍高于地层压力，使钻进过程保持微漏状态的措施。这是“控压施工”在页岩油井的首次应用，在一举解决涌漏问题的同时，也为其他区块页岩油井施工提供了可借鉴经验。

为扩大“四提”成效，黄河钻井以牛页一区试验井组为试点，建立起页岩油地层专项技术模板，加强悬重、扭矩、水力参数等数据的模拟分析，先后试验确定了“超级马达+旋转导向、双向扭摆+水力振荡器+大扭矩螺杆+狮虎兽钻头”的提速工具组合，以及“钻塞+钻进”“造斜段+水平段”两个“一趟钻”工程，不断探索符合胜利页岩油特点的工艺技术流程，逐步建立起胜利页岩油专属的钻井“学习曲线”。

2022年5月27日，井组一号机组创造二开钻进311.2毫米大井眼日进尺1620米的全国纪录。仅仅5天之后，这一纪录又被二号机组改写。最终，井组中先后有4口井创造同类井眼日进尺“一英里”的高指标，实现了深层定向一周内完钻。特别是牛页1-3-501HF井，钻井时效由同类型井的不足30%提高到60%以上，机械钻速达到胜利页岩油最高的19.1米/时，钻完井周期29.5天，在该平台首次实现了三开“一趟钻”和月交井的目标。

经过牛页一区试验井组的探索实践，他们完成了页岩油钻井技术从1.0到2.0版本的迭代升级，为胜利页岩油后续规模开发提供了有力技术支撑。

特色技术破解胜利页岩油钻探开发难题

胜利页岩油具有埋藏深、高温高压、断层裂缝发育、原油凝固点高等特点，也带来了旋导仪器不抗温、涌漏同层、钻井液易受污染等世界级难题。

胜利石油工程黄河钻井强化地质工程一体化，通过“一厂两院两部”的水平井跟踪管理模式，形成了静态建模、动态调整的专项技术。一体化协同联动、动态优化方案，极大提高了决策的科学性和时效性，推动了项目施工提速提质提效。

牛页一区试验井组采取“流水化”批钻施工模式，经过反复试验，在“二开”阶段选用“水力振荡器+大尺寸高扭矩螺杆”“振荡螺杆+狮虎兽钻头”等新工艺新工具，大井眼深层定向基本实现一周内完钻。“三开”阶段首次选用“超级马达+旋导”“双向扭摆+水力振荡器+耐油耐高温螺杆”高效施工，实现了目的层的优快钻进。

为了解决地层压力高、涌漏同层的施工难题，黄河钻井创新实施以“平衡钻井”为核心的控压施工理念，大胆使用“旋转控制头+精细控压系统”，控压钻进、接立柱、短起下、下套管，实现了提速提效与井控安全的高度统一。

通过总结更新、迭代升级，黄河钻井在牛页一区试验井组逐步形成了页岩油施工的2.0版本，探索出了页岩油控压施工等核心技术，形成了以页岩油降温技术、旋导钻穿断层技术为代表的一系列细节管控技术。今后，该公司将对每一口井的施工经验即时总结、即时学习、即时推广，完井一口、总结一轮、提升一次，形成箭头向上的学习曲线，有效攻克胜利页岩油开发的“卡脖子”难题。这些特色化、关键性的钻井技术，也将为后续页岩油井提速提质提效开发提供“一揽子”技术解决方案，具有积极的理论指导意义和实践示范、复制推广作用。

9 攻克关键核心技术，支撑特深层油气勘探突破和效益开发

特深层油气藏埋深超过8000米，是增储上产的重要阵地，而以定向井、水平井为代表的定向钻井技术是有效开发的关键手段。在超深地下精准控制钻头钻探油气储层，相当于隔着一座地下珠穆朗玛峰“定向打靶”，难度不亚于百米外“穿针引线”，业内称这些井为“地下珠峰”井。特深层具有超深、超高温、超高压和复杂岩性、复杂流体、复杂应力的特性，多因素叠加，常常导致井下仪器损坏、材料失效、井眼漏失坍塌、钻井轨迹偏离等复杂事件，给钻井带来巨大挑战，是世界级难题。常规定向钻井技术基本“打不成”，急需攻克定向钻井新技术、研发新装备，支撑特深层油气高效开发。

“深地一号”顺北油气田项目是我国典型的特深层油气田，油气平均埋藏深度超过8000米，最高温度超过200摄氏度。针对特深层钻井的技术挑战，中国石化发挥大兵团作战优势，强化技术创新和科技自立自强，通过持续攻关，基本形成了8000~9000米特深层定向钻井系列技术。在轨迹设计方面，瞄准地球物理对断控缝洞储集体空间精准定位，创建了基于地应力分布和缝洞地层控制的“一井多控”轨道设计方法，实现了单轨迹多储集体贯通控制、酸压长缝沟通的油气藏增产目标；在钻井装备方面，研制了国内首套底座净

空高12米的9000米自动化钻机及140兆帕大通径节流压井管汇，配套了高强度钻杆和套管，为钻达特深层提供了安全保障；在提速方面，创新了基于安全密度窗口拓宽的井身结构设计技术，研制了高性能钻头、大扭矩螺杆和减振稳扭冲击器等提速工具，硬地层机械钻速提高35%~64%；在井筒稳定方面，研发了耐温220摄氏度、密度2.2~2.4克/立方厘米高温高密度钻井液及高效承压堵漏体系，开发了高温无固相钻井液、200摄氏度纳米液硅-胶乳高温防气窜水泥浆及204摄氏度平衡液缸尾管悬挂器，为特深层安全成井奠定了安全基础；在高温测量技术方面，研制了185摄氏度MWD（随钻测量仪），创建了“单断单栅、单断多栅、多断多栅”结构体的轨迹贯通控制技术，研制了耐温200摄氏度、耐压206兆帕的常规测井仪器系列、电缆测井+钻具直推存储式的双功能测井系统，突破了高温测量仪器“卡脖子”技术；在测试压裂方面，研制了204摄氏度、105兆帕气密封测试封隔器及180摄氏度高温交联酸体系，形成了“双级缓速压得远、暂堵分流压得宽、工具分段压得多”三种酸压沟通模式，以及“五阀一封”测试-酸压/酸化联作工艺，为高产井提供了技术保障。

这些关键技术的突破，确保了顺北油气田定向钻井精确中靶，形成了系列技术规范，实现了从“打不成”到“打得成”再到“打得准、打得快”的重大跨越，支撑了17亿吨油当量油气资源的发现和产能建设。截至2022年底，顺北油气田完成了88口井深超8000米特深层定向钻井，钻井速度大幅提高，钻井周期和工程成本显著降低，规模储集体钻遇率提升了16.5个百分点，高产井成功率提高至87.5%，斩获22口千吨井。2021年，顺北56X井完钻井深9300米，创造了年度亚洲最深井纪录；顺北84X井完钻垂深8956.25米，刷新了亚洲陆地定向井最大垂深纪录。

我国深层油气资源丰富，达671亿吨油当量，占全国油气资源总量的34%，主要分布在塔里木盆地和四川盆地。随着油气勘探开发深度不断增加，并向1万米进军，地质环境复杂加剧，不确定因素增多，特深层工程技术面临作业风险更大、工程质量控制更难、技术可靠性要求更高、作业周期更长等一系列难题，急需对高性能重载自动化钻机装备、特深层钻井地质环境因素描述及风险预测、200摄氏度超高温随钻测量仪器、高性能提速工具及测试工具、240摄氏度钻井液固井液技术、超高压井控技术、超高温缝洞储层压裂技术等进行持续攻关并取得突破，形成我国陆上原创技术策源地，支撑特深层油气勘探重大突破和效益开发，奠定我国在世界超深油气领域勘探开发的领军地位。

10　定测录导：练就“十八般武艺” 探宝“地下珠峰”

“地下珠峰”勘探到底有多难？200摄氏度高温、170兆帕高压、直径10余厘米狭小空间……

当钻头向地层深部挺进，面对复杂的钻探环境，如何判断预想的深地油气藏是否真实存在？如何提前识别预警井下复杂情况和井控风险？如何精准找到油气藏位置并顺利开采？这时，就需要“定测录导”（定向、测井、录井和旋导）技术各显神通了。

8000米井下精准定位寻找油气藏、高温高压下毫秒级精确延时起爆建立油气通道……

多年来，中国石化不断迭代升级“定测录导”技术，练就“十八般武艺”，为探宝“地下珠峰”、实现油气高效勘探和效益开发发挥了重要作用，有力保障了我国油气增储上产。

录井：听深地岩芯讲述亿万年前的故事

录井是通过采集录取井下地层中返出的气体、钻井液、岩石碎屑和岩芯样品，运用岩矿分析、地球化学、地球物理等分析化验方法，还原地下岩层剖面，识别发现油气显示层、解释评价油气层，监测工程异常、评估钻井风险。

一口井开钻，最先登场的是录井队伍。他们和钻井队一起进驻井场，短则两三个月，长则以年计算，一直到钻完井结束。

在钻井过程中，从1米到8000米，会遇到什么、获得什么，录井将明明白白告诉你。实时、直观、定性，是录井的关键词。

新井鸣笛开钻。地上，20层楼高的钢铁塔架巍然矗立。地下，一枚坚硬的钻头用密密麻麻的金刚石“牙齿”打碎层层地层，向更深处前进。

录井信息分为两大类：第一类必须在井场完成，包括固体、液体、气体等井筒返出物信息，以及工程施工参数和井喷、井涌、井漏等情况；第二类可以在室内完成，包括照相扫描、热解分析、荧光分析、孔渗分析、岩矿分析、古生物分析等。

录井任务就是把这两类信息取全取准，还原成井筒地质剖面图。

在进入设计目的层之前，岩屑录井工作就开始了。一粒岩屑的奇妙之旅从被钻头钻开的瞬间开启：它随着钻井液来到地面，经过冲洗还原本色，晾晒后被装入百格盘、砂样袋或样品罐。随后，一份份砂样被观察、描述、整理，进行荧光滴照、碳酸盐岩分析、油气显示评价。

通过地质剖面对比，研究人员就能确定取芯位置。油气井取芯是通过钻井工具取出地下几千米的岩石。在地质科研人员眼中，岩芯比黄金还珍贵——每1厘米岩芯就是100年完整的地质档案，每一年山脉和湖泊的综合作用都浓缩在这里。

地下深处有没有油，岩屑和岩芯知道。当它们重见天日的那一刻，也将地层中记录的海陆变迁、气候冷暖呈现于世人眼前。通过岩芯的描述和分析，可以划分地层时代和沉积环境，发现油气资源，为储量计算提供基础资料，为测井解释提供物理模型。还原地下岩层剖面，破译地下8000多米地层的密码，可以精准识别油气藏的藏身之处。

通过实时监测的工程参数，录井还可及时发现工程隐患，规避工程事故，提高钻井效率。在钻井施工过程中可能会发生井漏、井涌等重大险情，从溢流到井涌只有一两分钟甚至几十秒。录井要在第一时间发现溢流苗头，争取宝贵时间。为此，经纬公司西南测控公司自主研发智能溢流监测预警系统，可将综合录井参数的变化转化为数据流，提前分析、预判、报警，相比现场录井预报，最快能提前8分钟。

近年来，随着录井新技术的推广，先进录井装备不断涌现。井场智能决策监控仪可处理浩繁的录井数据，迅速筛选有效、可靠、敏感参数并及时发送，助力技术人员快速归集、实时共享、快速筛选各方数据，作出精准决策；全自动智能岩屑捞洗机开始在工区试验，包括采集、振动、清洗、加热、循环、收集、控制等一整套流程，适应能力更强、准确性更高、采集更精准……录井技术装备的跨越式发展，为中国石化油气勘探、增储上产再添利器。

测井：用“火眼金睛”洞察地球内部的秘密

测井是利用岩层的导电性、声学性、放射性等地球物理特性，测量油藏物理参数，再根据这些参数把测井信息加工转换为地质、油藏和工程信息，研究、识别、发现油气储层，计算油气含量和其他矿产资源含量。

钻井钻了一段裸眼段后，地质人员一般要知道井下岩石的物理特性或油水气等信息，这时测井就要登场了。

为什么要测井呢？由于钻井的深度范围很大，浅的几百米、深的近万米，井内空间狭小、黑暗潮湿，还是高温、高压环境，需要有一双“明亮且智慧的眼睛”去看清地层及地质特征，找到油气层的具体位置并计算油气含量。测井就是这双“眼睛”。它是石油工业中高科技含量最多的学科之一，其业务主要分为裸眼测井、油气井射孔、处理解释评价等三大类。

技术人员用绞车拉着一根长长的电缆接上测井仪器下到井中，

通过原位观察、录取相关地层参数，确定地层是否含有油气、含多少油气、油层多厚及油气可采储量是多少。测井项目不同，入井的仪器也不同。

由于常规测井存在探测距离短的局限性，常被形容为“一孔之见”。为此，经纬公司联合中科院经过10年攻关，形成了具有完全自主知识产权的远场声成像测井技术，让声波探测具有了确定方位的能力，既“探得远”又“听得清”。该技术可在井下向周围发射声波，并接收多个方位的偶极反射横波，横向探测距离可达80米，有效破解了大缝洞刻画、小缝洞测量的难题，精准找到地下几千米深缝洞里的油气。

近年来，随着我国油气勘探开发进一步向深层、超深层挺进，高温高压环境也对测井技术装备提出了更高的要求。为满足超深油气井测井需求，经纬公司自主研制了SHMLS-900型直推存储式仪器。这是我国首套耐温200摄氏度、耐压206兆帕、可连续工作超过20小时的高温高压直推存储式测井系统，2022年以来已在西南、西北和胜利东部等工区应用574口井，保障顺北工区目的层资料采集率由75%提高到94%，通过减少钻具倒换、水眼通径、湿接头对接等环节为钻井队节约时间超过4400小时。

测井从现场带回来的资料，还需要进行处理解释评价。测井处理解释评价工程师堪称“破译专家”，要通过相关资料解释好每一条曲线，一层层揭开地下油龙的神秘面纱，找到油气脉络。

从常规油气藏到非常规油气藏，地质储层越复杂，解释评价水平要求越高。目前，经纬公司在致密碎屑岩、裂缝性储层、中深层稠油、页岩油气等复杂储层测井综合评价技术研究方面取得了较大进展，页岩气测井评价解释能力和水平继续在国内保持领先。

油气井固井后，井筒与地层之间隔着一层套管和水泥环，要在两者之间建立油气通道就需要射孔大显身手，踢出油气勘探开发的“临门一脚”。

射孔是通过爆破方式射穿套管、水泥环并深入油气层，形成井筒与油气层的连通孔道。射孔质量越高，孔道沟通能力越强，油气产量就会越高。

2022年，由经纬公司胜利测井公司主要负责研发的多级射孔系列化技术研究及规模化应用成果，经中国石化科技部鉴定，整体达到国际先进水平。技术人员把多级射孔分为一个个子系统，经过现场上百次反复试验，解决了定方位射孔、定面射孔、小井眼射孔等难题，研制出80毫米、73毫米、60毫米、51毫米等不同外径射孔器及系列下井仪器和工具，并配套等孔径/深穿透射孔弹、模块化射孔器等系列器材。截至2023年12月，多级射孔系列化技术已在川黔渝、东北、胜利等工区规模化应用油气井1100余口18500余段，射孔一次成功率在99.7%以上，先后创造了泵送压力最高、井斜角最大、温度最高等多项施工纪录。

顺北21斜井是中国石化“深地一号”重点探井，2022年10月完钻，完钻井深8836米、最大井斜85度，井底温度168摄氏度、压力180兆帕。

定向：钻头“贪吃蛇”指哪儿钻哪儿

定向是用特殊井下工具、测量仪器和工艺技术有效控制井眼轨迹，使钻头沿着特定方向钻达地下预定目标。至2023年已形成普通定向井、多目标定向井、救援定向井、丛式定向井、水平井、分支井等几十种类型的定向井施工工艺。

定向井是按照预先指定的位置而钻进的井，这个预先指定的位置通常都不在井口的正下方，因此井是会拐弯的，这个拐弯的大小就是造斜率，专业术语叫“狗腿度”。

当钻到造斜点时，定向井技术就要登场了。

定向井的轨迹剖面主要有两段型、三段型和五段型，形成了挤压段样式“锚式”、平移段样式“勾式”、拉分段样式“镰刀式”、复合型“铲式”等多种井轨迹设计方案。

井弯弯曲曲，钢质的套管怎么下去呢？这就好比一列火车拐弯，每一节车厢均没有变形，但反映在整列车上就是一个大角度的拐弯。定向井也是这样的原理。

有了定向井技术，许多地下有丰富油气资源的高山、城镇、森林、海洋等场景就可以实现经济开发，能大幅提高油气产量、降低钻井成本、保护自然环境。亚洲陆上最深井——“深地一号”跃进3-3XC井就是典型代表，位于生态保护区外，开采3400米远的胡杨林下的超深层油气资源。

地下5340米，跃进3-3XC井开始水平钻进，超深大位移定向技术登场。这项技术结合高精度随钻测控系统，能将地下深处的工程信号实时传输至地面，为随时调整轨迹提供依据，就像在钻头上装了“千里眼”，直线加速、绕行避障，让这条“贪吃蛇”灵活地“指到哪儿钻到哪儿”，延伸到胡杨林下精准找到靶点，采出油气。

定向井技术的“神奇”还不止于此。当几十口井聚集在一个井场上时，它有着更惊艳的表现。

胜利油田首个“智能地下井工厂”——营1断块群地下井工厂丛式井组位于繁华市区，属于典型的“城中采油”。要在一个排球场大小的井场上布设27口定向井，每口井相距仅3米，还要避开周围200余口老井地下纵横交错的井眼轨迹。如何才能实现“地上繁华城市、地下油气奔涌”？丛式定向井技术成为最佳解决方案。

经纬公司胜利定向井公司采取目标靶点的井口布局和钻井顺序的轨道优化设计，运用防碰扫描和防碰预警技术、三维避障技术，让27条蜿蜒入地、平均井深2500多米的井眼轨迹绝不相碰，呈放射状延伸到千米地层深处，为地下油气建起“高速通道”，破解了城区油田“地上无空地、地下有潜力”的开发难题。

如今，经纬公司技术团队正持续开展高温仪器应用攻关：耐200摄氏度高温斜向器、高温低压耗振荡螺杆、等壁厚大扭矩螺杆……

一项项个性鲜明的创新练就了独一无二的“绝活儿”，形成了绚烂夺目的“高温定向技术谱系”。

顺中1斜井是西北油田在顺北8号断裂带部署的重点预探井，2023年11月1日完钻，完钻井深9316.27米，完钻垂深8529.58米，水平位移980.72米。

西北油田石油工程监督中心特种项目监督部经理孙荣分析称，针对顺中1斜井设计造斜点深（8200米）、高温高压、后期钻进摩阻大、滑动钻进托压严重及井眼轨迹控制难度大等施工难题，经纬公司采取了超高温超高压仪器保障措施，并联合多个螺杆厂家攻关耐200摄氏度高温螺杆，创造国内165.1毫米井眼井深最深、MWD实测循环温度最高（193摄氏度）两项纪录，为顺北油气田高效开发提供了有力支撑。

旋导："地下巡航导弹"精确瞄准油气层

旋转地质导向技术简称旋导技术。旋转导向系统是一种高端定向钻井装备，可使钻头始终处于旋转状态来完成全井段钻井作业，尤其是可在旋转钻进的同时完成井眼轨迹导向控制。旋转导向系统代表着当今世界钻井技术最高水平，是利用水平井、大位移井开发页岩油气藏及复杂油气藏的利器。

旋转地质导向技术被誉为现代钻井技术“皇冠上的明珠”，是石油工程领域最前沿、最高端的技术装备。它虽然属于“小字辈”，只有短短几十年发展历程，但科技含量十足，具有轨迹控制精度高、钻井时效快、井筒规整、井下风险小、单井控制储量高等优点，可以说是定向井技术的升级版，能在几千米甚至上万米的地下自动寻找目标、多靶点命中，让水平井增加泄油面积，大幅提高产量。

国际上的旋转地质导向系统根据导向方式不同，可分为推靠式、指向式和混合式三类。近年来，经纬公司自主设计制造的“经纬领航”旋转地质导向钻井系统取得了重大技术突破，可工程化应用的旋转导向系统为静态推靠式。

在“深地工程”S8-4H井导眼施工中，“经纬领航”自研旋转地质导向钻井系统首次实现了“直井段+增斜段+稳斜段”一趟钻完成，机械钻速较邻井相同井段提高了350%，创造自研旋导作业垂深最深（5257.5米）、施工井裸眼段最长（4564米）、造斜点最深（4900米）三项施工纪录。

在开发难度罕见的涪陵页岩气田焦页18-S11HF井时，“经纬领航”旋转地质导向钻井系统确保了该井顺利完钻，仪器井下无故障运行261小时，首次突破单趟进尺3000米大关；在胜利油田国家级页岩油示范项目丰页1-6HF井，该系统钻入地下7025米，精准命中油藏靶点，创造我国非常规页岩油水平井最深纪录，水平段长达3055米。

得益于与国内多所高校、科研院所强强联合，“经纬领航”旋转地质导向钻井系统在直径18厘米、长度10米的金属筒内集成了4个单元、18个模块、近万个机械和电子元器件，能承受井下165摄氏度、140兆帕压力、20倍重力加速度的高温高压高振动，造斜率可达15度/30米。该系统突破了矢量控制、动态测量、双向通信等技术瓶颈，实现了全产业链自主可控，具有系统可靠性高、适应能力强、地质参数录取多、控制精度高、耐研磨、寿命长等显著优点，整体达到国际先进水平，部分达到国际领先水平。在旋转钻进过程中，它还能测量地层数据并实时调整钻井轨迹，可有效提高钻井速度和钻井轨迹控制精度。

如今，“经纬领航”旋转地质导向钻井系统已在我国深层页岩油气井及海油陆采井、五段制三维绕障井等不同井型投入使用，累计应用165口井，钻井进尺超过18万米，优质储层钻遇率达到96%，成为保障国家能源安全的又一“大国重器”。

丰页1-6HF井是胜利济阳国家级页岩油示范项目第一口水平段超3000米的页岩油重点评价井，具有高温、高压、高振动、大位移、长水平段等施工难点。经纬公司组织专家团队精心制定策略，应用“经纬领航”旋转导向地质钻井系统完成进尺占三开总进尺的82%，旋转导向总循环时间357.9小时，三开钻井周期为33.77天，较计划提前3.23天。“经纬领航”旋转导向地质钻井系统在不同环境下现场应用越来越广泛，迭代升级效果更加明显，稳定性和可靠性显著增强。

一体化管理助力 油气资源高效勘探开发

经纬公司积极响应中国石化深入实施“深地工程”、保障国家能源安全的号召，坚持以社会化大科技为引领，借智引智，形成了工程测绘、资料采集、工程保障、综合解释、智能井场、一体化施工、高端制造等七大录井技术系列。经过两年科技攻关，研发了激光录井、同位素录井、远程录井等高端录井技术；开发了定测录导一体化施工平台、测录井一体化解释平台；建立了高端录井装备制造生产线、无线采集设备生产线，初步解决了中国石化深井超深井、低弱显示井、非常规复杂储层井的油气显示发现与解释、工程技术保障等技术难题，且生产线具备年产300台各类录井仪的能力。目前，激光录井技术、远程录井技术等均取得较大进展。

经纬公司坚持需求牵引、问题导向，积极应对中国石化勘探开发向深层、特深层和非常规等领域进军带来的大斜度井、水平井等复杂井况的挑战，确定了“两个两年、一个五年”补齐短板、特色发展、打造一流的发展目标。测井专业以“三探三测”为核心，先后研发了声波远探测、方位电磁波边界探测、声电成像和套后测井仪器，既满足了电缆输送“一趟快测”功能，又实现了直推存储测量功能，基本解决了中国石化“深地工程”高温高压、大斜度井和水平井的资料采集难题。截至2023年12月，超前探测仪器研究已取得了阶段性成果，耐200摄氏度、172兆帕高温高压声电成像仪器开始应用于现场，应对万米深井形成了耐260摄氏度工程样机，同时，联合上游研究院开展的随钻测井、三维远场成像测井、光纤测井、处理解释一体化平台等项目攻关均取得了重要进展。

经纬公司积极开展“定向+”专业学科建设，形成了以陆海大型密集丛式井组设计与施工技术、塔河深层超短半径侧钻水平井钻井技术、顺北超深井高温定向技术、页岩油气旋转地质导向钻井技术及东部老区水平井地质导向探边技术为代表的特色定向技术系列，取得了显著成效。在胜利油田营1丛式井组打造了全国丛式井施工新标杆，在半个足球场大小的场地上钻探27口井，且全部实现了“一趟钻”；在西北油田应用高温定向技术完成了顺北油气田8000米以深定向井89口，其中4口井超过9000米，最高作业温度达201摄氏度，助力完钻井深9432米的跃进3-3XC井刷新亚洲陆上最深井斜深和超深层钻井水平位移两项纪录。

面对油气高端装备领域旋转地质导向“卡脖子”难题，经纬公司依托18项集团公司、石油工程公司科研项目，持续开展旋转地质导向核心技术攻关及应用。自主研发的“经纬领航”旋转地质导向钻井系统突破了静态推靠模式下高造斜率、高可靠性、精准轨迹控制、随钻探边等瓶颈，攻克了系统设计、加工制造、规模生产等难题，打破了国外技术垄断，形成了四大创新成果、九项核心技术，搭建了旋转地质导向产业化体系，实现了研产服用一体化，确保了全产业链自主可控。2022年11月，经包括5名院士在内的专家组鉴定：该系统整体达到国际先进水平，其中导向头工具面测量精度、方位电阻率测量精度达到国际领先水平。截至2023年12月，该系统已在胜利济阳页岩油、川渝深层页岩气、渤海湾近海海油陆采、西北油田碎屑岩高效开发、东部老区精细开发等应用175口井，累计工作近2.7万个小时、进尺近20万米，为中国石化高质量勘探和效益开发提供了有力技术支撑。

11　锐意技术创新，破解难题刷新纪录

江汉石油工程通过持续攻关石油工程关键核心技术，攻克了深井超深井钻完井、高温高压测试等多项技术难题，为塔里木盆地深层超深层油气开发提供了强有力的支撑。

精准轨迹控制，实现超深大位移安全钻探。跃进大位移超深平台井组的3口井垂深均大于7000米，其中，跃进3-3XC井设计水平位移达3473.53米，属超深大水平位移施工，存在直井段和老井眼相碰风险；五段式井眼轨迹，造斜点浅、稳斜段长，小井眼增斜段狗腿度大，轨迹控制难度系数高。这在国内勘探施工中没有先例，国外仅施工两口井，难度极大。江汉石油工程运用地质剖面动态校正技术，提前预测钻头前方50~100米地层的断裂带、破碎带、天然裂缝发育区和储集体分布范围，形成了实时地质跟踪图像，实现了钻井风险与地质分析可视化，大幅提高了对井漏、井垮、卡钻等复杂工况的预判率。同时，该公司运用软件结合区域实际施工情况，综合分析、计算、模拟，优选各层段钻具组合，并利用专业软件进行了9项参数模拟计算和比对，综合优选最优造斜点，实现了精准优快钻进，创中国石化垂深大于7100米井水平位移最长施工纪录。

动态承压堵漏，破解世界性难题。跃进3-3XC井地处顺北区块，二叠系、三叠系易漏易垮是世界性难题。江汉石油工程专门成立了顺北复杂地层防漏堵漏创新团队，针对顺北工区志留系堵漏技术、二叠系火成岩防漏技术及硬脆性泥岩井壁稳定技术开展攻关，创新形成了DLPP（动态承压堵漏）技术，通过在钻井液中加入特殊的细微颗粒处理剂，加强抑制封堵防塌性能，精细控制压力，防漏堵漏效果显著，实现了超深层油气优快钻进。

自主研发SSC-SHLR封隔器，助力获高产油气流。封隔器是高温高压测试的核心利器。钻进目的层后，江汉石油工程提前介入，了解井眼轨迹、地层压力系数等相关参数，通过管柱力学校核、井

筒完整性评价、井下工具极端工况力学计算等技术手段，设计了3种完井管柱，并优选出可同时满足储层改造、测试和生产的一体化管柱。该管柱采用了专门为超深井研发的SSC-SHLR封隔器，确保了跃进3-3XC井施工一次成功。

12　做好岩芯研究，解析“深地密码”

岩芯是通过特殊钻井工艺从地层中钻取的岩石样品，被称为“向地球深部进军的探针”。在西北油田的岩芯库里，收藏着4200余口井的岩芯样本。

每一块岩芯都有属于自己的编号，就像人的身份证号码一样，具有唯一性

西北油田的岩芯库于1999年建成投用，面积1.1万平方米，存放着来自新疆、青海、甘肃、宁夏等省（区），以及塔里木、准噶尔、吐哈等7个盆地的岩芯样本。

这里有17万盒样本，累计长度34万米。最早的岩芯样本生成于距今20亿年的前震旦纪，我们熟悉的恐龙时代侏罗纪，比它还要晚十几亿年。

从井场上拉运过来的岩芯样本，经过工作人员的仔细检查、复核，达标后才能入库编号、上架、建档。经过切割、打磨、归类后，1/3的岩芯作为永久样本保存，2/3的岩芯放置在岩芯库里，供研究人员观察，或取样分析研究使用。

岩芯研究价值更高。很多岩芯的价值堪比黄金。每一块岩芯都有属于自己的编号，就像人的身份证号码一样，具有唯一性。

取芯不易，在顺北超深层油气发育段取芯，更是难上加难

在5亿年前的寒武纪，塔里木盆地还是“塔里木海”。沧海桑田，海洋中沉积的碳酸盐岩地层深埋在了数千米的地下，慢慢形成了石油和天然气。

塔里木盆地地质条件与世界其他盆地不同，地质结构复杂多样，油气藏普遍超深、超高温、超高压。

取芯就是为了直接获得真实可靠的地下岩层的有关资料，通常取芯是在油气的发育段。顺北油气田超深井的取芯深度接近9000米，位置大多是在斜井段，这增加了取芯作业的难度。

在钻井作业现场，工程技术人员通过分析钻时加快、气测升高等工程参数的变化，来判断钻头是否到达取芯位置。如果到达位置，则需要起钻更换专用的钻头和工具，再下钻进行取芯作业。

由于每口井的取芯要求和井下条件各异，取芯深度、长度及采用的工具、作业时间，均不相同。顺北油气田的油气藏平均埋藏深度超过7300米，是世界上埋藏最深的油气藏之一，地层破碎程度高，取芯最大的难题是提高收获率。

收获率是指实际取出岩芯长度与钻进距离的百分比。收获率高，即钻孔中取出的样品多，在一定程度上表示操作方法好、技术水平高。

为此，西北油田持续优化取芯钻头和取芯筒设计。

科研人员对国内外破碎地层取芯工具展开了广泛调研，针对顺北油气田储层破碎、易堵芯掉芯等难题，从通过性、稳定性、强抓取、防堵芯、促保形等方面优化设计取芯工具，研制了适应顺北破碎储层的个性化保形取芯工具。他们采用长保径钻头，减少取芯过程中的钻头振动，保证岩芯平稳进入取芯筒；采用内壁更光滑的铝合金取芯筒，使岩芯入筒更加顺利，减少堵芯；底部采用双岩芯爪，减少上提过程中的岩芯掉落。

2023年，顺北油气田整体取芯收获率由3年前的不足50%提高至98%。顺北84斜井在9000米以深的地段，取芯长度超过10米，作业用时不到9天。

现场取芯作业完成后，工程技术人员将全井的岩芯统一进行分装标注，转交给岩芯库归类存档。

来自地下9000米，生成于4.7亿年前的岩石，到底藏着什么信息

粗看顺北84斜井的岩芯，与顺北其他井取出来的岩芯并无多大差异，外表呈暗黑色，剖面呈灰色。如果用放大镜观察，可以看到里面有细小的孔隙。

是不是岩芯中有这些孔隙就能证明这块地层含有油气？

在研究人员的眼中，一块岩芯包含了很多的地质信息，比如，矿物学、成岩学、古气候、古地理、粒度分析、孔隙分析、物性分析等。

每一口井的岩芯都来之不易且无法增加，对研究所用的岩芯，也有着严格的审批程序和管理要求。

制作岩石薄片所采用的原料，都取自岩芯的岩屑或者边角料。他们通过精心切割、打磨、烘样、粘贴等一系列操作，才能成功制作出一张薄如蝉翼的作品。

通常，一口勘探井需要制作500~1000张岩石薄片。岩芯分析人员借助偏光显微镜、阴极发光显微镜、紫外光谱、X射线荧光光谱等设备和技术，开展多种类型岩石薄片的分析，全面认识油气发育段岩石的物理性质、岩石矿物组成，以及敏感性矿物的类型、产状含量及分布特征。

岩芯研究需要宏观与微观同步展开。薄片分析只是针对岩芯的特性开展的微观分析，他们还要通过CT、核磁等设备，研究岩芯的宏观特性，分析岩芯的饱和度、孔隙度、渗透率等指标。

在塔里木盆地，深层、超深层的油气大多是储藏在纳米级的细小岩石孔隙中，这就像在人的毛细血管中采集血液，研究难度大。

通常情况下，一块岩芯涉及的实验项目分为地质、开发两大类30余项，实验数据近千个。

岩芯分析人员将这些实验数据和结果输入大型数据库。地质、开发、储层等不同专业、不同项目的研究人员按需提取不同的数据和结论，为科研攻坚或在各项作业中更精准地制定方案提供可靠的决策依据，从而推动实现一口井、一个条带、一个区块，甚至一个新油田的突破或诞生。

13 攻关物探技术，使深层目标"看得清、打得准"

顺北油气田位于塔里木盆地中西部，其独特的断控缝洞型油藏是当前超深层碳酸盐岩领域油气勘探开发的热点，但地质目标深埋地下七八千米，如何"看得清、打得准"，是地震精细成像及储层描述面临的挑战。

顺北大部分地区被沙漠所覆盖，沙丘高程起伏变化大，最厚达200米。松散沙丘对地震波产生较强的吸收衰减效应，严重降低了地震信号的振幅和频率，同时也为地震资料处理中的静校正带来困难，影响深层目标地质体的精细成像。

顺北地区二叠系广泛发育一套以英安岩和凝灰岩为主的火成岩，在上奥陶统-志留系间还发育多期侵入岩，特别是在顺北西部地区，多期侵入岩体呈"多层楼"状，叠置关系十分复杂。火成岩的存在导致奥陶系地震信噪比低、储集体的可识别特征弱。另外，火成岩厚度和横向展布的剧烈变化还会造成假构造、假断裂、假储集体等异常特征。

自进入"十四五"时期以来，石油物探技术研究院和西北油田联合，针对超深层走滑断裂带精细成像及储层描述面临的难点问题，攻关形成诸多技术成果。

低信噪比资料叠前预处理技术。高大沙丘使地震资料处理面临严重的静校正和低信噪比问题。通过融合静校正技术和分频剩余静校正技术，解决了顺北地区沙漠地表的静校正问题，并且优化了叠前去噪流程，有效提高了断裂和储集体的成像精度。

可控震源高效处理技术。可控震源是地震勘探中地震波激发源中的一种类型，其施工作业更安全，但沙漠区可控震源采集资料存在“黑三角”强能量噪声等难点。技术人员通过持续攻关，构建了针对可控震源的组合压制噪声、相位最优匹配、子波宽频处理等技术，保护了有效信号，收到了与炸药震源相当的成像效果。

全方位角度域建模及高精度成像技术。针对顺北地区火成岩复杂发育区，建立了递进式速度建模流程，充分利用全方位层析优势，反演出火成岩的高频形态，使速度模型细节变化相比之前更明显，消除了假构造、假断裂等现象，提高了断控储集体的成像精度。

断控储集体精细化描述技术。超深层井位部署的首要需求是储集体位置刻画准确、内幕描述清楚。为此，技术人员研发了基于深度卷积神经网络的地震反演、单道相干、井间连通路径自动寻优等技术，为准确定位储集体、精细刻画内幕结构及分析连通性提供了依据。

此外，近年来，随着技术优化迭代及推广应用力度不断加大，QRTM（叠前频率域Q逆时偏）、散射波成像、FWI（全波形反演）高精度速度建模、五维地震解释及储集体人工智能识别等物探关键技术也取得了进步。

14　打通向深地进军的“命门”

2023年“五一”国际劳动节期间，中央电视台全媒体矩阵连续4天跟踪报道塔里木盆地的中国石化“深地一号”两口超深井跃进3-3井开钻施工和顺北10斜井开井测试现场，全景展现了我国向地球深部探测的壮阔场景，也让“江汉钻井”“江汉测试”走进了全国人民的视野。

作为中国石化“深地一号”顺北油气田产能建设的主力军和排头兵，江汉石油工程公司始终以保障油气勘探开发为己任，不断加强石油工程关键核心技术攻关，攻克了深井超深井钻完井、高温高压测试等技术难题，为我国塔里木盆地深层超深层油气开发提供了技术支撑。

DLPP技术，对易漏地层说“NO”

钻井液被称作钻井的“血液”，它可以润滑钻头、支撑井壁，把钻进时产生的岩屑携带到地面，并且能够为钻头降温，钻井液一旦发生漏失将严重影响钻井时效，甚至造成井报废。防漏堵漏也是深井超深井施工面临的第一道难关。

跃进3-3井属顺北区块，地层就像一个摔碎的盘子，裂缝多、易破碎。顺北产建的共识是，二叠系、三叠系易漏易垮是世界性难题，也是向万米深地进军的拦路虎。

既将钻井液密度调控好防止漏失，又能支撑住井壁避免发生垮塌，就像在钢丝上“跳舞”。

为攻克这一世界级难题，江汉石油工程公司成立了顺北复杂地层防漏堵漏创新团队，针对顺北工区志留系堵漏技术、二叠系火成岩防漏技术及硬脆性泥岩井壁稳定技术开展攻关，创新形成了DLPP技术，通过在钻井液中加入特殊的细微颗粒处理剂，对地层进行改造，变缝为孔，逐级填充，在地层的井壁上形成致密泥饼，堵塞裂缝、防止漏失。

在顺北53斜井施工中，志留系地层共发生9次井漏，复杂损失仅14天，损失时效相比同类型井降低88%，在顺北区块呈现了最好的堵漏效果。

跃进3平台已完成的跃进3-6井和正在施工的跃进3-3井，同样应用了这项技术，在地层裂缝发育的巨厚二叠系火成岩段，有效防止了该层段发生钻井液漏失，实现了快速高效施工。

2023年，该技术在顺北工区全面推广应用，防漏成功率超80%，二叠系堵漏一次成功率100%，井漏复杂时效降低87.7%，平均每口井周期成本节约近1500万元，为加快顺北油气田开发进程提供了技术支撑，该技术被写入西北油田顺北产能建设创新历史。

地震剖面动态校正技术，为钻井装上“北斗导航”

跃进3-3井设计井深达到了9472米，近万米深的地底一切都是未知。

以前只能根据邻井的地质资料预测，这个预测与实际会有不同程度的差距，井下安全风险仍然比较大。

“深地工程”的油气井普遍超过7500米，储层埋藏深，地层温度及压力高，复杂地层多，硫化氢含量高。钻井过程中如果没有地质风险预警，提前做好准备工作，就会发生钻井液漏失、井壁垮塌、钻头卡在地层里以及钻具断裂等复杂情况。

提前预警、错峰换线是开车导航过程中经常用到的一个实用功能。钻井能不能也这样，实现自动导航？工程地质科研人员经过一年多的技术攻关，终于研发出了地震剖面动态校正技术。

利用该项技术，研究人员可以预测钻头前方50~100米地层的断裂带、破碎带、天然裂缝发育区和储集体分布范围，形成实时地质跟踪图像，实现钻井风险与地质分析可视化，从而帮助技术人员提前做好钻头的“出行方案”。

与以前普遍使用的文字地质设计相比，地震剖面动态校正技术形成的地质图像更加准确和直观，即使不是相关专业的人，也能一看就懂。

“深地一号”跃进3-3井同平台的跃进3-6井就是应用的这项技术，精准地定位到各个地层层系，保证了该井的高效钻进，仅用18天就完成了3753米钻井任务，创下了顺北工区跃进区块钻井的新纪录。

2023年，江汉石油工程公司利用该项技术，在“深地工程”中提出地质建议33条，意见验证率100%，完成8口井安全钻进，助力我国“深地工程”技术向更深层迈进。

15　创新40项特色技术，打造页岩气压裂“样板工程”

江汉石油工程井下测试公司大力推动创新驱动战略，聚焦压裂技术瓶颈，坚持走国产化道路，全程参与涪陵国家级页岩气示范区建设，先后21次刷新国内页岩气压裂施工纪录，获得发明专利33项、创新成果29项，形成地质评价、储层改造、压后评估等近40项特色技术，打造了中国页岩气压裂的“样板工程”，为国家页岩气效益开发、建成示范、国际领先夯实了坚实基础。

摸着石头过河，探索创新工艺技术，成为国家级页岩气示范区压裂“实践者”

2013年9月3日，国家能源局批复设立“重庆涪陵国家级页岩气示范区”，页岩气正式走上新时代舞台。然而，我国页岩气压裂技术尚处于空白，一切从零起步。面对国家重大战略需求，在页岩气勘探开发初期，针对国外技术垄断、储层认识不足等难题，井下测试公司组织专业的研究团队、技术团队、施工团队，从机理到工程进行研究，创新形成了以甜点储层识别与评价、水平井多簇分段，光纤裂缝监测为核心的地质工程一体化设计方法，实现了页岩气“双甜点”预测技术从“0”到“1”的突破；针对前期探井测试产量低、不稳定的问题，攻关团队积极对标国际创新形成深层页岩“限流射孔、暂堵扩缝、高强度支撑”的三代压裂工艺，结合曲率带发育情况及压裂液工艺设计，提产效果显著。国内首个页岩气三层立体开发评价井组——焦页66号扩井组的4口气井压裂后获67万立方米/天高产，最大限度地提高山地条件下单平台的储量动用率，为页岩气区块增产、储量有效动用提供了新的开发模式。被集团公司称赞道“江汉压裂业绩领先，要继续保持领先优势，发挥主力军作用”。

按照集团公司党组“建成示范、走在前列”目标要求，江汉石油工程井下测试公司大力推动油气科技自主创新，10年攻关形成40项特色技术，攻关“卡脖子”技术，引进“井工厂”压裂模式，在焦页9平台、焦页42平台完成了国内页岩气首次“井工厂”“同步压裂”施工，与单井施工相比工期缩短30%，井场利用率提高80%，作业效率提高40%以上，创国内页岩气单平台压裂施工段数最多、施工效率最高等多项工程纪录，为页岩气大规模开发提供了模式，支撑涪陵页岩气田10年勘探开发，推动了页岩气商业化开发。10年来，涪陵页岩气田累计探明页岩气储量近9000亿立方米，产气532亿立方米，创造中国页岩气田累产新纪录。“涪陵大型海相页岩气田高效勘探开发”项目获国家科技进步奖一等奖。时任中国石化副总经理焦方正称赞其为“中国石化测试行业和压裂行业的双品牌”。

走国产化道路，更新迭代技术体系，成为页岩气勘探开发的“先行者”

页岩气的商业化开采，技术国产化才能实现低成本、高效益。井下测试公司坚持走国产化道路，大力实施压裂技术创新战略，紧跟国际前沿技术，持续推动技术一体化、高端化、集成化发展，全力突破油气勘探开发系列关键技术，立足深化充分动用储层、高效低成本开发，探索出了立体开发提采收率、全电动压裂提速提效、重复压裂增质提产的特色先行之路，打造了“工程设计－工艺研究－工具液体研发－工程实践－压后评估”一体化服务能力，建立了“工程服务一体化”和“地质工程一体化”两个一体化服务模式，集大方案、大工程、大规模于一体，引领我国页岩气压裂技术创新进程。

针对涪陵工区早期开发的页岩气井产量已不复当初，沿井筒方向仍有较高未动用资源，2020年底，井下测试公司率先与江汉油田、国外公司联合在涪陵页岩气田开展技术论证与现场试验，2021年1月，首口试验井获得18.38万立方米/天的高产工业气流。

2021年正式成立由公司主要负责人牵头的“页岩气重建井筒重

复压裂创新团队”，与江汉油田合作建立多专业国产化工具材料攻关小组。该公司成立“直翼式树脂套管扶正器及其制作工艺”科研攻关组，研究解决了重建井筒重复压裂施工中现有的套管扶正器技术缺陷，提供了一种粘贴稳定性好、居中度高、摩阻低、射孔弹穿透性好的直翼式树脂套管扶正器及其安装方法，“直翼式树脂套管扶正器及其安装方法”于2022年5月20日获得国家发明专利授权，为延长页岩气井生命周期、有效提高气藏采收率提供了保障。

2022年12月9日，在我国首口采用全自主化工艺技术和工具材料的重建井筒重复压裂气井——焦页5-1HF井成功实现国产化应用，试获14.2万立方米/天的高产工业气流，测试产量恢复到初次压裂的75.1%，达到国际先进水平，标志着我国在重建井筒重复压裂领域打破国外技术垄断，为国内页岩气田老区开发增储上产提供了有效借鉴，井下测试公司也成为国内唯一拥有该技术的公司。2023年7月19日，该公司自研重建井筒重复压裂施工的第二口井——焦页21-3HF井圆满完成施工，重建压裂前累采1.59亿立方米，重建压裂后试获11.28万立方米/天的高产工业气流，当年7月施工的第三口井焦页29-1HF井各项指标一次成功率100%，施工周期从32天缩短至20天，工程提速达37.5%，为页岩气套中固套重建井筒技术全国产化提速提效做出重要贡献，标志着全国产化重建井筒重复压裂技术更加成熟。实现该技术由“起步”到“并跑”甚至“领跑”的转变。

随着对页岩气压裂改造机理、工艺技术模式和现场实践认识的不断深入，更新迭代技术体系，推动压裂技术“升级一代、形成二代、突破三代”。一代压裂技术提高初始产量和最终采收率，二代压裂技术提高改造区域内的有效渗流面积，彻底释放微裂缝及基质中产能，三代压裂技术提高裂缝导流能力和有效支撑裂缝体积、裂缝的复杂程度和储层的改造效果。技术的更新迭代，带来了页岩气改造理念变化，由初期的“SRV最大化”逐步转变为“SRV最大化、复杂度最大化、加砂强度最大化”，到目前的“裂缝控藏、面积控产”最新改造理念。工艺理念由“分段分簇、转向工艺、铺砂模式”转变为“高密布缝、高效控缝、高强铺置”，目前正在探索“超密布缝+极限限流”工艺理念，实现页岩气压裂工程核心技术全部国产化，低成本集成配套和产业链延伸发展。

集团公司提出页岩气低效储层改造要“提速、提效、降本、绿色”，江汉石油工程公司压裂技术团队组织开展“页岩气电动压裂工厂化应用技术”等10多项研究，引进中国石化首套自有5500型电动压裂机组，自主研发了自动供液、自动供砂、高效井间转换等多项技术，构建了全电动压裂机组24小时连续作业方案，打破国外垄断，构建了中国石化电动压裂V3.0实施方案。2021年7月，在焦页11东平台打造了国内电动压裂标准化井场示范工程，迎接了集团公司第一次压裂技术现场交流会，集团公司领导评价道“江汉工程电驱压裂现场布局清晰，标准化、自动化整体水平高”。焦页12扩平台仅用50余天便完成303段压裂施工，刷新国内页岩气压裂5项施工纪录，《人民日报》评价涪陵页岩气全电驱压裂技术达到世界领先水平，创造页岩气领域低成本、规模化、绿色施工的“中国样本”。“页岩气工厂化高效压裂试气技术”入选中国石化石油工程公司成立十周年科技创新“十大技术”。

在技术的国产化上，江汉石油工程公司推进关键核心产品国产化，加快产业链进程，泵送桥塞与多级射孔联作全部国产化，应用自主研发桥塞4000余只，成本降低60%；自主研发的一体化变黏压裂液，实现页岩气工程核心材料全部国产化。2022年3月，在焦页12扩平台全电动压裂施工中，刷新单平台压裂井数最多（12口）、段数最多（303段）、加液量最多、加砂量最多等多项行业纪录，最高达9段/天，平台平均压裂速度6.5段/天，推动了页岩气的高效开发和利用。

基于成套页岩气工程技术系列化、配套化、标准化和产业化，坚持原始创新、集成创新和应用创新，用长水平段分段压裂、体积压裂工艺技术、井工厂压裂技术、SSC-复合桥塞、电动压裂装备等一块块拼图，拼出了国内页岩气压裂解决方案，成为国内第一家掌握页岩气压裂试气全技术链的油服公司。在威荣、长宁、永川、丁山、宜昌和涪陵等10余个页岩气区块开展钻井工程大包、压裂试气大包服务，支撑了川渝地区深层页岩气实现新发现新突破、涪陵页岩气田实现高效开发。

辐射全国资源，打造中国压裂样板，成为保障国家能源安全的“引领者”

随着页岩气勘探开发的深入，中深层、深层页岩油气是国家“十三五”《页岩气发展规划2016—2020年》中明确的重点攻关方向。近5年来，四川盆地涪陵、长宁–威远、昭通、泸州等多个海相页岩气区块和江汉老区盐间页岩油的开发，成为国内页岩油气领域的焦点。

江汉石油工程公司聚焦党的二十大报告作出的“加大油气资源勘探开发和增储上产力度”等重要部署，走出涪陵造涪陵，先后在复兴红星、丁山綦江、宜昌恩施、江苏等区块，定制化攻克了区块的“卡脖子”技术，成功实现页岩气压裂新模式，打造了中国压裂样板。

复兴区块是四川盆地侏罗系陆相页岩油气富集的重要地区，更是中国石化“十四五”重要增储阵地。江汉井下测试公司针对该区块存在易卡、易漏、易喷、易垮等技术难题，主动攻关，成功试验了“限流射孔+投球转向”、“均匀射孔+绳结转向”、一体化变黏减阻水等多项新技术，进一步提高裂缝复杂程度，强化缝内支撑剂铺置效果，获油43.9立方米/天、气1.44万立方米/天的高产，展示了复兴区块良好的勘探开发前景，为涪陵页岩气田打好油气资源接替战提供了有力支撑。

不断推进“涪陵样板”转化运用，加强鄂西渝东区块地质基础研究和老井复查，发现红星地区吴家坪、茅口组。针对深层页岩气突破极限，红星区块红页4HF井埋深超过4000米，测试产量15万立方米/天，填补了国内二叠系页岩气勘探开发空白。丁山区块丁页4

井试获页岩气日产20.56万立方米，取得丁山构造页岩气勘探重大突破，丁页4井、丁页5井、东页深1井、梓页1HF井连续4口井获得高产，突破了埋深超4000米页岩气井压裂工艺技术，为深层页岩气勘探开发奠定了技术基础，助力新区新层突破。

2021年，江汉石油工程公司大力“走出去”，在白马区块开展“钻井-压裂-试气”一体化大包工程服务，试行“交钥匙”工程。依托《白马区块常压页岩气压裂试气工艺研究》科研项目，调整压裂改造思路，追求改造体积裂缝复杂度最大化（ESRV），106-6HF井测试产量13.04万立方米/天，刷新白马区块最高产量纪录，助力白马区块新增探明储量超1048亿立方米。

2016年以来，与中国地质调查局在鄂西地区开展地质工程一体化合作项目，从油藏研究、地质设计、井筒工程、油气增产、完井管理等方面为甲方提供“一揽子”解决方案，鄂宜页1井获产量6.02万立方米/天、无阻流量12.38万立方米/天的高产工业气流，实现了震旦系、寒武系和志留系三套层系页岩气调查的重大突破，填补了中扬子寒武系油气勘探空白，实现了我国页岩气勘查从长江上游向长江中游的战略拓展。牛蹄塘组高产产能突破，陡山沱组页岩气流的发现开辟了盆外复杂构造区页岩气勘探开发新区、新层系。

元坝区块是世界首个埋深超7000米的高含硫生物礁大气田，岩性以碳酸盐岩为主，H_2S和CO_2含量高，具有超深、超高压、高温特点，其试油气测试工程难度超越国内塔里木盆地、国外墨西哥湾等世界油气勘探开发地区，属世界级难题。2022年，井下测试公司采用自主创新的深井超深井油气测试技术和高温高压测试完井工具，优质高效完成了元坝气田元坝15井油气测试施工，破解了世界首个超深高含硫生物礁大气田测试难题，打破了“三高”气井测试技术瓶颈，为加快推进深层大气田产能建设提供了有力支撑。

第三节　装备创新

1　超高温超高压定向测量装备帮助钻头指哪儿打哪儿

在我国的油气勘探开发中，一般认为埋深超过4500米的井为深井，6000~9000米的井为超深井，超过9000米的井为特超深井。顺北油气田位于塔里木盆地中西部，油藏埋深达8000米，为亚洲最深油气田。井底温度可以达到甚至超过170摄氏度，压强达到150兆帕。在这样的超高温定向井中，钻具“软得像面条”，钻井存在工具造斜能力差、摩阻扭矩大、井眼轨迹控制难度大等问题。

如果说火箭卫星是沿着轨道飞向太空，定向钻井则是使井身沿着预先设计的井斜和方位在地下穿行，直至目的层。那么，在超170摄氏度的“地下珠峰”，如同“面条”一样的钻具是怎么精准钻进油气层的呢？

顺北油气田堪称全球埋藏最深的油气田，目前的定向井最深达到9300米，刷新亚洲陆上最深井纪录，相当于向下钻穿了一座比珠穆朗玛峰还高的山峰。全世界高度超过8000米的山峰，也只有14座；而顺北油气田目前一共有46口垂直深度超过8000米的油气井，7500~8000米的井更是多达76口，这些井被称为“地下珠峰”井。

定向井技术被称为“钻头的眼睛”，以特殊井下工具、测量仪器和工艺技术，为钻进“地下珠峰”的钻头加装精准导航系统，指导钻头像游戏中的“贪吃蛇”一样灵活转弯、穿梭，在设计范围内高精度钻进，找到油气层，精准中靶。

在8000米的地层深处，压强超过170兆帕，温度超过200摄氏度，坚硬的金属就像“滚烫的面条”一样软，一般仪器设备难以发挥作用。同时，井眼尺寸小，直径在115.44~165.1毫米的井下钻具振动剧烈，容易导致仪器故障，且深井钻井参数传递延迟，小尺寸螺杆容易出现脱扣、断裂等，可谓“步步惊心”。

要揽瓷器活儿，得有金刚钻。怎样才能在顺北极限高温地质条件下，通过定向技术打得到、打得准，还能打得成？——超高温超高压MWD就是解决问题的“金刚钻”。

这个“金刚钻”，由经纬公司技术团队研制成功。作为在顺北定向井市场占有率接近80%的服务单位，胜利定向井公司聚焦塔里木盆地深层、超深层工程定向技术需求，加强“卡脖子”技术攻关，通过多年攻关和实践，研发了高精度的能够抗高温抗高压的定向测量装备。这种仪器就像在钻头上安了一只“眼睛”，实现了“指到哪儿打到哪儿”。

随钻测量技术是一种实现井下信息与地面监测设备实时信息交互的技术，能实时监测井下工程、地质参数，以井下钻头位置的井斜、方位、仪器工具面等参数为主，并将测量结果及时传输到地面，助力现场工程师准确判断并优化控制井眼轨迹。

在地层中的钻头就像人走路一样，走路要用眼睛观察在哪个路口拐弯，钻井也一样要控制钻头钻到靶点。超高温超高压MWD就是找寻地层深处目标的“火眼金睛”，可准确告知目前在什么方位、目标在哪里。打一口定向井，钻头需要借助MWD的指导，在地下蜿蜒钻进几千米，才能顺利到达油层靶点。

如何给钻头装上“眼睛和鼻子”，让钻头闻着油味走？

在顺北超深油气藏，要精准钻到8000米以深的目标油藏，需要勇者，更需要智者。经纬公司胜利定向井公司通过引进和自主研发高温测控装备，形成了以高温超小井眼定向技术、高温高压MWD随钻测量技术为核心的适用于深层油气藏高效开发的定向工程技术系列。近几年，他们通过在顺北地区的施工实践，进一步完善了集剖面优化、螺杆优选、高温测量和超深超小井眼轨迹控制于一体的超深超小井眼定向施工技术，练就世界上独一无二的“绝活儿”，为西北油田提质提速提效提供了强有力的技术支撑。

针对顺北不同区块地层温度情况，技术团队持续开展高温仪器应用攻关，先后引进多种型号高温高压仪器：经纬公司自研MatriNavi185、某中心耐185摄氏度和耐200摄氏度高温高压随钻测量仪器，在顺北区块施工了多口超深超高温高压井，解决了多项世界性难题。

超深井轨迹控制技术、高温斜向器开窗技术、随钻扩孔技术、非标超小尺寸井眼施工技术……一项项个性鲜明的创新，经历了顺北油气田不断拔节向上的快速发展，形成了绚烂夺目的“高温定向技术谱系”。

面对“超深”变“特超深”，超高温定向技术还有多远的路要走？

如今，我国深层、超深层油气资源已超670亿吨油当量，占全国油气资源总量的34%，深层、超深层已经成为我国油气重大发现的主阵地。

2021年，顺北56X井钻成，完钻井深9300米，是当时我国乃至亚洲陆上最深的水平井。在塔里木盆地，埋深在6000~10000米的石油和天然气资源就分别占全国同深度区间资源总量的83.2%和63.9%，超深层油气资源总量约占全球的19%。

顺北油田这些“地下珠峰”井的深，不仅是物理的深，更是在技术上不断深入探索的深。

多年来，经纬公司已经在顺北地区形成了一套集无线随钻测量工具改进、井眼轨迹精确控制和水平井安全延伸评估于一体的超深水平井定向技术，相当于给钻头加装了精准导航系统，实现了在8000米深的地下三维空间中“指哪儿打哪儿”。

2021年11月，经纬公司使用SQMWD-U士奇200摄氏度高温定向仪，为风险探井顺北16X井提供定向技术服务，仪器入井工作时间465.5小时，以207.9摄氏度井底超高温创国内定向施工井温度最高纪录，钻成了亚洲陆上最高温度定向井。经中国石化石油工程技术研究院和中国石油集团工程技术研究院鉴定，为经纬公司在顺北油气田首口地层温度超过200摄氏度的超深定向井。

随着顺北油气田向更深层勘探，“超深”必将变成“特超深”，地层温度超过200摄氏度且压力超过170兆帕，地质条件更加复杂，定向井技术也面临着更加严峻的挑战。

从170摄氏度、180摄氏度到超200摄氏度，每一个10摄氏度的进阶，都需要付出艰苦卓绝的努力。经纬公司耐200摄氏度随钻测量仪器设计耐温200摄氏度、耐压206兆帕，是国内唯一达到此标准的高温随钻测量仪器，已先后在顺北8X、顺北16X及顺南蓬1侧等井成功应用。

虽然当前已经成功应用了耐200摄氏度超高温仪器，但仪器的稳定性仍需持续攻关和完善，尤其是攻关260摄氏度耐高温高压MWD、配套耐温200摄氏度以上超高温螺杆或全金属螺杆等技术。

未来，超高温高压环境对井下仪器使用寿命和稳定性将提出更高的要求，常规钻具承受的拉力、剪切力高，因此，推动特深层高温定向技术的进步需突破常规思路，加强新技术和新工具的应用，以及高端井下定向仪器和特殊材料、装备的研发，集中力量攻克一批“卡脖子”核心技术，支撑中国石化乃至我国特深层油气藏的勘探开发。

2 高精尖装备助力深部开发

中国石化石油机械股份有限公司（以下简称“石化机械”）持续加大研发投入，开发具有自主知识产权的先进装备，凭借主营产品获评工业和信息化部制造业单项冠军示范企业，为油气勘探开发提供有力装备支撑。

日前，在塔里木油田热普901H井施工中，石化机械定制的先锋金刚石钻头和大扭矩等应力螺杆，组合钻进该井二开地层，一趟完钻，进尺达5818米，创全国一趟钻最长进尺纪录。

作为国内研发实力领先、产品门类齐全的油气和新能源装备研发、制造、专业技术服务企业，石化机械拥有钻采装备、钻完井工具、集输装备等3类优势产品，分别凭借主营产品牙轮钻头、固井压裂设备获评工业和信息化部第一批、第二批制造业单项冠军示范企业，下属控股子企业四机赛瓦石油钻采设备有限公司的油气井封层桥塞获评第三批制造业单项冠军产品。

能源产业的发展离不开装备制造产业的突破，掌握装备制造产业的关键核心技术至关重要。长期以来，石化机械紧紧围绕保障国家能源安全，集中优势资源，突破限制性关键技术，攻克具有先发优势的核心技术，全力引领产业转型升级。

大型压裂装备是高端油气钻采装备竞争的主战场。为赶超国外先进技术、开发具有自主知识产权的大型压裂装备，石化机械持续加大研发投入，实现压裂装备技术从跟跑到并跑、再到领跑，研制出3000型压裂车、5000型电动压裂橇、单机功率最大的连续满载8000型电动压裂装备等，实现多项世界首创。该公司承担的“超高压大功率油气压裂机组研制及集群化应用”成果获国家科技进步奖二等奖，压裂装备广泛应用于页岩油气开发，亮相国家“十二五”“十三五”科技创新成就展、庆祝改革开放40周年大型展览，被永久收藏于国家博物馆，入选国家绿色技术推广目录、央企科技创新成果推荐目录。

看似不起眼的钻头，是油气装备领域关键的“小巨人”。石化机械依托超高压结构、超高硬材料、超高能控制、超高精制造“四超”系列核心技术，面向用户需求、现场应用和国内外研究前沿，强化核心产品研发和关键核心技术攻关，先后开发出尖峰、先锋系列金刚石钻头，以及混合钻头、KD Force超大扭矩螺杆钻具、扭力冲击器等成套井下工具串，持续为钻井提速提效提供有力支撑。

挑战深地施工，向地球更深处进发。中国石化“深地一号”跃进3–3XC井曾刷新亚洲最深井斜深和超深层钻井水平位移两项纪录，测试获得高产油气流。在此次作业中，石化机械研制的高温高压封隔器发挥了重要作用。面对跃进3–3XC井的复杂井况，针对井下工具面临的高温高压高比重泥浆作业环境，石化机械开展封隔器材料选型和封隔器结构设计研制，通过在工具表面增加防腐、防冲蚀涂层，有效防止泥浆及其他固相颗粒沉淀附着在工具表面，研制出具有高承载机构的高温高压封隔器，并通过耐高温204摄氏度、耐压105兆帕的模拟工况测试验证。

3　十年“造血”成就勘探开发“神兵利器”

钻井液被称为“钻井的血液”，对于钻井质量好坏起着无可比拟的重要作用。胜利石油工程钻井液技术中心技术团队“十年磨一剑”，自主创新潜心研究全新的合成基钻井液技术，经中国石化科技部鉴定，综合指标达到了国际先进水平。有力支撑了胜利页岩油的勘探开发和准噶尔盆地深层的油气发现，荣获胜利工程公司2023年科技进步奖一等奖。

“把实验室搬到生产现场”

近年来，随着钻井开发难度的不断增大，对钻井液的要求也越来越高。针对钻井过程中越来越多地出现钻井液制约机械钻速低、井壁不稳定以及水平井摩阻大等实际难题，2014年，胜利石油工程有限公司钻井液技术服务中心通过多次到生产一线调研，切合实际地进行专题立项，专门组织技术团队开展攻关。

科研人员查阅了大量中外钻井液有关资料，为了解决钻井液制约钻井开发的瓶颈问题，国外研发攻关形成了合成基钻井液技术体系，并逐步取代水基和油基钻井液。他山之石，可以攻玉。中心技术团队一方面借鉴国外的成功经验，另一方面结合国内的地质情况，展开深入研究和攻坚。

一分钟掰成两半用。大家除了在实验室，废寝忘食地一次次比对，一次次调整配方；更多的时间，他们走进钻井施工现场，进行试验应用，和一线员工共同讨论，带着问题再进行研究。中心技术团队所有成员夜以继日、不计得失、不计报酬，心中只有一个目标，就是赶时间赶速度，尽快让成果投入实践，解决钻井生产难题。

最终，科研人员经过3年艰苦卓绝的努力，开发出具有自主知识产权的合成基钻井液体系。

2017年，在郑41-平2井，技术团队在国内陆上首次使用合成基钻井液体系，最高日产油量达到29吨，展现了该体系优良的储层保护效果。后续在曲8-斜11、坨826-平30、永123-平3等井应用，都取得了较好效果。

合成基钻井液兼有水基钻井液和油基钻井液的优点，能够实现性能优良与环境保护双重功能，经中国石化科技部专家鉴定，综合指标达到了国际先进水平，具有广阔的市场应用空间。

改进提升让“钻井血液”更健康

非常规页岩油是胜利工程的核心工作之一，为进一步推进页岩油效益开发、商业开发，如何提升“造血功能”，使“钻井血液”更健康是技术团队的新目标。他们针对不同洼陷破裂压力、施工参数、合成基体系，对页岩油试验区、页岩油示范区和页岩油商业开发区施工井逐口进行效果总结分析，改进新钻井液使用持续优化降本措施。

研发团队坚持驻守生产一线，通过不断的复盘总结，对体系配方、工艺技术持续优化提升，推动合成基钻井液持续稳步发展，研制了乳化剂、封堵降滤失剂、合成基钻井液等关键处理剂，形成了流型调控、高温稳定、防漏堵漏、抗原油及水侵污染等系列合成基钻井液技术，实现了密度范围可调1.2~2.3克/立方厘米，耐高温200摄氏度，封堵率大于80%。自主研发的合成基钻井液技术，获授权发明专利10余件、局级科技奖3项，公开发表论文10余篇。

合成基钻井液体系的性能优化提升，有力支撑了胜利页岩油的勘探开发和准噶尔盆地深层的油气发现，特别是其在220~230摄氏度优异的高温稳定性能，达到世界领先水平，经受住了征深101井现场216摄氏度耐高温11天的稳定性检验。

郭页1HF井是胜利油田为探明沙三下亚段页岩含油气及产能情况而部署的一口预探井。该井地质情况复杂，存在裂缝断层发育，地层破碎易失稳，沥青、高凝油污染等诸多现场难题。

施工前，钻井液中心成立郭页1HF井服务项目组，针对该井地质情况进行逐一分析、逐个探讨，精心编写出合成基钻井液施工方案。同时，积极对接相关单位，分析邻井资料，从岩芯库取来岩芯进行井壁稳定实验，经过多次实验分析，最终确定了多样封堵和多尺度封堵配方。施工中，该井钻至4258~4367米出现井壁失稳、下钻划眼情况。现场工程师积极探索解决措施，充分做好现场小型实验，利用不同粒径超细碳酸钙的合理搭配、油基封堵剂、微纳米封堵剂和配合封堵，顺利解决了井壁稳定难题。

钻进及完井作业期间，沥青、高凝油侵入使钻井液失去流动性，中心专家组和施工项目组齐心协力，结合义页101HF井前期沥青污染处理经验和室内钻井液污染实验数据，认真分析研究，根据污染程度及返出密度，计算侵入量，有效控制排放量，使得现场置换一次成功，最终优质高效完成了该井施工任务。

2023年，在第四届油田化学国际会议上，中心“合成基钻井液劣质固相絮凝技术研究”主旨报告获得二等奖，行业影响力和市场美誉度进一步提升。

过硬技术支撑页岩油商业开发

手握金刚钻，敢揽瓷器活。合成基钻井液在胜利页岩油勘探开发和新疆准噶尔盆地深层等复杂钻井施工中发挥着举足轻重的作用。

东营凹陷民丰洼陷是胜利济阳页岩油国家级示范区的主阵地之一。2023年4月，民丰洼陷重点井丰页1-6HF井三开使用合成基钻井液施工。施工前，钻井液中心专家认真研究单井技术措施，按照工程公司专家既定的“长水平段施工以控制适宜塑性黏度为钻井液核心参数，以减少虚厚滤饼形成、充分释放排量提高井眼清洁、减少环空压耗降低长水平段漏失风险为控制目标的钻井液施工关键”目标，参考区块施工经验，制定了详细的、有针对性的施工方案。施工时，从体系净化、配方构建、处理维护工艺、技术参数把控等方面开展精细施工，有效维护了三开井段井壁稳定及优异的井眼清洁效果，优质高效地完成了钻探任务。创中国石化非常规页岩油水平井井深最深、水平段最长两项新纪录。

合成基钻井液技术在新疆永进区块、胜利页岩油区块以及强水敏区块等进行了广泛应用，累计应用近100口井，有效减少了井下复杂情况，缩短了钻井周期。合成基钻井液在新疆永进区块永3侧-平1井，打破了合成基钻井液低温、高密度等多项施工纪录，日产油50吨以上，打破了永进油田沉寂10年的勘探开发纪录，被评为中国石化2019年十大油气勘探成果之一。合成基钻井液在胜利济阳坳陷页岩油地层应用，实现了页岩油勘探开发新的突破，成为胜利页岩油勘探开发的关键技术之一。

与此同时，钻井液技术服务中心制定的企业标准《合成基钻井液技术现场推荐做法》正式实施，填补了石油工程公司合成基钻井液标准的空白，申请的中国石化行业标准《钻井液用抗高温长效润湿剂通用技术条件》《钻井液用抗超高温乳化剂技术条件》通过了立项论证，提升了行业话语权。

4 锻造高效钻进技术领先的尖兵利刃

在石油工业中，钻井工程长期以来被称为“龙头”，钻井工程技术的每一次进步，都会带动石油工业迈上一个新台阶。

随着国内上游勘探开发对象逐步向复杂深层和新领域转移，对石油工程技术的要求也越来越高，超深钻完井、高温高压测控仪器等“卡脖子”技术亟待加快突破，研发和推广应用低成本工程技术、加大难动用储量合作开发力度的任务十分迫切。

胜利石油工程公司钻井工艺研究院研究团队经过10年攻关，成功研制动力猫道、二层台排管装置、泥浆防溅盒、液压动力集成系统、司钻集成控制系统等自动化核心设备；通过合作研发，定制了适用现场集成配套的铁钻工，并优选了动力卡瓦、液压吊卡等井口自动化工具，形成了钻机管柱自动化集成配套技术。

从2022年起，胜利石油工程公司自主研发的胜利天工“DREAM”自动化钻井装备的订单从年头排到年尾，这套装备已经走红10余个国家和地区的30多个油田。

围绕为高质量勘探、效益开发提供“坚兵利器”，近年来，胜利石油工程公司健全完善科技研发新体系，形成了复杂结构井、深井、超深井等6大优势技术产品；试油测试、储层改造、修井侧钻3大特色技术产业集群；移动式平台设计、海底管道检测防护、废弃井处置等技术和工艺达到国际先进水平。一体推动技术攻关和成果转化，以自动化智能化钻井技术与装备、胜利页岩油高效开发、新型破岩材料及提速提效工具等方向为重点，突破“卡脖子”难题。融合提升信息化集成应用，大力攻关钻井液自动加料、钻井及压裂数字孪生、工程复杂预警等课题，迭代升级井筒业务一体化平台、装备MRO物联网、钻柱双向扭转等信息化产品，加快推动公司数字化转型、智能化发展。

不仅仅是在胜利页岩油市场，关键技术、核心技术的创新应用，让胜利石油工程公司在越来越复杂的地质构造面前爆发出大能量。

西部“战场”捷报频传，滴北3井采取“高效孕镶钻头+高速螺杆”，对比邻井段机械钻速提高1倍；顺北55X、顺北45X两口井，小井眼取芯技术先后创造国内120.65毫米、152毫米超深井小井眼取芯井斜最大纪录；征10井在7600米打开了准噶尔盆地深部的油气藏，使胜利油田在地球深部的探索再次迎来历史性突破……

海上“战场”层层突破，从渤海湾到波斯湾再到几内亚湾，在吹响进军国际石油工程市场“冲锋号”的同时，一批技术步入国内领先、世界先进行列，在打造“一带一路”中国石化新锚点上彰显科技实力。

5　万米车载修井机助力油气开发向更深地层进军

2024年上半年，石化机械最新研制的XJ2750万米车载修井机顺利完成多次试验，在顺北油气田5-5H井投入使用，成功填补了超深层修井作业装备领域的空白，标志着我国修井工程技术与装备水平进入万米深层时代。

近年来，深层、深水、非常规油气勘探开发逐渐成为主流，对油气装备提出了更高要求。深9000多米的超深层油气井，井底压力大、温度高，开采难度大。没有过硬的修井装备，油气井就无法及时恢复生产，油气勘探开发的整体经济效益就得不到保障。石化机械因需而为、积厚成器，不断在修井装备等领域做优做强，为实现高质量勘探开发奠定坚实基础。

创新，做优做强修井装备技术

油气井在生产过程中随时可能发生故障，造成减产甚至停产。这时就需要修井机出马，用于起下钻具、清理井筒、修复井口装置等，保障油气开采顺利进行。

国外作业装备以国民油井华高（NOV）开发的C系列修井机为代表，采用自走或拖挂式底盘结构，最大钩载57~181吨，整机结构轻便、操作使用人性化、维护保养方便，能够实现快速移运和安装，但同时也存在交货期长、价格高昂、提升作业能力满足不了深井作业需求等问题。

面对“卡脖子”难题，以石化机械、南阳二机等为代表的国内企业经过多年的技术积累和创新发展，完成了修井装备研发从0到1、从1到N的转变，技术水平不断提升、产品系列不断完善，如今已实现了整体与跨国公司并跑，在网电储能电驱修井机、超深井修井机、井口管柱自动化处理装备等方面达到国际领先水平。

科技创新要有技术底座和底层逻辑，不能单打独斗、眉毛胡子一把抓。对石化机械而言，就是要聚焦聚力发展超高压结构技术、超高硬材料技术、超高能控制技术、超高精制造技术，加快发展新质生产力，做出特色优势。

40多年的深耕，石化机械历经技术引进、消化吸收和自主研发，在修井装备赛道上跑出了“加速度”。特别是进入“十四五”时期以来，在“四超”技术的加持下，该公司认真践行国家数字化战略、绿色化战略，组建跨专业研发创新团队，以保持修井机优势结构为目标，攻克了修井机一体化移运、天车偏移较大、主车集成难度大等难题，研制出转场拆装快速、作业高效经济的装备，使修井机向更大钩载、更大功率发展，从传统柴油驱动到油电混动、全电驱动，从常规多人配合操作到井口无人化自动管柱处理，从多功能模块配置到一体式高效集成配套，不断拓展自动化修井装备新功能，擦亮“智能低碳”底色。

在更深、更古老层系寻找资源战略接替区，是我国油气行业保障能源安全的必然选择，超深层、特深层已成为我国油气重大发现的主阵地。要更好地服务“深地工程”，修井装备的研发制造必须跟上。

秉承这样的信念，石化机械加快研发步伐，XJ900全电驱修井机、XJ900网电储能修井机、XJ1350DB和XJ1600DB全电驱修井机、XJ2750万米车载修井机等一批国内第一、世界第一的修井机陆续面世，助力修井作业提质升级、油气勘探开发向更深地层进军。

追求，为超深层油气开发锻造利器

近年来，以中国石化、中国石油为代表的能源央企在我国陆上超深层油气勘探开发中取得了诸多重大突破，带动我国超深层油气勘探开发走在了世界前列。万米车载修井机就是代表性装备成果之一。

中国石化顺北油气田是世界上少有的超深油气藏，随着开发深入推进，很多8000米以深的油气井面临修井难题。在传统修井机最大钩载能力不足的情况下，西北油田被迫采用模块钻机修井的方式，虽然能满足修井所需，但搬迁周期长、作业成本高、安全风险大。

石化机械瞄准超深层油气井修井作业装备技术空白，组建了以15人为核心的研发团队，通过充分的技术准备和现场实践，不断增强修井装备功能、提高作业效率和安全性。

上面千条线，下面一根针。超深井修井机总体开发方案是决定装备研发成功的关键，必须做好顶层设计。

自2022年7月起，石化机械研发人员就驻扎在顺北油气田修井作业现场，集中开展现场调研，确定装备关键输入条件和主要技术参数，以此为基础制定出12种超深井修井机总体方案，并在公司内部组织跨专业人员多次评审，遴选出5种更优方案，再组织油田现场专家和井场作业人员共同评审，最终优选出大家公认的最合适的方案。

最终方案虽然理论上最优，但实现起来难度着实不小。既要保障修井机载荷大幅提升，又要实现修井机快速拆装和转场，如何才能“鱼和熊掌得兼”？石化机械研发团队用行动给出了答案。

经过连续11个多月的科研攻关，2023年7月，世界首台万米车载修井机横空出世：八桥重载底盘最大承载能力达104吨，较常规修井机七桥底盘提升14.29%，解决了一体化集成和移运难题；是国内首套快绳拉力最大的车载绞车，实现了大功率绞车能力提升22%，重量仅增加3.4%；大扭矩动力并车装置输入扭矩10626牛·米，比常规装置增加近10%；41米大载荷桅杆式井架，外形、重量及作业天车位移与常规装备相当，可随修井机一体化移运；8米重载高净空底座的模块限制在两个，拆装和转场便捷，拆装时间可控制在3小时以内。

为全面验证新型修井机设计性能，研发团队还自主研制了配套试验工装，在出厂前完成系统验证，确保出厂装备现场可靠。

2023年9月，万米车载修井机在顺北油气田5-5H井开始工业试验，随后正式投产应用。成套装备4个模块运到井场，仅用6小时就完成了现场安装和调试，10天内便完成了8200米井深侧钻修井作业，使用效果良好。

紧跟实际需求，石化机械加快推进研发成果应用，量身定制特色修井装备，目前可生产钩载60~275吨、修井深度500~10000米全系列化车载作业装备，生产制造的自动化修井机、万米超深井修井机、绿色能源修井机、沙漠修井机、海洋修井机、无绷绳和自紧绷绳修井机、双快绳修井机等特色装备已广泛应用于国内外油田现场。

6 国产压裂“神器”压出最优页岩油气

油气压裂装备是能源产业健康发展、维护国家能源安全的核心。近年来，全球油气勘探开发难度逐渐增加，对油气压裂装备提出了更高的要求。

石化机械研发的超高压大功率全电动成套压裂装备，块头虽小，却身怀“怪力”，且能超长“待机”，被称为压裂“神器”。目前，该成套压裂装备应用技术入选国家绿色技术推广目录，并被永久收藏于国家博物馆。

频刷纪录，为国“寻宝”

在地下2000~4000米的页岩层中，页岩气通常蕴藏于此。页岩密不透水，但很容易碎裂，要采出气来，就要通过压裂装备将大体量压裂液压注进井底，击碎岩石，释放页岩气。受制于压裂装备的高技术门槛，全球大多数国家只能“望气兴叹”。

对于SYL8000型电动压裂装置来说，采出优质的页岩油气不过是“小儿科”。

2022年，这台压裂“神器”在江苏油田花页4平台首秀。SYL8000型电动压裂装置与其他电动压裂装置组成“联合舰队”，每套压裂机组每分钟向地层输送压裂液18立方米到22立方米，很快，页岩油缓缓流出，该油田勘探实现了历史性突破，首次打出页岩油。

苏北盆地页岩油储层断裂发育不好，给页岩油压裂带来巨大挑战。如开发页岩油，就需要数量庞大的2500型压裂装备，从经济角度考虑，此前该地根本不具备开发价值；但SYL8000型电动压裂装置的应用，成为中国石化江苏油田页岩油开发的“金刚钻”，标志着苏北盆地页岩油勘探开发进入快车道。

这套新型的压裂橇是国内目前最大功率电驱压裂设备，与柴油驱动设备相比，一台可替代3台常规2500型油驱压裂车，井场作业装备占地面积减少2/3，施工噪声下降22%。此外，所有配套装备都可以在仪表装置远程操作，24小时连续压裂施工。

如今，石化机械自主研发的超高压大功率全电动成套压裂装备已在涪陵页岩气田、大庆油田、新疆油田等主要油气区推广应用近20台，在涪陵600亿立方米页岩气、胜利页岩油等国家级页岩油气示范区提高采收率方面发挥了重要作用。

屡次突破，成为油气开发“特种兵”

大型压裂装备属高端油气钻采装备，过去，我国压裂设备长期依赖进口，严重制约了我国油气资源开发，也对国家能源安全造成一定威胁。

打破国外垄断，开发具有自主知识产权的大型压裂装备，一直是石油装备制造人义不容辞的责任。

压力泵是压裂装备的核心，装备的功率越大，压力泵承受的压力就越高、耐腐蚀性也就越强。此前，2000型及以下压裂装备的压力泵都是进口的。2004年开始，石化机械联合相关高校和科研院所，用3年时间潜心研究，历经无数次修改，最终于2007年首次设计和研制了一款属于自己的压力泵，结束了大功率压力泵只能依靠进口的历史。

2008年，世界首套车载式2500型压裂机组亮相普光气田现场，卓越的技术性能和稳定的工作性能，让国内外同行为之叹服。

如果把2500型压裂机组比作厨房里的抽油烟机，那么3000型项目的研发就是设计建造一个家庭整体厨房。

石化机械牵头实施国家科技重大专项“3000型成套压裂装备研制及应用示范工程”，历经3年多的艰难孕育，2013年，“3000型压裂车”问世，随即在涪陵国家级页岩气示范区建设中大显身手，成为开发的主力装备。在焦页42号平台压裂施工中，3000型压裂装备创下7项压裂施工新纪录。“超高压大功率油气压裂机组研制及集群化应用”成果荣获国家科技进步奖二等奖。

进入电动化时代，石化机械又用3年时间进行适应性改造，打造了集成更小模块、适应性更强的电器元件，实现了超大功率压裂装备的全电动化。

如今，石化机械已建成国际领先水平的成套压裂装备技术体系，超大功率连续满载全电动压裂成套装备成为页岩油气大平台工厂化施工、连续满载作业的最优选择。2023年，这些装备已顺利完成江苏油田花2侧HF井、国家级页岩油示范区樊页1试验井组压裂施工，为页岩油气开发规模化应用立下了汗马功劳。

助力开发，还有这些“硬核”装备

深地钻完井工具。当钻深达到8000米时，地下温度高达180摄氏度，常规钻头钻具高温失效问题频发。石化机械攻关KH1超高压复合片、HA90超高硬动力橡胶和耐245摄氏度密封润滑等技术，成功研制出KD Force超大扭矩螺杆钻具、耐215摄氏度高温螺杆钻具和耐245摄氏度小尺寸混合钻头、超高压气密封封隔器等关键产品，已在塔里木盆地、四川盆地为191口垂直深度超过8000米的井提供服务，刷新各类钻井提速指标521项。

超大功率固井装备。目前国内固井作业仍以1000马力以下固井泵为主流配置，特深层油气开采在长封固段固井时要使用3~4台固井装备进行固井注水泥、清水替浆作业，设备协同效率不高，连续作业存在安全隐患，人员、设备、施工成本高。石化机械开展超大功率自动化固井装备研究，攻克了SQP2500EG型固井泵设计制造、Super-Hemi超大排量混浆系统、变频电驱泵送、“一键固井”控制等核心技术，研制出2500型全电动“一键式”固井装备，大幅提高了装备自动化水平和作业效率，改变了柴油驱动力系统的“卡脖子”现状。

9000米高净空超静定钻机。超深层钻机须具备足够稳定性和承载能力，以确保在钻井过程中不发生倾斜、下沉等现象。石化机械首创“双梁双三角立柱”高净空底座净空高12米、销接梯形布置和振动模态分析技术，解决了大型钻机高净空底座稳定性难题；构建了井架、底座安全起升技术，采用液压绞车远程控制底座起升，更好地保障了作业人员的人身安全。截至2024年2月，9000米高净空超静定钻机已在塔里木油田应用，开钻18口井、完钻15口井，其中8000米以深井9口、9000米以深井2口。

超深井连续油管。针对深层超深层页岩油气高效开发，石化机械开发出SLG630自动化连续管作业机，配套大容量、大管径连续油管、装备自动化控制系统、作业流程自动化控制系统，最大提升能力63吨，最低稳定速度0.01米/分钟，具备自动生成井筒剖面图、超速及遇阻自动停机、低速自动钻磨等功能，能在恒速、恒钻压、恒泵注压差三种方式下“一键式”自动磨铣作业，实现了自动探塞、钻塞、短起等全流程自动控制，钻塞效率提升了50%。目前，SLG630自动化连续管作业机已在川东等工区完成侧钻、钻塞、打捞等作业50余井次，最大作业载荷56吨，整体作业效率提高30%、自动钻塞效率提高50%以上、设备综合维护成本降低30%。

7　自主研发JMR封隔器，助力顺北10斜井获高产油气流

“顺北10斜井在测试过程中获得高产油气流，初期测试日产天然气超过60万立方米。”在记者的现场连线下，央视镜头见证了“深地一号”在新的油气储藏带取得新的勘探突破。

顺北10斜井测试获得高产油气流再次彰显了中国石化在深井超深井高温高压测试方面的技术实力，同时也再次验证了江汉石油工程公司自主研发的JMR封隔器的可靠性和优良性能。

JMR封隔器是江汉石油工程公司依托高温高压工具检测中心自主研发出的一款高端测试完井工具。早在顺北油田产建之初，公司就看到了制约我国深井超深井高温高压测试技术发展的瓶颈问题，即高端测试完井工具完全依赖进口，国外配套工具价格昂贵、组织周期长，还会出现“水土不服”，无法满足需求。

为解决这一“瓶颈”问题，公司在沙漠中建起了高温高压工具检测中心，开展高端测试完井工具研发和检测。该检测中心具有国内最高检测指标，并且获得了中国实验室（CNAS）和中国质量（CMA）双认证。

在顺北区块4号油气储藏带刚开始开发时，由于顺北4井钻井耗时太久，全井筒套管偏磨严重，急需根据这口井的实际情况定制一款封隔器。

为保证能够按时施工，公司专门组建了工具研发技术团队，全力开展适用于顺北4井的高性能测试封隔器研发，仅用时10天就完成了方案设计、设计验证、工程图设计和样机加工与组装，但在进行第一次室内评价测试时，试验失败了。研发团队连夜会商进行原因分析、提出解决方案整改后，连续开展两次测试均获得了成功，达到了现场应用条件。最终，JMR封隔器经受住了酸压3070立方米，最高施工压力119兆帕的大型酸压的考验，顺利完成了顺北4井高难度的测试施工任务。

经过多年的研发和改进，JMR封隔器性能指标达到国际领先水平，累计应用21井次，施工成功率100%，创造了坐封最深深度7344.17米、承受最大压差67兆帕、单支累计压裂液量最大10920立方米等多项纪录，为“深地工程”不断取得突破提供了技术支撑。

第二章

管理提升谱新篇

第一节　高效开发

1　大上游一体化：高质量发展新引擎

近年来，江汉油田认真落实集团公司“持续深化上游一体化协同发展，推动油气勘探开发迈向更高质量”要求，联合江汉石油工程公司、中原石油工程公司、石化机械、经纬公司等单位，积极推进一体化合作开发，力促天然气高质量高效益开发。

一体化合作开发，效益开发下的必然选择

江汉油田天然气开发呈现区块多、套系、层系复杂局面，焦石坝、平桥、江东等老区虽然剩余资源量大，但“甜点区”越来越少，开发难度越来越大；复兴、红星等新区地层情况复杂，效益开发不确定因素多、难度大。

就目前情况来看，油田天然气开发存在资源品质下降、地下地面条件复杂、单井产能低、工程成本高、效益建产阵地不足等不利因素。按当前技术和经济条件测算，仅有焦石坝、红星部分区块“甜点区”能够满足现气价条件的经济开发，将严重制约油公司和工程公司健康良性发展。

如何摆脱这一困境？江汉油田联合石油工程公司、石化机械、经纬公司等单位，谋划部署推动难动用储量一体化合作开发。

一体化合作开发就是改变过去甲乙双方各自为政、独立管理、独立考核的局面，打破甲乙双方专业壁垒，突破行政界限，制定多专业深度融合、高效协同、统筹考核的工作机制，变甲乙方为合作联合体，甲乙双方既是“股东”，也可叫合伙人，双方目标同向、利益同享，就有了共同做大蛋糕、分享蛋糕的诉求，形成“风险共担、合作共赢”的开发新模式。甲乙双方通过持续优化生产组织，联合开展技术攻关，努力降低各区块开发成本，使一些低品位、难动用及边际区块井位得到释放。

如果继续各自为政，将面临效益建产阵地严重不足的局面，通过开展一体化合作开发，则有希望额外释放更大工作量。这种严峻的形势将油公司和工程公司捆绑在一起，倒逼融为一体共同谋求可持续发展。

布好局，才能起好步。为此，该油田和江汉石油工程公司、中原石油工程公司、石化机械公司等单位，多次召开“股东大会”，研究讨论、谋划部署一体化合作开发章程，分区块、分阶段制订方案目标和技术迭代目标、利益分成方案等，各路专家集中办公、讨论修改，让方案更加科学。该油田还组织甲乙双方领导和专家，专门到胜利油田调研，学习一体化合作经验。

多方协同配合，实现流程优化提效率

在兴隆4HF井、焦页106-7HF井等开展一体化联合开工验收，减少验收层级，大大缩短验收时间，提高效率；优化焦页9号、焦页18号等5个平台开展钻机搬迁顺序和过程，保障运力，减少吊装频次，搬迁效率提高10%，一体化合作开发带来诸多可喜变化。

江汉油田积极拓宽思路，创新模式，成立一体化专家组和运行组，利用一体化晨会、集中办公、交叉挂职等形式，推动甲乙双方保持常态化交流，突出信息共享，实施多方位融合推进，抓好地质工程、方案设计、运行统筹、装备工具、经济评价等工作的全面优化。在一体化合作开发的推动下，大家明显感觉到方案审查更快，决策制定和下达也更加迅速。

在万亿立方米储量方案审查工作中，一体化专家组和运行组将初审环节由室内变为现场，大幅提升详勘质量和效率，还优化了钻前方案审核流程，将三级审核变成一级审核，压缩审核周期10天。

焦页176号平台压裂施工时出现井下复杂情况，一体化专家组压裂组成员赶往现场，经过现场勘察，很快落实提排量方案，解决了井下复杂情况。

一体化专家组成员主要由机关部门负责人和工作人员组成，有决策权和审核权，在现场就能对方案进行会签会审，不必将方案返回部门审核，就好像市政府建设的综合服务大厅，市民在这里可以一次性、一条龙地办结多个事项，大幅提高效率。通过多专业融合协作，形成高效的组织运行模式，推动天然气高效开发。

整合技术力量，促进工程提质提效

焦页10号平台仅用2小时便解除了浅层气溢流风险；焦页22-Z2HF井异常井漏，专家组精准识别并关停干扰生产井，解除了井漏风险……

不论是专家组，还是运行组，甲乙双方都有解决技术难题的“大拿”，大家通过现场勘察、电话沟通和视频连线，可迅速找到解决难题的最佳途径。

江汉油田坚持方案设计一体化、地质工程一体化，充分用好技术专家资源库，搭建技术交流平台，推进一体化专家工作室建设。在一体化合作开发中，气藏地质专家组和钻井、试气工程专家组结合得更加紧密，他们一起集中办公、一起跑现场，遇到技术难题，随时沟通解决。

地质是大脑，工程是双手，地质与工程完美结合，也就是大脑和双手必须配合默契，才能精准做出高难度动作，挖出更多油气，实现开发技术迭代升级。针对地质导向难题，一体化专家组和运行组以日例会形式，动态优化施工参数，科学确定钻头和螺杆选型，选取先进装备，有效保障气井水平段穿行率，实现长水平段井优质高效钻进。

针对瘦身井，特别是红星、复兴这些复杂区块的瘦身井施工难题，一体化专家组和运行组共同讨论、持续改进，选用高质量瘦身型入井装备和材料，创建瘦身Ⅰ型、瘦身Ⅱ型钻井技术模板，探索瘦身Ⅲ型钻井技术。最终，复兴区块首口瘦身Ⅲ型井兴页L1-4-1HF井顺利完钻，完钻井深5220米，水平段长2357米，刷新瘦身Ⅲ型井水平段最长钻井纪录。

从之前的“各管一亩地”，到如今的“共下一盘棋”，从之前的“背靠背”，到现在的“肩并肩”，一体化合作开发将发挥“1+1>2”的效应，推动难动用储量效益开发取得新成效。

2 完善油公司模式，推动“深地一号”高效开发

顺北油气田是西北油田采油四厂的主力油气田，是中国石化“深地一号”工程命名地。该厂自成立以来，以少人高效的现代油公司模式、少井高产的高效开发模式、少投高入的业财融合模式征服“地下珠峰”，在塔克拉玛干沙漠不断刷新油气开发纪录，推动“深地一号”高效开发。

少人高效，人均产量1.25万吨、管井数0.34口

扁平化运行、规范化管理，夯实了油公司管理基础，打造了高效率、低内耗、大岗位、短流程的管理模式，在这样的管理模式下，大家普遍感觉到人少了、会少了，生产效率更高了。

该厂以全口径用工“百人百万吨”为目标，向最先进油公司看齐，打造人少高效的扁平化运营模式。纵向上，厂直管至班组，缩

短业务链条，管理更加高效；横向上，采用“大中心”管理模式，发挥各中心主体的主观能动性，激发其生产经营活力。有效破解传统采油厂管理层级多、审批环节多等矛盾，解决了职能部门多、专业壁垒多的问题。

在扁平化运营模式下，他们细化“管理、技术、运行、执行”职责界面，厘清分级管理责任，突出核心职能，以生产运行指挥中心为枢纽，依托信息自动化手段，推动扁平化管理高效运行。

该厂加速推进智能油气田建设，以智能油气田项目为平台，实现所有现场单元无人值守。中国石化首座数字化交付的顺北油气田联合站用工较同类站库减少54%。2022年，该厂人均产量1.25万吨、增长124.48%，人均管井数0.34口。

少井高产，打造中国石化“少井高产”的示范区

2023年5月1日，中国石化部署在塔里木盆地的“深地一号”跃进3-3XC井开钻。该井设计井深9472米，相当于向“地下珠峰”要油气。少井高产是顺北油气田开发的主要思路，因为对于特深层油气藏来说，只有立足少井高产，才能更好地降低开发成本，实现效益开发。

为了实现高产，该厂全面实施勘探开发一体化、地质工程一体化和大兵团作战模式，全过程优化管控，实现各部门、单位共融互促，3月中旬诞生的亚洲陆上垂直最深顺北84斜井就是一体化打造的最新成果。近两年，顺北油气田在4号带、8号带均实现高效开发。

该厂实施地质工程一体化融合，形成以高产井“七要素”为核心的关键技术，实现高产井由部署向设计转变，平均单井产量提高60.3%。2022年，该厂以不到百口油气井完成原油产量122.4万吨、超产12.4万吨，完成天然气产量17亿立方米、超产0.5亿立方米，4号断裂带被评为中国石化“少井高产”示范区。

少投高入，4项指标保持集团公司上游板块标杆水平

只有算得清楚，才能干得明白。为了实现高效开发，该厂做到每一个生产步骤、每一个生产参数都有科学依据。

他们紧扣企业价值最大化和经营风险最小化“两条主线”，建立注气成本预警处置、联合站经济运行、增量作业监控预警体系，以月度为节点开展单井－条带－区块多维度全生命周期跟踪分析，倒逼优化措施作业。

同时，他们树立市场化理念，在修井、地面、采油技术服务、生产运维保障等领域优选培育12支战略承包商，抓住单位生产成本控制、承包商利益分配的关键点，构建组合计价、成本核算和激励考核“三板斧”，让参与“深地一号”建设的每一个主体都成为创效动力源。

截至2023年，该厂累计油气产量当量已突破770万吨，人均利润、人均产量、吨油完全成本、吨油管理费4项指标连续两年在中国石化上游板块居第一名。

3　一体化运行，胜利济阳页岩油国家级示范区管理创新

胜利油田、胜利石油工程公司等单位强化目标导向，深化一体化运行、技术迭代和精益管理，千方百计降低页岩油开发成本，胜利济阳页岩油国家级示范区建设高质量推进。

工作量是甲乙双方共同创造的

页岩油开发区块方案讨论时，甲乙方摒弃本位主义，通过一体化运行算大账，实现了页岩油规模效益动用。

闲时，钻机等井位；忙时，井位等钻机。为了实现效益最大化，胜利油田和胜利石油工程公司坚持“大生产、大运行”，一体化统筹生产运行，科学匹配各类要素，实现了井位储备和钻机配置最优化。

“工作量不是甲方给乙方的，而是甲乙双方共同创造出来的。”在胜利石油工程公司领导看来，只有降低开发成本，才能释放更多井位，井队才能满负荷运转，地下的页岩油才能更有效地“动起来”。

前方，汇聚地质、工程、物探、定向井等各领域的技术人员，他们共同协作，实现设计优化、轨迹跟踪、24小时无缝配合。后方，在地质工程一体化作战中心，集结了各领域专家智囊，及时解决现场“疑难杂症”，为页岩油勘探开发“保驾护航”。

“一体化”不仅重塑了生产关系，变“甲乙方合作”为“合伙人协作”，而且释放了生产力，变“分蛋糕”为“做大蛋糕”，实现了效率变革、质量变革和动力变革。

“蛋糕”越做越大，从樊页井组的8口井，到牛页井组的20口井，再到丰页井组的43口井，成本不断降低。如今，民丰洼陷实现了50美元/桶的效益开发。

胜利油田领导坚信，通过科技创新、机制创新和管理创新，济阳页岩油开发成本还会进一步下降，50美元/桶不是终点，它只是效益开发的起点。

从“接力棒”到“一起干”

作为新领域、新业态，页岩油具有“长周期高压施工、多专业联合作战、高风险交叉作业”等特点，十几家单位、上百人的队伍，在足球场大小的平台上如何高效运行、安全施工？

2023年，胜利石油管理局有限公司党委谋划部署，胜利油田、胜利石油工程公司和经纬公司各参战单位创新在牛页一区试验井组成立联合党支部，以党建引领统筹油藏、地质、工程、测录定向各个专业，打破专业界限和技术壁垒，把各方力量凝聚在一面党旗下，实行了“大兵团”作战，让党建成为看得见的生产力。

高压，对于开发而言，是“甜点”，意味着地层能量充沛；但对于工程而言，却是“难点”，工程面临着承压施工。2023年，牛页一区压裂现场，套管压力一度逼近极限承压能力，一旦失守，后果不堪设想。联合党支部紧急召开会议，集体研究认为，需要对套管壁厚和扣型进行调整，在支部统一协调下，快速调运了一批新套管，成功规避了风险。

“有了联合党支部，不再是各家协调各家的事，而是思想同心、目标同向、行动同行，形成合力，高质量推动胜利济阳页岩油国家级示范区建设。”牛页一区试验井组项目党支部副书记、页岩油项目部副经理杨峰说。

2023年6月7日，胜利济阳页岩油民丰立体试验项目联合党支部成立。成立伊始，党支部便把页岩油的安全开发放到首位，聚焦作业现场安全管理，严格落实高风险作业24小时带班值班，抓实作业许可管理，制定HSE要素清单，压实主体、专业、监督“三大责任”，确保风险全面可控受控。

力量，在党旗下凝聚。一条曲线向上，从博兴洼陷“3层楼”到牛庄洼陷“5层楼”再到民丰洼陷“7层楼”，立体勘探开发技术在螺旋式迭代提升；一条曲线向下，59.6天、38.9天、35天，平均钻井周期在不断下探。在胜利济阳页岩油国家级示范区建设中，党支部创新打造勘探开发、地质工程、科研生产、技术经济一体化平台，形成“大兵团多专业协同作战”模式，推动了页岩油勘探开发提质增效。

“从前是‘接力棒’，现在是‘一起干’，通过思想联抓、队伍联管、项目联力、风险联防，把全体干部员工凝聚在一面党旗之下，助力项目建设提质增效，全力打赢页岩油规模效益开发攻坚战。”民丰立体试验项目联合党支部书记、胜利石油工程公司特种作业首席专家曹东星说。

4 构建精益管理模式，促进质量效益双提升

江汉石油工程公司将精益管理理念融入每一项设计、每一个施工、每一个指标，贯穿企业生产经营管理全过程，以“精准运行+精准设计+精准施工+精准管控”构建精益管理模式，有力促进了质量效益双提升。

精准运行，助力一体化协作。他们建立甲乙双方紧密协调机制，实施井位分级预警、专业化迁装、钻完井一体化统筹三大效率提升工程，积极与油公司共同推进“六不等”，努力实现生产时效最大化。

精准设计，为“四提”提供源头保障。按照“一井一案、一段一策、一趟一策”要求，对各专业进行一体化考量、全要素分析，围绕“四提”目标细化技术措施，提高重点井段、关键工序技术措施的针对性、可操作性，形成最佳施工方案。

精准施工，全力提升工程质量。牢固树立“大质量”理念，推行“双归零+异体监督”质量管理模式，坚持系统防控、精准操作；实行管控关口前移，健全风险识别、过程管控、应急处置、考核问责机制；推行全员技术交底，倒逼岗位员工严肃工艺纪律、操作纪律，实现标准化操作、精准化施工，推动精细管理与标准化水平双向促进、优化升级。

精准管控，千方百计降本增效。通过市场化手段，形成与工作量释放相适应的弹性用工模式；推行模块化班组，灵活调剂劳动力余缺，提高劳动效率。完善绩效考核，加大成本指标挂钩激励力度，试点“积分制”考核，激发劳动热情和创效活力。推行工区资源共享，统筹材料购置调剂与集中配送。调整能耗结构，在沙漠腹地实现清洁能源全覆盖，与柴油动力相比，年能耗减少380万元。坚持与承包商、服务商抱团降本，推行新的服务模式，通过“两段式”招标扶优扶强，以量换价降低外委外采价格。

5 挑战“从未有”，建立工厂化生产组织运行新模式

为保障项目顺利运行，胜利石油工程公司牛页一区试验井组在筹建之初就计划部署4部70型电动钻机同台施工，可是，要将上万台设备“塞”进仅有54亩的紧凑空间，并保证摆放合理、运行顺畅，是胜利黄河钻井自成立以来从未有过的经历。

70型电动钻机属于大型钻机，设备设施多、空间需求大，而现场仅长255米、宽140米。设备进场顺序、井架起放次序，都必须周密规划，距离上精确到米、时间上精确到时。只有这样，才能使4部钻机闪展腾挪、进退有度。

黄河钻井借鉴大庆、长庆、涪陵等“井工厂”管理模式，结合井组实际，对成本和效率进行最优匹配，对区域和资源进行最佳统筹，探索建立了“井工厂”这一各类生产资源的“共享圈”。

“井工厂”模式，对钻井行业传统理念、组织架构带来的是革命性变化，也只有这种模式，才能将页岩油规模开采、高效开采、效益开采的理念发挥到极致，实现效率效益的双增长。

然而，改变延续多年的单机单队运行模式并非易事。要做的不是“1+1+1+1=4”，而是“1+1+1+1>4”。按照物资共享、建设集约、现场整洁、节约高效的理念，在井组设计之初，他们就对发电机组、驻井房摆放等进行统筹设计，现场全部水泥硬化，并在浇筑基础时预埋了能实现4部钻机互通的倒浆管线和电缆线槽，确保在4个机组之间可随时进行钻井液倒换等施工作业。

按照这种模式，井组实现了钻井液处理剂集中存储、应急动力装置统筹调用、生活营区统一管理，井场占地面积减少36%、生产班组人员压减20%、人力资源优化率高达30%。

运行模式的改变也带来了生产流程的变化。以往钻井施工从开钻到完井，都是连续性作业，但该井组采用了批次开钻的新流程。

井组共部署20口水平井，每部钻机施工5口，分成一开、二开、三开，以3个轮次进行施工。

以一部钻机为例，把5口井一开全部打完，再集中进行二开作业，二开全部完成后，再集中进行三开作业。这种批次开钻施工模式，将4部钻机的生产流程从“串联”变为“并联”，批次开钻、协同作业，大幅度减少了同类型钻开施工环节的配钻具、转换钻井液体系等作业时间，也为后续页岩油井台生产组织运行提供了经验借鉴。

生产保障模式创新同样为井组高效运行提供了有力支撑。在胜利石油工程的牵头运行下，井组创新实施了胜利独有、对标世界领先油服公司的区块建产“总包”模式，与采油厂、经纬公司成立联合项目组，一体化推进项目运行。专门设立的一体化决策中心可对钻井进度、运行数据进行跟踪分析、实时监控，确保了作业措施和技术指令直达现场、立竿见影。

6　间开井管理迈入“小时级”

对于间开井的管理，涪陵页岩气公司由以前的以“天”为单位来计算，变成现在的以“小时”来管理，让气井打起“小时工”，管理上更加精细化了，提高了间开井生产时率，增加了有效生产时间。

近年来，该公司采取为每口间开井登记造册、大力实行差异化开关井法、积极开展智能间开技术改造等，不断提高间开井生产时率。如今，该公司月均优化95井次间开井制度，累计增产1200万立方米，促进了气田高质量开发。

建立气藏管理平台，让间开井在“网”上安家

涪陵页岩气田已开发12年，现有投产井881口，页岩气开发呈衰竭式开发趋势，即随着地下页岩气的不断采出，气井出现生产压力下降、携液能力变差、井筒积液增多、产量不断递减等现象，当生产压力等于或低于外输压力时，气井就无法采气，进入了低压间歇生产阶段，称为间开井。截至2024年上半年，气田共有间开井281口，占所有投产井的32%。

间开井也是生产潜力井，秉持这一理念，涪陵页岩气公司组建间开井优化小组，为间开井实施“一井一策”精细管理，技术人员依托于气藏管理平台，建立了间开井管理系统，为这些气井登记造册，为每口气井记录“成长档案”，建立不同水气比、不同压力条件下的开关井时机图版，尽可能遵循气井生产的压降规律，通过有规律地开井、关井，达到气井“呼吸”平衡、顺畅，提高间开井生产时率，实现持续稳产。

点开气藏管理平台，每口气井的投产时间，每一次停井“歇岗”时间，每一次开井时间，每一次放喷排液或气举、上增压设备的“手术”时间，均有清晰的记录，一口气井就有长达十几页的条目，基础资料十分完整。

2024年，气田281口间开井的生产资料和数据都在“网”上安了家，为技术人员、管理人员查找资料、分析数据、对症施药提供了便利。

实行“个性化”管理，让气井开停更有效益

焦页187-2HF井是一口间开井，工作起来“三天打鱼，两天晒网”，连续生产能力差，但是关井后压力恢复快。技术人员根据该井生产特征实施“短开短关”生产制度，将开关时间由“开3天关1天”优化为“开10小时关14小时”，如今该井日产气达1万立方米。

由于气藏不能像油藏那样，可以通过注水措施补充和增加能量，如何做到气藏能量平衡，进而正常采气呢？

奥秘就在于气井的一开一停中，技术人员自有章法。

他们把强化单井增气效果作为重点，对于低压低效的间开井采取有针对性的“停岗”措施，对每口井实行“个性化”管理，提高气井开井时效和开发效益。

根据气井生产期间的“水气比”，技术人员将间开井分为“高、中、低水气比”三类，实施差异化开关井措施。

每口井水气比、压力、油套管压差等工艺参数都不一样，只能根据每口井的生产状态，科学地为气井制订“上岗”规划，只要气井达到开井条件，就果断开井，提高气井产量贡献率。关井后，气井处于蓄能保压状态，生产压力恢复速度由快到慢，上升到一定值后，继续关井，压力也不会上涨了或上涨十分缓慢，此时就是气井最佳开井时间，应马上开井，让气井早日产气。

与此同时，一线值守员工对每口井实行全过程动态跟踪监测，在关井期，仔细检查闸门是否关闭良好、井口有无渗漏，让间开井“安心休眠”；开井时逐一检查分离器、阀门、仪表等，排除隐患后仔细操作，按气井“呼吸”频率匀速开井，使它们“轻松愉快”地投入工作中，不断提高气井管理水平。

通过精算老井“调休”时间，让老井经过一段时间的储能保压，蓄“气”待发，确保了老井开停之间有效益，2024年，气田月均增产200万立方米。焦页1HF井通过科学实施间开，成为全国产气时间最长的页岩气井，累计产气1.65亿立方米，远远超过预期。

优化“远程”调控，不断提升员工劳效

涪陵页岩气田的气井星罗棋布地分布在大山深处，间开井由以前的“打长工”变成了“打短工”后，频繁地开关井无疑会增加现场采气员工的劳动强度，也不利于气井精准开关和精细管理。

为此，涪陵页岩气公司积极开展智能间开排水采气新技术研究，技术人员利用大数据和相关软件，分析井口数据、井场设备、供电装置、道路远近及路况等条件，开展了多次智能间开现场试验，通过为气井安装具有定时、定压力和定流量模式的智能调控阀，实现实时采集间开井生产数据，并对各个数据进行分析，制定最佳间开制度，智能化、远程化对气井实施精准开、关井，实现间开井的精细化管理。

对气井实施智能间开，不但可以有效降低现场员工的劳动强度，还能提高气井间开制度执行准确率，精准控制阀门开度，促进间开井实现稳产增产。

如今，气田已在33口气井上运用智能间开技术，为间开井稳产蹚出一条新路。

第二节　智慧开发

1　打造油气田开发“最强大脑”

江汉油田通过建立新型数据资源中心，推出产能建设督导平台、油藏管理平台等应用系统，打造油气田开发“最强大脑”。

基础数据“一张网”

为变“各自为政、自采自用”为“统一部署、系统谋划”，江汉油田建设统一的新型数据资源中心，成立数据治理小组，开展勘探开发、石油工程、基建设备等数据治理工作，共补录历史数据7.8亿条。同时，针对实时产生的增量数据，引进数据质量管控平台开展多维度数据质量监控，变数据人工检测为自动统计分析，提高检测效率，数据录入全、快、准。

2023年，该油田已初步建成覆盖全业务领域、满足全场景应用的新型数据资源中心，汇聚12类13.9亿条数据，各类数据及时直观呈现，技术人员可以随取随用。

产能建设全透明

一口气井从方案设计、钻前准备、钻完井到钻后评价，均呈现在产能建设督导平台上。以前，这些工作需要页岩气管理部生产运行人员打电话、看报表一一核实，现在可以通过系统了解产能建设全流程。

江汉油田信息中心根据油气勘探开发实际情况，梳理业务流程，规范天然气生产33个节点、原油生产24个节点和勘探54个节点，实现产能建设主要节点全覆盖、信息实时上传。目前，产能建设督导平台已实现92个项目、277口气井、75口油井、34口探井在线运行，每口井的建设进展、滞后节点、责任人全都清清楚楚。

通过全过程透明化的智能督导，产能建设计划符合率大幅提升至85%。

治理“病井”更高效

2024年以来，清河采油厂利用油藏管理平台发现指标异常11次，结合预警情况提出调配62井次、堵水3井次、流线调整9井次，提高了清河老区开发水平。

油田生产区域广、油气藏条件复杂，管理难度大。江汉油田信息中心推出油藏管理平台等应用，技术人员可线上优选系统自动推荐的多个解决方案，及时高效地解决难题。

在涪陵页岩气田，想要查出哪口井“患病”是件非常简单的事。采气工作人员每天早上都要使用智能气田平台的页岩气井生产预警与预测功能，快速找出“病井”，并根据系统推荐措施建议，实现工艺自动选型、方案自动编制与在线审签。2024年以来，气田收到气井异常预警300余次，预警准确率达95%以上，实施老井综合治理措施297井次，增产天然气1.1亿立方米。

2　为高质量发展插上“智能翅膀”

近年来，江汉油田启动涪陵智能气田平台建设，涵盖气藏动态管理、生产运行优化、单井管理、设备管理、HSE管理体系、管网管理、协同研究7大业务领域56个App建设，助力气田增储上产。

开展基础数据建模，让气藏“看得见”

以前，要掌握一口气井的生产数据，需要向现场员工要报表，打电话反复确认。现在登录平台，所有数据一目了然，还能根据需要，勾选不同的特征参数，进行排列组合，大幅提高了数据提取和分析速度。

为搭建信息大厦，江汉油田严格遵循“数据+平台+应用”的建设模式，按照“增量数据不欠账，历史数据补欠账”原则，深入开展智能页岩气田数据治理，通过建立模板、开发数据补录和校验工具，实现数据简便、快捷、精准入库，确保数据“全、快、准”，提升数据录入质量，为气田高效开发打下了“坚实地基”。

进入智能气田平台，就好像戴上了科幻眼镜，各区块气井的钻进、压裂和采气等信息都能即时显现，从气田勘探到开发，从地面到地下，只要需要的数据都能查到，让气藏“看得见”。

截至2023年，技术人员通过大量扎实的基础工作，已基本建成覆盖全业务领域、满足全场景应用的新型数据资源中心，汇聚2.2亿条气藏数据，有力夯实了气田数字化转型基础。

实施智能地质导向，让钻头“长眼睛”

目前，涪陵气田正在进行立体开发，地下情况复杂，井筒众多，钻头每钻进1米就像“走钢丝”一样，智能页岩气田的三维立体展示，如同为技术人员安上了一双“透视眼”，地下3000多米的情况，可立体而清晰地呈现在面前。

借助智能气田平台，地质导向工程师可预测地层产状，直观地看见钻头水平段穿行层位，清晰监测井间距，及时进行井眼轨迹防碰调整，确保了气田钻井防碰率达100%。

同时，技术人员可随时优化钻井设计轨迹，实现井眼轨迹精细调整，让钻头像鱼雷一样，在几千米的地下“追”着优质储层打，提高了储量控制程度，相当于同一块气田，可多开采天然气。

现在，在涪陵页岩气田，一名地质导向工程师可同时指挥多口井的随钻定向和地质导向工作，当遇到高难度井的地质导向施工时，各路专家能在线上集中“会诊”，实现地质、钻井工程等多专业的统一规划、统一部署，不断优化钻井决策，提高钻井施工质量。

焦页18-S12HF井地下情况复杂，邻井众多，地质导向师利用智能气田平台，与线上、线下的专家们密切配合，仔细分析各项钻、测、录井数据，保障了轨迹精确高效调控，创造了国内页岩气井最长水平段纪录，且水平段优质储层穿遇率达100%。

自智能气田平台启用以来，气田长水平段优质储层钻遇率达95%，促进了气田产量提高。

全面感知生产状态，让气井“更健康”

涪陵页岩气田现投产井有753口，每天“患病”的井有十来口，假如没有智能页岩气田平台，需要去现场一口一口地“地毯式”排查异常井，至少要一个星期的时间。现在，大数据成为生产“指挥棒”，工作效率大幅提高。

为提高气井智能化管理水平，技术人员深度挖掘海量数据源，建立异常处置流程，科学预测与核实水平段积液、管线滞液、油管穿孔等异常情况，智能推荐排查方法与措施建议。技术人员可以在“线上”完成气井异常诊断，并实现工艺自动选型、方案自动编制与在线审签。

焦页37-4HF井产量下滑严重，生产时率低，技术人员根据计算机提示的“水平段积液”预警，迅速开展压力核实、产出水量核实等工作，确认该井存在井底积液问题，他们制定出“气举+泡沫排水”组合式复产方案，气井由躺井转为连续生产井，日产气量达2.2万立方米，生产时率大幅提高。

平台启用仅一年，技术人员就借助智能气田平台，成功实现气井异常预警200余次，预警准确率达95%以上，有效指导问题井治理，并加快了治理速度，气田实施老井综合治理措施251井次，增气9917万立方米。

3 “数智+”开辟深层油气效益增产新赛道

在200千米管理半径范围内，实现油气田井站无人值守、区域集中监控、远程智能操作；近3000路摄像头全天候监控现场作业，智能识别不安全行为；利用人工智能技术识别复杂的地质结构，寻找断裂、溶洞或储集体，提高科研质效……近年来，人工智能、大数据、云计算等新一代技术创新演变，加速推进数智化转型已经成为油气田企业推动高质量发展的共识。

西北油田对标现代企业管理和一流油公司建设，积极推动“数智+”进入大漠戈壁，融入生产运行管理、服务科研提质增效，开辟深层油气效益增产的新赛道。

“数智+运行”，生产运行快捷高效

中国石化首座实现国产化数字孪生工厂和实体工程同步建设、同时交付的数字化联合站——顺北油气田联合站，坐落在新疆沙雅县。

所谓的数字孪生工厂，就是借助新技术构建一个与物理联合站相同的数字联合站，与真实的联合站同步仿真运行。在数字场景中，员工可以对联合站进行实时监控、优化调度、智能模拟、前瞻预演等，从而更好地支撑生产运行和管理决策。

顺北油气田生产运行指挥中心距离联合站不足1千米。在这里，员工可以对钻完井、油气生产、工程作业、集输处理、产品销售的全链条集中监控。在200千米管理半径范围内，实现油气田井站无人值守、区域集中监控、远程智能操作。甚至油气田范围内1000余千米的集输管线，全部通过光纤测振、测温，实现了泄漏监测的实时预警。

依托数智化技术，顺北油气田构建“三端三系统”数字油田架构。前端依托SCADA数据采集与监视控制系统实现所有油气井、集输站库、生产管线数据自动采集及控制；中端依托生产指挥系统实现油气生产全业务链条的集中监控、过程预警、异常处置；后端依托智能油田系统，利用前、中端系统数据，实现油藏动态管理、生产运行优化、经营管理等八大业务领域的辅助决策。

得益于新技术规模应用，顺北油气田打破传统采油厂“十大岗位+采油气管理区”两级管理模式，探索构建了“采油厂、专业团队、承包商”三位一体，“扁平化架构、项目化运作、平台化组织、智能化支撑”四化融合的管理模式，实现“厂直管到班站”。顺北油气田联合站整体用工较同类站库减少54%、新建设的顺北油气田天然气处理厂整体用工较同类站库减少70%。

“数智+安全”，安全管理严实并举

借助数智化技术，西北油田建成了现场作业违章智能识别平台。平台能够智能分析各路摄像头拍摄到的实时画面，在发现不安全行为时，便向安全监管人员发出预警，以便及时采取措施进行纠正。

西北油田主要区块处于大漠戈壁，在安全管理上既面临油气田企业油气开采、集输、钻修井作业节点繁多等共性问题，又存在驻地与井站、作业现场距离远，安全监管人员力量不足等个性化难题。如果大量增加安全监管人员，不仅会大幅增加管理成本，而且依然无法解决由员工业务水平差异、无法全天候值守等因素导致的盲点、盲区。

近年来，西北油田充分整合内部井站视频监控系统、信息化平台等资源，搭建投运了作业违章智能识别平台，结合工区油气生产

现场安全管控的重点和难点，设置了近3000路监控摄像头。他们创新研发了通用场景、直接作业现场、钻修井现场等10类场景53种典型算法，实现了关键现场24小时安全监管全覆盖。

平台发出预警提示后，安全监管人员会快速处置，及时消除不安全行为，现场处置率在95%以上，有力保障了安全生产；并且，平台能够将各类不安全行为按照时段、场景、预警级别、违章类型等进行分类，再通过大数据分析功能多维度研判安全生产现状，为他们采取针对性措施消除安全管理薄弱环节、开展岗位人员定向技能培训等提供了有力支撑。

“数智+科研”，科技创新提质增效

能不能利用人工智能技术识别复杂的地质结构，寻找断裂、溶洞或储集体？这个想法，很多人觉得是“异想天开”。

其实，在2019年底，西北油田就围绕这个课题设立了科研项目组，联合中国地质大学（武汉）、中国石化石油物探技术研究院开展一体化攻关。

对地震资料解释人员来说，要识别剖面上的断裂、溶洞或储集体，首先要开展储层特征研究，确立各项参数，然后利用资料建立不同特征的地震地质模型，再通过地震物理模拟实验建立断裂及断溶体特征数据集。

这就像在大森林里寻找大象、狐狸、兔子等动物。解释人员要有丰富的经验，或能科学套用相应“动物”模型，识别的准确度才够高、速度才够快。

项目组人员根据这一思路，就像教小朋友识别动物一样开始指导数智系统学习。他们先运用已有的模型特征制作适用的“识图卡片”，然后教授数智系统“识别动物”，再通过生产实践应用不断丰富、修正“识图卡片”中的内容，不断提升数智系统识别的精度。

按传统模式，完成一块200平方千米三维地震资料的断裂识别与

描述，研究人员需要1~2个月的时间；而运用人工智能技术，只需1周就能完成断裂的识别和预测，在此基础上，研究人员再用1周就能基本完成相关描述。

通过识别结果比对可知，人工智能的计算效率远高于传统地震属性算法与追踪方法，人工智能还能够发现肉眼和以往靠经验不能识别的地质结构。人工智能训练的模型可保存，能够在相似地质结构识别中重复利用。这些优势，都是人力不能比的。

虽然人工智能技术在油气勘探领域应用还有很多的难题需要解决，但新的技术手段一旦成熟应用，必将推动油气勘探开发质量和效益的跨越式提升，令人期待。

4　智能决策让异常施工无处遁形

对于西南油气石油工程监督中心来说，异常智能决策系统可以让他们第一时间看到现场情况，为提前研判处置策略、做好应急准备争取时间，让异常施工无处遁形。

“智能管家”贴心服务现场

面对增储上产进一步提速提效的新形势，传统的人工异常管理模式已难以适应日趋严格的安全管理要求。

要从解决生产实际问题出发开展建设。异常智能决策作为石油工程业务智能管控平台（IPPE）的重要功能之一，能够支持施工中动态感知、智能识别技术异常和管理异常，多渠道与分层级实时推送预警信息，从而实现异常早发现、早处理，防止人为失误或遗漏，避免简单事故复杂化，可初步实现石油工程业务由“管正常”向“管异常”、由“人工分析”向“智能分析”转变。异常智能决策就像炒菜一样，应该能把现场的各类实时数据作为“食材”，按照智能模型算法的“菜谱”，由容器化服务集群这位“大厨”操作，形成各类业务异常的“佳肴”，通过短信、报警提醒送到各级业务管理人员手上。

经过近一年的攻关，西南油气异常智能决策中心成功在石油工程业务智能管控平台、油气生产信息化平台深入应用，钻井成本大幅降低，现场“三违”现象显著减少，切实保障了现场安全有序生产。

“火眼金睛”精准识别风险

钻完井作业影响因素多、事故复杂、情况多样，预测和诊断难度大，以前数据分散、收集困难，对于工程作业异常情况缺乏准确、及时的发现手段。

2022年，IPPE基于异常智能决策中心升级了异常管控功能。

依托异常智能决策，业务管理人员可以结合历史经验对作业参数变化与工程异常内在关联进行大数据分析，挖掘出具有事故指向的数据变化特征，建立支持海量参演数据、可变模型规则的实时高频运算引擎，形成多个应用场景专用预警模型，精准识别施工过程中的技术异常、管理异常和视频识别异常。

同时，实时推送预警信息，如此，一套“预警–分析–推送–处置”线上线下一体化闭环钻井风险防控体系便建立了起来。

经过系列改造升级，西南油气气井复杂故障预警准确率达60%，管理类异常识别准确率高于98%，视频识别异常准确率达80%。

“三方协同”高效处置异常

IPPE异常管控升级以来，改变了西南油气石油工程监督中心钻井监督员李三庆的工作模式。

以前，监督工作要巡井、驻井，现场各种异常处置情况难以管控到位；现在，在系统中就能准确掌握几十口井的工程异常及处置情况。李三庆说：“只要动动鼠标，就可以轻松查到资料，真是省时省力又高效。”

工程异常出现后，相关信息会在第一时间推送给责任岗位人员、监督人员、工程部业务主管等，现场人员在规定时间内进行核实和处置，并在系统内反馈，监督工程部实时跟踪确认处置情况，有效建立了施工单位、监督单位及业务主管部门相互协作的“三方协同”。

监督工作异常管理模式改变了全面排查的繁杂工作程序，提升了监督管理精准度，实现异常即时推送、超期督办，全程记录异常发生至整改落实整个流程，有效落实本质安全要求，也减轻了员工工作强度。

截至2023年12月，监督人员采用远程监督模式开展工作，累计发现工程异常4000余项，开展风险提示4000余次，解决施工难点35次，异常处置时间由过去的1小时缩短到几分钟，现场巡井监督频次减少了75%。

第三节　安全开发

1　筑牢高质量发展的安全根基

江汉油田涪陵页岩气公司牢固树立“发展决不能以牺牲安全为代价”的红线意识，持续完善HSE管理体系，健全管理机制，层层压实责任，严格承包商管理和产建施工全过程监管，全面识别风险，大力整治隐患，有力提升本质安全水平，筑牢高质量发展安全根基。气田连续10年无井喷失控事故、无工业火灾事故、无环境污染事故、无上报安全责任事故，荣获重庆市安全生产先进集体荣誉称号。

保障运输安全。制定气田交通安全管理规定，按照“谁主管、谁负责”的原则，层层压实承包交通安全管理责任。定期检查承包商车辆安全技术状况、安全装置和车辆标识等，以及承包商驾驶员资质、是否存在违纪行为，定期开展安全教育情况，确保运输安全。

维护公共安全。加强公共安全常态化运行机制建设，突出重点部位、重点区域治安防控，强化治安反恐重点目标管理和公共安全风险管控，不断提升公共安全监管能力和防范水平。白涛集输站四号脱水站顺利通过重庆市石油石化系统一级、二级反恐重点目标达标验收。

做实安全教育培训。制定分层分类培训计划和考核办法，组织开展HSE管理体系、含硫气井现场硫化氢应急处置、危化品安全生产管理等培训，对安全资格证、硫化氢证、井控证等开展取证及换证培训，相关人员100%持证上岗。常态化开展安全警示教育，充分利用“会前五分钟”，开展各层级事故警示教育和风险经历分享。

体系思维抓安全。牢固树立“管业务必须管安全、管生产经营必须管安全”的理念，完善HSE管理体系手册，严格执行安全生产“一岗双责”“党政同责”，扎实开展“五个回归”源分析，层层压实全员安全生产责任。

严控风险保安全。常态化开展分区域、网格化风险识别，对高危风险点进行HAZOP专业分析，从工程技术、现场管理、个体防护等方面制定管控措施。全面推行异体监督、视频监控、智能监控，坚持开展“四不两直”现场监督，第一时间发现并处置问题。

应急管理护安全。成立应急指挥中心，与属地政府部门联合成立页岩气开发安全保卫工作委员会，构建企地联动管理的有效机制和应急组织网络，设置应急救援中心，充实消防、井控抢险、地面抢修、环境监测和医疗救护5类专业应急抢险救护力量。建立突发事件应急预案体系，制定施工现场应急处置方案和岗位应急处置卡，定期开展综合应急演练和企地联合应急演练，有效保障应急管理工作落到实处。

大抓“三基”促安全。加强基层党组织“三基”建设与企业管理“三基”工作深度融合，扎实开展采气管理提升、设备管理提升、信息化建设提升专项行动，狠抓全员劳动纪律、工艺纪律、操作纪律，严格承包商月度积分考核管理，不断夯实本质安全根基。

2　打造项目化安全高效生产新样板

钻机同台施工，设备设施首尾相接、相互呼应，每天有一百来名员工在井场内往来穿梭……这无疑对井组的安全管理提出了更高要求。

如何在大井组联合作战、多方配合的模式下，实现页岩油井安全绿色低碳施工，为日后提供可复制、可借鉴的成功经验，是胜利石油工程牛页一区试验井组重点思考的问题。

该井组从补充完善安全监管机制入手，创新实施“网格化”安全管理模式，通过扩大覆盖面、划分小单元的方式，构建起层次分明的四级网格，逐级监督、逐级定责、提级问责，形成了权责明确、任务清晰、流程规范的安全监管网络，实现了安全管理的无缝衔接。

有章可循，有禁必止。为时刻绷紧安全弦，井组创新采用会前安全“五分钟”、风险隐患“放大镜”、安全防范“小技巧”等安全警示教育形式，引导员工全面掌握岗位风险点、严格执行标准操作规程，使“做自己健康第一责任人”的理念深入人心。

与此同时，井组紧跟信息技术在安全领域中的广泛应用，将安全生产从“治”理转向“智”理。他们积极推行安全预警监测、误操作防范等信息化技术革新，开发应用人员管控系统，通过配备人员信息卡，对所有出入现场人员进行身份识别、位置定位、轨迹追踪，并配备危险区域划分、一键紧急呼救功能，实现井场内所有人员动态化、可视化安全管理。

实现装备本质化安全，对于牛页一区试验井组有着不同寻常的意义。项目开工建设前，胜利石油工程就为井组配备了4部国内领先的70型电动钻机，并配套自主研发的“胜利天工”动力猫道、二层台机械手、自动钻杆盒等自动化装备，搭建了钻井工艺工况数字孪生系统、MRO（维护、维修、运行）物联网系统等智能化模块，彻底颠覆了传统钻井模式。

试验好、用好这些自动化装备，为持续提升自主研发装备的稳定性、可靠性提供第一手资料，对于胜利页岩油勘探开发提速提效具有重要意义。在井组应用中国石化首部“一键式”人机交互自动化钻机的安装阶段，项目人员与厂家技术人员密切配合，边学边干、反复验证，上百台设备、上千条数据仅用6天就全部安装调试到位，创造了胜利油区全配套自动化钻机起升最快纪录。

各种自动化、智能化的装备都集中到了井组，他们摸索出了一套推动装备本质化安全、操作模式创新的成熟经验，实现了井组钻井作业“操控一键化、流程自动化”，极大降低了员工的工作强度，推动作业效率、安全系数不断提升。

3　书写安全和谐的时代答卷

2024年4月，胜利石油工程公司黄河钻井40536钻井队年度进尺在胜利油区率先突破2万米，未见奖励，却得到公司领导的一次安全“约谈”。

原来，虽然在施工速度上大幅提升，但因入厂教育和挂牌落锁不达标而出现的两起“违章”，也让40536钻井队在公司里挂了名。约谈过后，该队围绕“安全目标是什么”“标准操作有哪些”等内容，开展了一场“低老坏”行为大分析、大讨论、大整改。

“进尺破两万，奖励变约谈”，恰恰反映了胜利石油工程公司面对安全生产的态度，那就是“不以速度论成败，只以安全论英雄”。

安全生产没有“万无一失”，只有“一失万无”。6月，胜利石油工程公司启动中层领导人员安全履职能力评估，用时半个月完成对33个专业经营单位、直属项目部、机关部门242名中层及相应层级领导人员评估工作，全面提升领导人员安全履职能力，成为中国石化首家开展中层领导人员安全履职能力评估全覆盖的单位。

面对严峻的安全生产形势，公司接连开展的安全生产专项整治三年行动计划，“百日安全无事故”“五查五严保安全”“风险再识别、隐患再排查、措施再细化、责任再压实”等专项行动，贯穿全年。各级领导干部到各自安全承包点，“一竿子插到底”给予基层一线安全生产强力支持。

健全完善QHSE管理体系，配套完善12项规章制度、5项业务制度和9类关键设备检测规范，将安全要求融入嵌入规章制度、操作规程；全面推行远程视频和旁站监督“双监控”，现场指挥全程带班符合率达到100%；升级配套井控设备，强化浅气层井、重点井管理，确保井控安全平稳；制定36类承（分）包商的选商资质标准，加强承（分）包商HSE管理体系审核、双积分考核，确保承（分）包商有能力、有实力、有资质、有诚信；颁布使用《石油钻井工》《井下作业工》等4套安全培训新教材，举办安全类、技能操作类等培训班524期，培训3.15万人次。

牺牲安全打出的进尺，坚决不要；牺牲安全提升的时效，坚决不要；牺牲安全创造的效益，坚决不要。事实上，管好安全，是对员工群众最大的负责，而员工群众又是推动发展的主体，是在新征程上再立新功的根本依靠。

4 以“网格化”促安全本质化

涪陵页岩气田施工区域广，每天有数十个施工项目，星罗棋布地分布在重庆大山深处，安全环保风险高，基础管理难度大。

近年来，江汉油田涪陵页岩气公司强化安全“网格化”管理，实行全覆盖、全天候安全督查和隐患排查，全力整理各类“低老坏”问题，提升本质安全水平，确保气田安全平稳运行。

设立安全“网格员”，责任明晰管好问题

涪陵页岩气公司出台《实施安全网格化管理指导意见》《基础管理风险管控考核细则》，按照管理层级，设立公司部门领导级、公司管理干部级、各承包单位级、各井站级四级安全“网格员”，明确各级“网格员”的工作职责、管理内容、管理要求，步步为营，对管辖范围的施工作业、设备设施实施动态管理，特别是针对“低老坏”问题，构建“全覆盖、无盲区”的管理网络，做到边界清晰、管辖权属明确。

生产现场“低老坏”问题多，隐患时时冒头，假如没有统一的管理标准和规范，今天管这个，明天管那个，就算有三头六臂也顾不过来。

为此，公司明确了15项“低老坏”问题清单，下发《关于对安全环保“低老坏”问题从严问责的通知》，明确了“低老坏”问题及问责对象，对所有安全“网格员”压担子，管好自己的“责任田”。

基建设备管理部“网格员”理顺业务流程，做实分级决策、分段负责、责任到人，使设备管理工作流程化、表单化，解决了“谁来做、怎么做”问题。比如，针对设备故障，他们明确属地单位和责任人，做到责任清晰，及时沟通、协调。

截至2023年12月，气田280多名安全“网格员”已走马上任。

“坐诊”+“巡诊”及时发现隐患

涪陵页岩气田生产现场方圆几百千米，每天有十余口井在钻井作业，靠管理人员去现场巡查是忙不过来的，通过网上“坐诊”巡视，可及时发现问题、解决问题。

借助“井场视频”模块，公司各安全“网格员”像电视剧里的“天眼部队”一样，可随时调取视频监控，查看现场施工过程，排查安全环保隐患。

在借助网络的同时，公司“网格员”采取“四不两直”、每周例检、开工验收、专项检查、驻站检查等方式，加大安全环保巡视力度，特别是针对“低老坏”问题，列好风险管控、隐患治理等问题清单，一项项对照清单仔细检查。

在焦页5-1HF井重复压裂、兴页L001HF井试气等重点施工现场，公司领导级“网格员”到现场组织安全和技术措施讨论，检查员工操作规范，排除隐患并解决难题，确保了重点施工顺利完成。

2024年以来，各级安全“网格员”深耕气田，累计查出安全环保隐患139个，为气田安全生产护航。

开展销项式闭环整改，仔细清除隐患

“低老坏”问题经常是“按下葫芦浮起瓢”，如何不让这些问题“兜圈子”、反复出现呢?

涪陵页岩气公司对各类“低老坏”问题处理实行销项式整改，不仅在现场向被检查单位下发《“低老坏”问题清单》，同时将问题清单发在石化通群里，让“低老坏”问题曝光，让不安全行为人和责任单位“脸红心跳”，加快整改进度。

为了更好地清除隐患，安全“网格员”还认真当好问题处理“诸葛”，他们利用自己的专业知识，向各施工单位提出各类防范建议，从根上解决“低老坏”问题。

钻井工程项目部针对“班前会未分析安全风险、确定管控措施”这个常发“低老坏”问题，研究提出了“利用视频系统拍摄班前会，实现有声视频录像，保存期至少1个月”的建议，为班前会开“直播”，从源头上堵塞管理漏洞。

采气工程管理部针对集气站污水转运泵受邻井钻井影响、电压不足时常停机的问题，建议加装发电机，提高污水转运效率，消除集气站停井风险。

近年来，公司提出整改建议130多条，助力各类问题销项式整改。

第三章 绿色环保树典范

第一节　绿色技术

1　三项技改扎紧气田开发篱笆墙

2024年以来，涪陵页岩气公司按照“碳达峰”“碳减排”的工作要求，本着“清洁能源、绿色开发”的生产原则，围绕最大限度降低碳排放的目标，采取循环气举、优化集输工艺消灭“火炬”、开展压缩机节能技术改造3项措施，降低能源消耗，保护周边生态环境。

创新气举模式，实现页岩气“体内循环”

气井采出的是“湿气”，生产初期，能量大、产量高，页岩气可裹挟着液体一起采出，可气井长期采气后，生产压力和日产量下降，页岩气无法携液采出，井筒积液越来越多，最终“压”住气，气井就会无法继续采气。

气举，顾名思义就是“以气举气”，是帮助老井排出井底积液、恢复采气的有效办法，其工作原理是利用压缩机将邻井气或管网气注入井筒内，用大量页岩气将积液举升出井筒，使气井恢复采气。

以往实施气举时，技术人员需开动压缩机气举车开展气举作业，过程中为避免采气设备和管道憋压，多余的页岩气要通过管道放空燃烧，单井气举作业平均要燃烧页岩气7000立方米。

如何减少页岩气放空燃烧？技术人员创新气举排水采气思路，于2023年底研发循环气举新模式，即将压缩机固定在经常要气举的采气平台上，为平台上的气井建好气举流程，技术人员根据气井的产量、出水量和积液趋势，随时通过开关阀门、切换流程，对气井精准实施气举技术措施，此举不但可提高气举效率，而且用于气举的高压页岩气能在全密闭生产流程中反复循环使用，避免放空燃烧，减少二氧化碳、烟尘的排放，有效保护周边环境。

循环气举用于“井龄”高的气井，实现页岩气在采气生产流程中“体内循环”，促进气田绿色开发。焦页12号平台18口气井通过管道，像串珠一样与压缩机相连，做到“随躺随举”。

2023年，该公司在13个平台63口气井中实施循环气举技术措施，累计产气15689万立方米，减少页岩气放空燃烧37万立方米以上。

优化脱水工艺，消灭集输站燃烧火炬

白涛集输站日脱水能力为1650万立方米，在页岩气脱水过程中，一部分页岩气留在三甘醇溶液中，通过闪蒸罐，让溶解在三甘醇溶液里的页岩气经过闪蒸后析出，称为闪蒸气。闪蒸气每天产生量为4000立方米左右，部分闪蒸气回用于站内重沸器的燃烧，日消耗量为2000~2500立方米，其余的1500~2000立方米页岩气因内部消化不了，只能采取火炬燃烧办法，对设备和管线里的页岩气进行放空，防止管线和设备憋压。

对多余页岩气进行放空燃烧，是国内集输站普遍的安全防范措施，能确保集输站安全运行，但余气没有实现充分回收，产生的二氧化碳对周边环境也有影响。

为确保页岩气“颗粒归仓”，最大限度减少碳排放，技术人员持续优化工艺流程，通过新建低压管线，和用户进行充分沟通协商，将白涛集输站放空气输入地方低压管网，实现生产余气外销，年减少页岩气放空燃烧60多万立方米，年创效百万元。

同样，在气田平桥集输站，技术人员通过加装调节阀，优化闪蒸、脱水工艺，使原本放空燃烧的天然气实现回收使用，消灭了火炬，每天减少大量放空燃烧。

实施技术改造，为“电老虎”减“口粮”

压缩机是涪陵页岩气田重要增产设备，但其能耗高，是不折不扣的“电老虎”。为实现压缩机节能，该公司想了很多办法，采取开展区域增压技术改造、变频技术改造等措施，使压缩机能耗节约30%以上，努力为“电老虎”减“口粮”。

一般而言，增压开采实行的是“一对一”单站增压，即一个集气站设立一台压缩机，对气井实施增压开采，但随着气井压力、产量的下降，气井采气量不及压缩机的吸气量，造成“大马拉小车”现象。

针对这种情况，技术人员开展区域增压技术改造，把采气区域内的相邻两三个集气站集中在一起进行增压，这些气井通过“共用”一台压缩机，避免“大马拉小车”情况，提高增压开采性价比。该公司已在焦页181号–182号集气站、焦页183号–186号–108号集气站、焦页91号–92号集气站实现区域增压，日节电可达3000千瓦·时。

技术人员还积极开展压缩机变频改造调研，制订压缩机变频改造实施方案，2023年，已在12台压缩机上完成变频技术改造，全年将为40台压缩机安装变频装置，预计年可节约电耗627万千瓦·时。

改造后，压缩机电机可实现变频运转，即根据压缩机的进气压力，科学调整压缩机电机运转速度，使其达到最佳使用状态，节约大量能耗。

2　涪陵气田三段处理工艺净化采出水

涪陵页岩气田采出水处理站自2020年投产以来，共外排达标清水19万多立方米，产出工业盐3900余吨，销售工业盐3800余吨，为气田绿色清洁生产提供了有力支撑。

随着气田勘探开发力度加大，投产页岩气井800多口，气井采气时页岩气与采出水同时从地下采出，目前，气田日均采出水量在2000立方米左右。涪陵气田不断加大采出水处理力度，2020年10月投运全国首个页岩气采出水处理工程——涪陵页岩气田采出水净化处理站，净化处理采出水，确保采出水经集中处理达标后外排。

涪陵页岩气田采出水处理站日处理能力达1600立方米，拥有15座收集泵站、50千米长的采出水收集管网。根据前期实验室研究、现场实验以及周边企业调研等结果，确定采用“预处理+双膜减量化+蒸发结晶”三段处理工艺流程。

采出水处理站的投运，可有效解决气田后期无气井压裂时采出水处理难题，大幅降低采出水拉运风险和费用，实现附加产物有效回收利用，避免采出水中盐分造成土壤盐碱化，确保清洁能源绿色开发。

3 页岩气钻井岩屑资源化高效利用技术填补国内空白

在页岩气钻井施工中，会产生一定量的废弃油基岩屑，对油基岩屑的无害化处理，一直是国内外页岩气开发中重大的环保难题。自涪陵页岩气田投入开发建设以来，涪陵页岩气公司优选专业服务队伍，全力攻关油基岩屑无害化处理技术，着力打造绿色低碳工程、生态和谐工程、环保示范工程，资源化回收利用达到100%。

针对油基岩屑易粘连链板、出渣粉尘大、处理后的岩屑含油率高、场站异味大等难题，技术人员开展加药剂降黏、加装喷淋系统减少粉尘、安装负压振动筛、对烟气装置进行改造等一系列技术攻关，解决环保装置生产中的技术瓶颈，攻克高温下机械运行的业界难题，使处理装置运行时效提升10倍。处理合格的油基岩屑含油率在3‰以下，与3%~5%的北美标准相比，严格了10倍。

技术人员利用水泥窑协同处理技术，将处理后的油基岩屑灰渣烧制成水泥和砖头，用于旱厕、道路边沟、平台挡墙、防水堡坎等气田基础设施建设，攻关形成独有的综合利用集成技术。该公司还参与编制国家标准《页岩气勘探开发油基岩屑处理方法及控制指标》，填补了国内页岩气钻井岩屑资源化高效利用技术的空白，为我国页岩气绿色开发提供了技术支撑。

第二节　清洁生产

1　井场安静了，空气清新了

2023年11月2日，涪陵页岩气田焦页22号钻井现场，“威武”的电动钻机“温柔”地坐落在青山绿水间，村民在家门口耕种，几只鸭子在井场边的小溪悠闲地觅食，30多米高的庞然大物“存在感”很低。

最初，气田开发时使用柴驱钻机，柴油发动机转起来“突突”响，还喷着黑烟，近距离施工的钻工眼睛都睁不开，附近村民也怨声载道。现在大力推进网电钻机运用，井场安静了，空气清新了，员工和村民也不再烦心了。

江汉油田油气产能建设管理中心严格按照“双碳”目标要求，将绿色低碳理念融入气田开发全过程，持续加大钻机和压裂机组“油改电”力度，实现气田电驱钻井全覆盖、电驱压裂机组全面推广使用。

钻井队最初在气田打井时，大山深处电力系统建设不够完善，电驱钻机利用率不高，普遍采用柴油机发电，为钻井系统提供动力，能耗很大。同样，压裂也使用的是柴驱设备，耗油量大，噪声也大。为促进节能减排，实现清洁生产，该中心持续加大电驱装备运用力度，充分利用清洁能源——电能，代替传统的柴油发电，直接为钻井、压裂施工提供动力。

由于电驱钻井和电驱压裂以耗电为主，二氧化碳等废气排放量基本为零，相比柴驱钻井，单井可减少150吨左右碳排放量，相比柴驱压裂，单段可减少32~35吨碳排放量。

该中心不断完善气田电力系统建设，与施工单位一起，在项目实施前的平台踏勘阶段，就从整体通盘考虑电力系统建设，制定覆盖全工序、全流程的钻井、压裂施工用电规划方案，优化整体电网设计，为电驱钻井和电驱压裂提供充足能源保障。

项目在开工建设时，钻井和压裂的电力负荷不一样，如果只考虑前期钻井生产需要的供电系统，压裂时又要重建供电系统，增加投资不说，还浪费时间。现在，该中心在平台建设之初就一体化整体考虑电力系统建设，把前后工序的电力系统一次性配齐，省时省力，还节约投资。

为提高电驱设备适用性，减少设备“水土不服”现象，该中心和施工、制造单位一起，不断对电驱钻机、压裂设备的供电程序、运行方式、通信系统等进行改进优化，增加智能化、数字化控制系统，实现“一键式”智能化钻井、电驱压裂，员工只需轻点鼠标，就可实现钻机自动排管、打扣、钻进、供液、精确调整砂比等一系列施工程序，实现全流程、集成化、远程控制的页岩气全自动电驱钻井、压裂，大幅提高施工效率，降低操作安全风险和员工劳动强度。

2 “加减”并重，让气田“绿”动更强劲

在重庆，减排降碳，绿色发展，已成为众多企业的技术追求。青山环绕、绿水潺潺，钻机、采气树矗立在苍翠间，涪陵页岩气田以承担国家科技重大专项《涪陵页岩气绿色开发技术示范》为切入点，形成了一套适合涪陵页岩气田复杂山地环境的页岩气绿色开发

技术体系，加大了绿色技术应用力度，通过技术升级做“加法”，污染排放做“减法”，全力锻造绿色发展“金钥匙”。

针对废水、废渣、废气等“三废”，涪陵页岩气公司利用循环罐、泥浆池，钻井液完成从地上到地下的使命；不断优化井身结构，单井清水用量减少12%。收集气井采气过程中随气而出的采出水，处理后转运到压裂平台，用于压裂施工，采出水收集回收利用率达100%。

随钻井带出的水基、油基岩屑，员工把它们收集起来，利用无害化处理技术，做成水泥、混凝土、烧结砖等，气田实现工业固废综合利用率、危险废物规范处置率达100%。

整个气田生产采用全密闭集输流程，将含气返排液进行气液分离，分离后的气体进入管网输送。在集输管网、场站设置放空燃烧塔（筒），一旦发生异常需要放空，可实现快速点火，有效避免甲烷气体排放。利用电驱钻机、电驱压裂机组取代柴油驱钻机、压裂机组，节约了能耗，降低了噪声，减少了二氧化碳、氨氮的排放。

为强化环境保护，筑牢绿色发展“篱笆墙”，该公司将自身监管与第三方监管相结合，设置78个环境监测点，常年聘请第三方环境监理单位和公司，持续对大气、地表水、地下水、噪声、土壤等要素进行监测，每天取样化验写环境监测报告，保证大气、水、土壤时时可控。

环境监理单位记录各施工平台的环保措施，将不符合要求的情况进行分类汇总，会同涪陵页岩气公司进行整理，并向各施工单位下发环境督查通报，对不符合要求的单位责令整改，对环境违法行为实现“零容忍”，让气田“绿”动更为强劲。

在推行“油改电”施工模式减少废气排放的同时，涪陵页岩气公司还逐年加大电驱压裂机组运用力度，双轨并行，大幅降低施工噪声。气田实现网电钻机全覆盖、电驱压裂设备持续推广，相比传统柴驱设备，电驱设备能源消耗平均降低33.2%，噪声下降46.3%。

平均单井电驱压裂相比柴驱压裂减少190吨碳排放。

截至2022年6月，企业有100多项绿色生产技术，“井工厂”作业、油基泥浆处理等技术国际领先。时时进行环境监测，全力做到污染防范在前、事故及时控制、事后加强监管，最大限度地保证了气田的山清水秀、空气清新。

3　擦亮气田绿色开发底色

伫立在涪陵页岩气田焦页36号、44号平台，放眼望去，翠色满山，碧空如洗，水鸟飞翔。这里既是重庆著名景区——御泉河的核心区，也是气田重要的开发区。

涪陵页岩气田地处山峦起伏、植被丰富、生态环境十分敏感的武陵山脉。江汉油田坚持在保护环境中开发气田、在开发气田中保护环境，走出一条“环境友好、绿色示范”的高质量开发之路，先后获得“石油和化工行业绿色工厂”“中国页岩气开发绿色典范”等荣誉称号。

涪陵页岩气田位于武隆大山深处，林木苍翠，空气清新，是难得的天然氧吧。员工闲暇之余漫步山间，享受着山村的恬静与清爽。

江汉油田设立多个空气质量检测点，在定期开展检测的同时，严格按照“双碳”目标要求，不断优化绿色开发技术，在开发过程中，利用先进的随钻录井仪器，时刻对钻井生产进行监控，防止浅层气、裂缝气等逸出，减少安全环保风险。

涪陵页岩气田开发区域地处山城重庆，山地多，平地少，自然坡度大，当地土地资源非常有限。

涪陵页岩气田深知土地的金贵，在开发建设过程中，始终坚持“减量化、集约化”用地原则，把对土地的占用减到最少。在平台选址时，尽量避开耕地，选择荒山石坡；开展平台设计时，采用一台多井的“丛式井”设计、“井工厂”钻井和压裂施工模式，大幅减少土地征用面积，让有限的土地发挥出最佳效益。采用临时征地办法，施工结束后，严格按照复垦方案，开展周边植被恢复、土地复垦等工作，土地节约率达57%。

水是生命之源，也是页岩气开采的动力之源。为保护当地水资源，气田下大力气执行“硬措施”，做足“水文章”。

一个采气平台在选址时，设计人员发现地下有暗河，而暗河与当地的水源连通，如果在这里打井，有污染水源的风险，该公司果断对这个平台进行重新选址。

气田在远离焦石镇10余千米的白涛工业园建立取水泵站，直接从乌江取水，经自建管线密闭集输至各压裂平台，不与当地群众“争水”。建设钻井平台、集气站、集气支线时，不断规划调整，采用高密度电法勘探方法进行水文勘探，绕开村民依赖的溶洞水系和地下暗河。钻井施工时，在浅表层和一开直井段采用清水钻进，宁可成本高一点、速度慢一点，也要保护地下水资源。

4　织密页岩气开发绿色保护网

近年来，江汉油田涪陵页岩气公司牢固树立绿色发展理念，通过强化制度建设、日常管理和技术支撑等手段开展环保工作，实现了连续8年无环境污染事故，并得到自然资源部的高度肯定，被誉为中国页岩气开发的“绿色典范”。

强化制度建设，夯实绿色开发根基。在涪陵页岩气田施工的所有承包商，都会收到一份《涪陵页岩气公司承包商HSE管理实施细则》，对承包商管理进行明确规定。

2022年以来，涪陵页岩气公司加强制度建设，从制度章程和体系标准上预控环保事故发生。出台承包商管理新规定，对承包商环保工作设置了达标标准，由公司环保工作人员进行定期考核，结果计入考核总分进行排名和奖惩。

在承包商管理新规定的激励下，钻井队的环保工作意识、热情和水平得到极大提升。两年来，50143JH钻井队严格执行承包商管理规定，无一起环保事件发生。

除此之外，涪陵页岩气公司还通过设置环保工作领导机构，建立环保制度体系和环保监管机制，对环保事故的发生进行制度性预防。

强化日常管理，织密绿色保护网。近年来，由于页岩气开发对生态环境的影响受到国内外高度关注，涪陵页岩气公司通过加强环保监管、加密“四不两直”检查等手段，强化日常管理。

通过开展环境与节能监测，为绿色开发提供技术支撑。开展了加热炉尾气、挥发性有机物、油基岩屑等项目的监测工作，严密控制页岩气在开发过程中出现水质、噪声、废气和废渣污染，并通过开展节能监测，挖掘节能潜力。

2022年上半年，涪陵页岩气田环境监测196个点位，获得1206个样品。其中水质监测198个，气体监测561个，固体废物与土壤监测11个。出具监测报告315份，涪陵页岩气田水土大气保护被评为“优”。

5　管住天上跑的、地下冒的

涪陵页岩气田位于长江、乌江交汇处，武陵群山间，山川秀美，景区众多，是长江经济带上游重要的生态保护区。

近年来，涪陵页岩气公司坚持资源开发与生态保护并重，采取严格管控和防护措施，加大对“三废”的治理力度，管住天上跑的、地下冒的。2021年以来，气田废水合格处置率100%，固废达标处理率100%，气田外排废气达标率在99.5%以上，气田处处生机勃勃，举目有“青”。

废水不外溢

页岩气开发用水量大，水是气田开发的动力之源，开发中的水资源保护和利用也是一道世界公认的环保生态难题。

特别是近年来，随着气田开井数的增加，产出水也越来越多，每天可达3000多立方米。涪陵页岩气公司坚持采取循环使用和达标处理方式，坚决不让一滴产出水外溢污染环境。

产出水主要回用于压裂施工，由于需要一车车接收、记录，且对于压裂液配制要求高，最初，压裂队并不愿意接收产出水。该公司架好产出水回用“高压线”，制定产出水回用细则，加大执行力度，要求压裂施工队无条件接收，并将产出水回用率列为一项重要考核指标，对推诿使用的压裂队进行劝说，对拒绝使用的进行处罚。该公司还鼓励技术人员优化改进压裂液配方，与新鲜水按一定比例混合，确保压裂效果良好。

严格的制度约束让井队利用产出水压裂成为习惯。气田每天有30多辆产出水罐车在巴山小路上往返，将产出水运到各施工点。

除大型罐车转运外，该公司还修建了全国首个页岩气产出水处理工程，包括处理能力达2400立方米的产出水处理站、15座收集泵站、50千米长的产出水收集管网，采用先进工艺处理，处理合格的产出水达到国家污水综合排放一级标准。

如今的产出水处理站，环境优美，绿草如茵，已累计处理产出水1.86万立方米。

废气不上天

经过技术改造，涪陵页岩气田3号、4号脱水站告别“长明灯”，以往脱水站熊熊燃烧的放空火焰不见了，平均每天可少燃烧页岩气2200立方米左右，减少了对大气的污染。

该公司本着“废气不上天”的原则，严格废气排放控制与治理，加大废气治理和减排力度。

推行电驱钻井、压裂是减少废气排放的关键一招。该公司在铺设电网、推行网电钻机的同时，逐年加大电驱压裂机组推广使用力度，双轨并行减少使用传统柴油装备，有效减少燃烧柴油产生的废气，大幅降低噪声。

2021年，气田实现网电钻机全覆盖，电驱压裂设备使用不断增加，黑烟少了，噪声降低了，还能“人停机不停”24小时施工，创造了单平台日压裂9段的施工纪录。

气井测试投产时要放空燃烧，该公司改进试气求产方式，在试气流程上加装背压阀，单井减少燃烧页岩气30万立方米，按一年投产100口井计算，可减排二氧化碳5.8万吨，增产页岩气3000万立方米。此外，进一步优化简化放喷求产制度，单井测试减少放喷时间12小时，年累计减少放空燃烧页岩气400多万立方米。

集气站、脱水站采用高等级钢材、全密闭集输流程，各站点配有移动式、固定式可燃气体监测仪，员工通过加密巡查、电脑监控等方式，全天候监控，严防死守杜绝天然气泄漏。强化废气排放监测，对所有在用加热炉进行烟气采样，加热炉排放合格率在95%以上。技术人员还在脱水装置的闪蒸罐出口设计回收管线，一年可回收利用天然气6000立方米。

废渣不落地

气田开发产生的固废主要是水基钻屑和油基岩屑，这些废渣如不及时处理，很容易造成环保事故。该公司自戴“紧箍咒”，严格按照国家规定，全面实行水基钻屑、油基岩屑“不落地、无害化”处置。

针对水基钻屑这种一般工业固废，优化处理模式，干化后送往有处理资质的水泥厂，全程采用密封转运车转运，严防在转运过程中发生泄漏。利用水泥厂水泥窑处理技术，将灰渣制成水泥，使水基钻屑“变废为宝”，循环使用。

针对处理难度很大的危险固废——油基岩屑，结合热蒸馏技术，在气田建设2座油基岩屑处理站，对油基岩屑进行严格的脱油无害化处理，处理后的油基灰渣含油量仅为3‰，远优于国家环保标准。

为让工程更加环保清洁，应科学规划站内设施，严禁乱堆乱放，凡是可能产生油污的地方，全部实行上铺下垫，确保生产环境清洁。如处理过程中有粉尘和异味，则加装喷淋系统，消除站内粉尘；如处理站内有异味，则加装除异味装置，保证空气清新。

第三节　生态保护

1　舍近求远，数千米外打井采林下油气

“深地一号”跃进3-3XC井，设计井深为9472米，是亚洲陆上最深井。这口井应用了超深大位移技术，水平钻进延伸到胡杨林下的油气藏，将那里的油气采出来。

近百万亩胡杨林和湿地保护区的地下有着丰富的油气资源，仅这口亚洲最深井所在的区块，预测原油储量就达到600万吨。

为了落实“绿水青山就是金山银山”的理念，自2018年以来，西北油田积极响应国家政策，先后退出塔里木胡杨林国家级自然保护区、塔里木河上游湿地省级自然保护区，测算影响78万吨/年原油、3.5亿立方米/年天然气的产能。

到2020年底时，西北油田已全面完成自然保护区所有油气生产设施清退及原有场地复垦、生态恢复工作，顺利通过新疆维吾尔自治区林业、自然资源及生态环境等部门验收。

昔日的井站、管线和繁忙景象早已不在，保护区内补种的红柳、梭梭与周边的胡杨林已融为一体。

退出保护区后，那里丰富的油气资源还采不采？对中国石化这样的国家能源骨干企业来说，保护生态环境与保障国家能源安全之间，不是做二选一的选择题，而是要做二者兼得的必答题。

西北油田把科技创新作为解决这一突出矛盾的钥匙。在“深地

工程”建设过程中，他们形成了新的地质认识、积累了丰富的工程经验，以此为基础，2020年，开始搭建开放合作平台，聚集内外部科研力量进行原创性引领性科技攻关。

一深带万难。在保护区外数千米深处打井，采胡杨林下油气，关键是要突破超深超高温地下水平钻进的难题。近千根钻杆连接起来，在七八千米深的地层下软得像面条，要精准控制钻进方向难度可想而知。

钻井作业需要应用高精度随钻测控系统控制钻进方向，但在七八千米深的超深高温地层中应用，测控仪器极易失效失灵。

为此，科研人员应用耐高温电子元器件、橡胶件材料，提高仪器性能，攻关20多个月，最终形成超深高温高效定向技术。这项技术结合高精度随钻测控系统，能够将地下深处的工程信号实时传输至地面，为随时调整作业参数提供依据。

这样一来，钻头就像长了眼睛，直线加速、绕行避障，在七八千米深的地下像“贪吃蛇”一样灵活，能够精准找到靶点。

技术人员还创新研发和应用了井筒稳定保障、套管安全下入、大数据云计算等新技术，推动超深大位移钻井由短距离向长距离、由长周期向短周期跨越，这些成果共同构成超深大位移技术。

常规的钻井采油是向下打井，就像喝豆浆，一根吸管插到底；而用超深大位移技术开采保护区地下的油气，则像是用一根L形的吸管，插到杯子底部后，还要横向延伸很长的距离，才能喝到豆浆。

2022年2月，超深大位移技术首次应用，深层水平钻进距离由210多米增至1400米，实现退出保护区后胡杨林下油气开采的新突破。2023年3月4日，第二口应用该技术的油气井顺利完钻，相比第一口井，平均机械钻速提高了30个百分点。“五一”期间，跃进3-3XC井开钻，设计水平段钻进距离3400多米，刷新亚洲超深层钻井水平位移纪录。

2 36个平台复垦“变身”600亩良田

“三夏”大忙时节，涪陵页岩气公司生产运行部员工和涪陵区焦石镇的村民都过得特别充实：一方分地，一方耕种，双方都忙得不亦乐乎。

焦石镇是涪陵页岩气田最早开发的区块，也是近年气田实施立体开发的主要区域，平台改、扩建工程十分频繁。为保护和集约使用土地，涪陵页岩气公司严格遵循“开发一方资源、保护一方环境、造福一方百姓”的原则，坚持资源开发与生态保护并重，通过“丛式井”布井、“井工厂”施工及平台施工后复垦等措施，使单井土地征用面积较常规节约30%以上，让气田开发与周边农业生产和谐共处、共同发展。

涪陵页岩气公司在平台建设初期，一般采用临时征地模式，在平台进入采气生产后，精心制定复垦方案，及时组织开展平台周边植被恢复、水土保持和土地复垦工作。与此同时，他们主动抬高复垦耕地土层厚度标准，由不低于40厘米提升至50厘米，并将原来撂荒的土地也复垦为良田，极大地改善了农业生产用地条件。

近年来，该公司启动临时用地复垦工作，深入摸排气田临时用地情况，确定将约800亩临时用地土地复垦列为2024年度复垦计划。为规范高效推进平台临时用地复垦工作，该公司始终坚持因地制宜、综合治理，利用无人机、GPS定位和实地勘察等方法，针对地块不平整、耕作层较少的地貌特征，科学制定由易到难、循序渐进的土地复垦方案，并严格按照审查通过的方案进行施工，保护土壤、水资源和保证环境质量，确保复垦后的土地实现可持续利用价值。

自涪陵页岩气田投入开发建设以来，该公司和当地乡镇政府共同成立复垦复绿工作小组，累计在36个平台复垦土地600余亩，为当地村民增产增收贡献石化力量。

3 “避水绕树”打气井

涪陵页岩气田位于重庆涪陵大山深处，属于典型的喀斯特地貌，生态环境脆弱，山脉、峡谷、森林、河流等众多。涪陵页岩气田产建管理中心高度重视安全环保和生态保护工作，把生态安全作为页岩气开发的先决条件，制定并实施“生态环境优先”战略，坚持做到环境保护与平台建设同安排、同部署、同运行，打好环保井。

在天然气勘探开发中，第一要务是进行建设项目环境影响评价。正是在这一“关”，该中心多次上演勘探开发为水“让道”、给植被“让位”的故事。

该中心积极开展环境影响评价，先是在宏观层面上，通过与涪陵区生态环境局相关部门紧密对接，掌握开发区域生态保护红线、自然保护区等情况，从规划上避让这些保护区；然后现场详细踏勘，生产、技术、环保等相关部门和专业环评单位人员一起到现场调查，对井位部署情况进行研究，巧妙避让林木、溪涧等，努力划好生态红线。

涪陵区有一块面积为2500公顷的江东桫椤自然保护区，这是一种十分古老的蕨类植物，被誉为植物界的“大熊猫”“活化石”，国家将桫椤列为一级保护植物。

开发之初，得知涪陵区有一片桫椤林后，员工主动联系涪陵区发改委、林业局等部门，拿到了江东桫椤自然保护区功能区划图仔细研究。通过技术手段，将面积2500公顷的江东桫椤自然保护区，包括面积308公顷的核心区、面积656公顷的缓冲区、面积1536公顷的试验区，全部“叠加”到气田的井位部署图上，设置了井位与桫椤自然保护区的安全距离。

在最初井位部署时，江东区块的焦页88~92号平台5个平台，地质设计点就位于桫椤自然保护区的缓冲区和试验区内。

为了给桫椤“让”出一片独立的领地，技术人员调查平台施工对环境的影响，果断决定对5个平台的19口井进行重新部署，将平台平移出保护区，最远的移出2千米。目前，江东区块投产井95口，均在保护区外。

在涪陵页岩气田，这种开发建设给生态环境“让位”的现象不止一次。在为一个钻井平台架设电线时，该中心员工发现井场边有一棵老核桃树，便和建设单位一起，仔细研究调整了电力线路，成功“避让”这棵老核桃树，给它留下一块良好的生长“领地”。“虽然调整线路增加了我们的施工成本，但是为了让山区的山更绿、水更清，我们愿意多付出一点儿。”该中心生产运行室主任陈小刚说。

焦页23北平台原定打3口井，由于临近当地一级保护区——复兴水厂大溶洞水源地，该中心技术人员便对这3口井进行重新选址，避开水源保护区。

4　不让湖泊受污染，不让农田染油迹

江汉油田坚持把习近平生态文明思想作为根本遵循，坚决贯彻长江大保护指示精神，坚持资源开发与生态保护并重，发布国内首部环保白皮书——《涪陵页岩气开发环境保护白皮书》，全面推行“减量化－再循环－再利用”的清洁生产方式和企业自主监督、第三方监督、政府监督、社会监督“四位一体”HSSE监督方式，做到水体保护有效、废水重复利用、污水达标排放，投运国内首个页岩气产出水处理工程，废水处置合格率达100%，坚持无害化处理、资源化利用油基岩屑，处理后的岩屑含油率在3‰以下，远优于北美标准。

从井场到设备，从罐区到平台，员工逐一做好油污防渗、防侵、防漏准备，严控污染源扩散，采取擦洗设备等方式，减少废水产生。焦页25号平台施工时，需拓宽进场道路，为保护路边一棵百年榕树，

专门重新规划施工路线；焦页14号平台部署井位时，为规避地下溶洞，保护地下水系，平台选址进行了三次调整；焦页29号钻井平台部署井位时，施工人员为了减少作业对当地村民耕种影响，不惜增加人力、物力，让管线沿田埂架空铺设，和直线段相比，每条线路都多绕了几十米。考虑到西南地区多雨，他们用塑料布包裹好管线接口，防止油污滴落到农田里。

10年间，“不让湖泊受污染，不让农田染油迹”已成为员工保护生态环境、绿色文明施工的行为准则，涪陵页岩气田被自然资源部评为创造了中国页岩气开发的“绿色典范”，涪陵页岩气绿色能源项目获集团公司“社会责任示范项目”。

第四章 拼搏奋斗见精神

第一节　大漠放歌

1　远赴千里，塔克拉玛干腹地钻“黑金”

塔克拉玛干，人们常称它为“死亡之海”，但这里也是一片宝藏之地。勘探发现，塔里木盆地6000~10000米深处的石油和天然气资源分别占其总量的83.2%和63.9%。“深地一号”顺北油气田基地，就坐落于塔克拉玛干沙漠腹地。

顺北油气田勘探开发可以追溯到2015年。随着深层油气资源被不断发现，石油工程技术的进步推动勘探开发逐渐向地层深部延伸。2022年，中国石化命名顺北油气田为“深地工程”。这是我国首个以“深地工程”命名的油气项目，被誉为“深地一号”。

2015年，一支江汉队伍踏入这片禁区探寻深埋地底的黑金，打响了江汉钻井进军顺北的“第一枪”。此后8年间，江汉石油工程钻井二公司西部分公司11支钻井队的400余名员工，在这里先后打下18口优质工程井，夺得西北油田分公司53面流动红旗，实现了进尺近30万米的战绩。在与残酷的自然环境、复杂的地质条件的较量中，描绘了一幅当代石油出塞图。

越野车一路向北，路两旁出现了成片成片用草秆扎的防风固沙方格，远处高耸的钻塔矗立在一望无际的沙漠中，塔顶的红旗迎风招展，这是90117JH钻井队施工的顺北6-1H井。

沙漠条件艰苦，时间长了会患上“沙漠综合征”。它的表现是，长久身处沙漠，单调的色彩、单调的生活和工作会让人不想说话，对任何事物都失去兴趣。

那在沙漠打井的石油人是否要时时与其对抗？

90117JH钻井队队长邵将介绍，眼前的井架是全公司最好的电动钻机，可以打到地层9000米以下。井场干净整洁、摆放有序，宿舍区装上了宽带网络，建起了冷库，一年四季都能吃到新鲜蔬菜。厨房里的压面机、电饼铛、烤箱，能满足各地员工不同的饮食习惯。

刚来的那几年是很苦的。邵将是江苏人，大学毕业后来到新疆。坐了两天两夜的火车，之后转坐汽车，一路辗转跨越3500多千米到达井队。西北异常干燥的气候让这个南方人天天流鼻血，后来甚至形成了条件反射，只要感觉鼻子有异样就立马仰起头。

新疆的夏天地表温度最高可达70摄氏度，防晒霜、防晒围脖在烈日下通通不管用，没多久就被晒得黢黑。有一年搬家，邵将和几名队友提前进驻新井场，水电未通，野营房热得像烤箱。那天晚上，他们把木板架在水泥墩子上，天作被地当床数着星星睡着了。

最难熬的还是冬天，气温骤降到零下30摄氏度，呼出的热气瞬间就在眉毛、发梢上结成霜，裹得严严实实也挡不住冷风往毛孔里钻。实习那年，邵将作为井架工在二层平台上操作，几个小时没停，下来时还是冻得发抖，真正体会到了什么是“冰火两重天”。

沙漠里井和井之间距离基本在200千米以上，虽然建了沙漠公路，但通往井场大多有段颠簸的土路。最初几天的新鲜劲儿一过，苍茫的沙海再引不起兴趣，一路顶着风沙颠簸下来，整个人都是灰头土脸的。

“试着待上一个月，就习惯了。”70222JH钻井队队长宋树鹏说，“这些苦都不算什么，习惯了就好，最难挨的还是想家。”

1986年出生的宋树鹏是最早一批出征“深地工程”的人，那时候他是泥浆技术员。顺北地层复杂，井漏是老大难，泥浆可以说是“深地工程”施工的“命门”。宋树鹏一心扑在井场上，难得回趟家。

女儿小时候半夜经常哭闹，妻子心里烦了就打电话冲他发脾气，他总是默默地听完后再轻轻地问一句："心里好受点没？"在他看来，"家里的事一点搭不上手，给媳妇当个出气筒也好"。

后来妻子到新疆探亲。当时他们在沙漠边的塔河区块打井，绿洲里环境稍微强一点，但正值夏天，蚊虫多。一到傍晚，硕大的蚊子成群地追着人跑，把妻子吓得够呛；白天强烈的紫外线又晒得脸生疼，没几天就让妻子的皮肤黑了几个色号。回家临上车前，妻子看着他叹了口气："以后我再也不随便对你发脾气了。"

"钻井人不容易，当钻井人的家属更不容易。"邵将对此也深有感触，当年他都差点把老婆"弄丢了"。

那时候他刚走上技术员岗位，忙起来几天都难得给女友打个电话。"不是不想打，等我有时间都夜里一两点了，怕打扰她休息。"于是两人更多的是用QQ联系，可网络不给力，等他看到信息时往往是两三天以后。为这，女友一度以为他是个"用情不专之人"，没少闹别扭。

眼见女友"积怨已深"，邵将心里急得像猫抓一般。等那口井顺利打完，正好临近春节，队上让他回家探亲。邵将归心似箭，好不容易才抢到了一张站票，回家的喜悦冲淡了旅途的辛劳。当他站了50多个小时风尘仆仆地赶到女友面前时，女友一边笑着一边又忍不住掉眼泪："看你哪还有个人样……"

结婚有了孩子之后，邵将把对家人的牵挂深埋心底，一门心思干工作，一路从技术员、副队长干到队长。当队长后，回家的日子更是屈指可数。

"深地工程"的每口井井深都在8000米以上，每一口井往往都要打大半年。每到一个地方，他们都将其当成家园一样来建设。

大漠已经成了这群石油人的家。这些年公司推行营地标准化建设，下大力气投资改善员工生活条件，建起了沙漠公寓，设置了健身房、EAP（员工心理援助项目）活动室，配备了环保厕所，而且钻井队搬到哪儿，无线Wi-Fi就连到哪儿。

2023年，90108JH钻井队接到承钻跃进3平台的任务，其中的跃进3-3XC井设计井深9472米，被称为“亚洲第一深井”。井场在胡杨林保护区边缘，为了保护场地里那216棵胡杨树，他们前后更改了十余次井场建设方案。如今的井场，巍巍钻塔与千年胡杨交相辉映。

50多岁的90108JH钻井队党支部书记李新，二进新疆，感慨变化太大，不只环境有改善，井队生产生活条件也越来越好：“没理由不好好干！”

他在营地开荒，种了蔬菜瓜果，还建了篮球场。球场虽然简易、不规范，只能打四人制的半场赛，但不妨碍成为员工的“新宠”。

即使远在千里之外，生活也要有仪式感。每隔一段时间李新就要给员工过一次集体生日，整一桌好菜，订一个蛋糕，送一份礼物。大漠里的生日Party也毫不逊色。

单调的沙漠生活从来都不能消磨掉石油人对生活仪式感的追求。逢年过节或钻完井的时候，邵将就会组织员工聚餐，烤全羊、K歌、办篝火晚会，一群人唱啊跳啊。

他们在苍茫的戈壁战天斗地，在无人的禁区建设家园，他们“为油而生，为油而来”，带着几代人的石油梦，向着深地进军。

2　攻坚克难，掘进地下9432米寻宝藏

2023年11月15日，位于新疆塔里木盆地的亚洲最深井——跃进3-3XC井成功放喷试气点火，测得200吨日产原油和5万立方米日产天然气量，证实了地下有高产油气储层。这一振奋人心的好消息，通过央视直播传遍了全国。

大漠营房闻到湖北家乡味道

11月15日下午，跃进3–3XC井放喷试气点火正在直播，当中国石化江汉石油工程有限公司钻井二公司90108JH队队长杨江辉拿着石油样品，笑容满面地出现在屏幕中时，他远在潜江的家人和邻居们沸腾了，有人流下了激动的泪水。

跃进3–3XC井位于新疆维吾尔自治区阿克苏地区沙雅县盖孜库木乡，北靠天山，南拥大漠，古丝绸之路从这里经过，高60多米的钻机矗立在大片胡杨林中。从2023年5月开井后，杨江辉带着50多人的队伍一直坚守井场，并且来之前就立下了军令状，要在200天内交付一口优质高效的亚洲最深井。

这口井施工难点很多。为保护胡杨林，钻头要在5000多米的地下拐一个接近90度的弯再水平前进3400多米，仅此一项就刷新了亚洲超深层钻井水平位移的新纪录。到9000米深度时，井底温度达到200摄氏度，压力接近160兆帕，施工难度世所罕见。

施工艰难，各方关注，杨江辉和井队党支部书记李新连续100多天坚守井场。到2023年9月底，离预定目标还剩400多米，钻井更难了，有时一天都前进不了1米。他们寝食难安。

紧要关头，迎来了一份意外惊喜。10月1日，杨江辉刚顶着沙尘暴处理完泥浆返排难题，灰头土脸地回到生活基地，一踏入营房，便闻到一股熟悉的饭菜香味，一眼看到碗里摆着自己最爱吃的麻辣香肠。这是妻子的手艺。

原来，杨江辉的妻子张红霞有一手做腊货的好手艺，这次寄了真空包装的香肠到队上，让丈夫好好吃饭好好干。杨江辉让厨房把腊货都蒸了，分给大家尝尝来自湖北的家乡味，这是来自家乡最大的支持和鼓励。

妻子为夫奔赴三千余千米

同样得到妻子大力支持的还有井队常务副队长王梓梁，29岁的他是建队以来最年轻的常务副队长。夫妻俩从恋爱到结婚7年，王梓梁常年在沙漠里，妻子胡婷在武汉工作，相隔3000多千米，聚少离多。

亚洲最深井开井以来，王梓梁的压力与日俱增。他负责把控钻头的旋转导向，这直接关系到钻头能不能打到储层上，导向角度多一度少一度，都可能导致前功尽弃。2023年7月的一天，胡婷与丈夫视频通话，看出了丈夫眼中的焦虑，再三追问下才得知是旋转导向出故障了。

“这是丈夫担任常务副队长后承钻的第一口井，怎么让他安心工作呢？”想了一夜，胡婷毅然决定：放弃武汉的工作，搬到新疆去。如今，夫妻俩已在库尔勒买了房，胡婷也在当地找到了新工作。

妻子的举动像一针“强心剂”，给了王梓梁克服难题的信心和莫大的勇气。在与武汉的公司总部进行综合分析后，王梓梁与技术人员一起，利用国际先进的专业软件进行井下9项参数模拟计算，终于找到了理想造斜点，成功拿下了水平延伸3439.34米的超深大位移施工。

3　坚守荒漠，在“死亡之海”征服“地下珠峰”

在有“死亡之海”之称的塔克拉玛干沙漠腹地，中国石化西北油田分公司采油四厂4-2班组如同一把“尖刀”，坚守在这里。自2021年组建以来，这个由30余人组成的“尖刀班”管理着34口高产油气井，累计生产油气当量近260万吨，相当于一座中型油气田的年产量。

到祖国最需要的地方淬火成钢

当看到“沙漠荒志向不荒，风沙大决心更大”14个醒目大字，魏鹏飞不由得热血沸腾：“‘深地一号’，我来了！”他毕业于中国石油大学（克拉玛依），到西北油田后，2022年又要求去顺北油气田，因为他要去祖国最需要的地方。

魏鹏飞追随的榜样是刘守朝。2010年，同是中国石油大学（北京）毕业的校友刘守朝主动选择了最偏远的西北油田，他2019年来到顺北，在大漠里日复一日的磨砺中，将4–2班组打造成了“尖刀班”。在“尖刀班”，刘守朝是班长；在“守朝夜校”，他是讲师，同时又是“刘守朝创新工作室”负责人。

这里，沙尘暴一天一小场、三天一大场。建站初期只有几间活动房来抵御风沙，水是从沙漠外拉来的，下了班几个人轮流做饭。刘守朝笑着说道：“苦点累点没啥，看着油田在我们的手中由小变大，有一种自豪感。”

“大漠孤烟直，长河落日圆。”来“尖刀班”之前，2022年新入职的员工谢文琦对这里充满诗意想象，很快她就体验到了刘守朝口中的“没啥”。风平浪静的沙漠格外沉静，但瞬间就会骤变，狂风裹挟着沙尘，如墙一般席卷而来，天地昏黄。一次她在巡井途中突遇沙尘暴，皮卡车行驶在沙漠搓板路上，如在惊涛骇浪中“航行”。回到基地，发现这一趟行车200多千米，而这就是班组职工的日常。

吃得消大漠风沙，才端得牢能源饭，30余名员工就像胡杨一样，风刮不走，沙击不退。因“尖刀班”最偏远、任务最艰巨、最能锻炼人，该厂将这里作为新入职员工实习第一站，在每周的升国旗仪式上，“沙漠荒志向不荒，风沙大决心更大”的誓言响彻大漠上空，先后有20多名新员工在这里淬火成钢，扣好了职业生涯的第一粒扣子。

进入井场就是进入阵地

“进入井场就是进入阵地，我们都要像‘猛虎’一样，有铁的纪律铁的作风。”2023年7月23日的班前会上，另一名班长白鸿海如是要求。这一天，他们要对油气长输管道做一次全面巡检，“尖刀班”管辖的油井超深、超高压、高硫化氢，班前会上必须把当天的工作内容、安全措施向岗位员工讲清讲透。

“猛虎”是员工薛文的昵称，他曾在武警某部服役，2008年汶川地震，他带领突击队从废墟中救出了“可乐男孩”“独臂女孩”等，荣立二等功。至今，他还保持把被子叠成豆腐块的习惯，担当每周升国旗的护旗手。

班前会一结束，薛文等人就开始巡线工作。7月的沙漠，天空似火烧，顺北油气田地域广阔，井间距少则几千米，多则数十千米。一个个沙丘像小山一样，薛文不时停下来，将后面的班员拉上沙丘。“主干管线加单井管线总计180多千米，一年365日巡线路，可以从乌鲁木齐到北京拐个弯再回来。”薛文说，“他们早上出发时带着午饭，夏天好说，冬季要吃饭时，饭菜基本都凉透了。”“油气长输管道决定着油井的安全平稳运行，发生刺漏或外力破坏必须全部关井处置。”白鸿海说，“为应对极端天气和突发情况，我们成立了‘尖刀党员突击队’，定期开展突发情况应急演练。”

据悉，该班自成立以来连续3年无故障关井、无井口失控、无违章停工。“尖刀班”“尖刀党员突击队”……这些充满军事气息的术语，让薛文仿佛又回到军营，“在这里我还是一个兵，任务就是守护好‘深地一号’工程。”

“少井高产”需要精细管理

“在沙漠腹地打一口井，成本在上千万元，风险巨大。好区块更要有好管理，必须做到‘少井高产’。”刘守朝说。

SHB4-10井是一口高产井，最大的问题就是井口节流前温度接近98摄氏度，超过柔性复合管线的高温警戒线。“人发烧有退烧药，油井发烧怎么解决呢？”一个月后，一个独具创意的降温箱建成了，管线温度下降，完全满足生产要求。近年来，刘守朝和其创新工作室成员先后解决生产难题10多项，获国家实用新型专利10项、自治区“五小”创新成果100多项。

向“地下珠峰”要油气，需要更精细的管理，刘守朝的笔记本密密麻麻地记录着20多口油井的参数数据。“油井是有灵性的，你对它好，管理到位，它就会给你回报。”多年现场工作经历，让刘守朝积累了丰富的经验，但个人强还不够，还要个个强。

2022年以来，从工艺流程、运行操作到应急处置，刘守朝带领大家一遍遍对、一个个过，并收集问题，有针对性地组织开展“守朝夜校”40多次，学习内容在岗位上查找，技能培训在岗位上开展，技能考核在岗位上进行。

3个班长在现场巡检过程中，如发现违章即时制止，并现场培训直至员工规范达标。培训时，先让学员自己找错误，再进行深入分析讲解。针对关键操作，由白鸿海、董双两位班长现场“情景”示范，刘守朝手指口述讲授，“班长+讲师”把4-2班组这把“尖刀”打磨得更加锋利。

如今，该厂党委已经任命白鸿海、董双两位“尖刀班”的先进典型出任新开发区块的带班班长。“这几年跟着‘班长’学‘班长’，我对干好工作充满信心！”董双笑着说。

第二节　胜利逐梦

1　铁军战荒原

海风轻拂。在胜利油田莱州湾畔盐碱滩上，莱深斜2井钻井平台灯火通明，时任胜利石油工程黄河钻井70183SL钻井队党支部书记、平台经理的黄利民和工友们正等待着完钻时刻的到来。

5300米、5310米、5320米、5330米……

当钻井参数仪显示出“5336米”的时候，大家高兴得跳了起来。

此刻，时间定格在2021年11月3日凌晨2时。黄利民和70183SL钻井队又攻克了一个难关。

“莱深斜2井”是中国石化的重点探井，原设计井深5653米，最终在5336米实现完钻，这相当于垂直打穿了大半个珠穆朗玛峰的高度。

十几年间，在胜利油田东部老油区3.6万平方千米的勘探区域上，已经完钻了7000多口中浅层油井，本就复杂的地质状况变得更加棘手。从浅到深、由点及面，成为胜利老油区突围的新路径。

为了莱深斜2井，黄利民已经半个月没有回家了。他带领团队大胆使用新工具、新工艺，整体提速，再一次展现了“功勋钻井队”的真功夫。

终于完钻了！黄利民如释重负，当他走下井台、走出红色闪耀的井场时，已是黎明时分。

2020年4月，黄河钻井总公司组建了70183SL钻井队，黄利民被委以重任，担任党支部书记和平台经理，准备打胜利油田的第一口页岩油探井——樊页平1井。

黄利民既高兴又不安。

在胜利油田60多年的勘探开发史上，页岩油是一种新的油藏类型。能担此钻井重任，黄利民感到很光荣。可父亲的病情一天天加重，让黄利民放心不下。

黄利民跑到医院，把情况告诉了父亲。

父亲一听，十分高兴："好好干，你是'油二代'，你干好了，爸爸的脸上有光！比你在这里伺候我强。"

知子莫若父，父亲知道儿子的心气高。

页岩油是岩石层里的石油，是最难开采的石油之一。页岩油成熟度越高，油的可流动性越强、品质越好，越适合商业化开发。与具有两三亿年历史的北美海相页岩油相比，我国济阳坳陷的陆相页岩油比较"年轻"，只有几千万年的历史，成熟度低。这种成熟度较低、较为黏稠的页岩油，在全球范围内都没有开发先例。

近年来，胜利油田先后开展页岩油攻关课题40余项，全力攻关陆相断陷盆地页岩油开发。2009年，胜利油田在渤南洼陷钻了4口井，取出了千万年前的岩芯。2019年，又开始了第二轮探索，打下的义页平1井峰值日产油93吨，证实了我国陆相断陷盆地页岩油储量丰富的猜想。

为了继续探索开发页岩油，胜利油田决定开采樊页平1井。这是中国石化在页岩油勘探领域的重点探井。该井的施工设计规模之大、难度之高在胜利油田十分少见。如果钻探成功，对于接替传统的石油资源具有重要战略意义。

樊页平1井的设计要求是，先打3000米的垂直直井段，再打2000米水平段。也就是说，钻头在钻杆的推动下要先在地下拐直角，再沿水平方向继续钻进。150摄氏度以上的地下温度，会让钻杆软得像面条，非常考验操作员的技术和耐力。

给井下安上“眼睛”，给钻头接上“长臂”，全新的钻井技术让黄河钻井人不再“盲打”。黄利民通过优选钻头、使用长筒取芯等措施，获得了较快的取芯速度。樊页平1井设计取芯长度为24米，实际进尺24.3米，取芯一次成功！

阳光下，岩芯里星星点点的油斑，闪烁着晶莹的光泽。这让黄利民十分兴奋，他和队员们是最早看到胜利页岩油开发希望的人。

2020年8月25日，樊页平1井胜利完钻。从麦苗青青到麦穗金黄，历时100多天，他们摸着石头过河，创造了两项国内钻井纪录。樊页平1井峰值日产石油高达171吨，钻探大获全胜。

樊页平1井胜利完钻后，黄利民率队移师东营区牛庄镇附近的牛页1-1HF井。有了樊页平1井的钻探经验，大家都满怀信心。

可谁也没有想到，20多天后，牛页1-1HF井就给大家来了一个下马威。

在井深3000多米处，钻遇油气异常活跃的超高压页岩油裂缝。关井时，套压急剧升高。紧急调配重浆、节流循环排气、放喷点火……随着一系列操作的进行，套压终于开始缓缓下降。可正当大家刚要松一口气的时候，钻井液又以每分钟10立方米的速度持续漏失。

裂缝发育完全、地层应力差、超强高压……这些都是石油钻探世界级难题。在这样的环境里施工，就像在给地层做穿刺手术，每一步都有巨大的风险。

黄利民带领队员与页岩油较真碰硬，奋战70多个日夜，最终解除了井下的复杂险情。

与页岩油的这次亲密接触，让黄利民体验了坐过山车般的感觉，也为日后大规模开发页岩油积累了经验。之后，黄利民又被点将，向莱州湾挺进。

为了尽快破译地下页岩油储藏的“密码”，黄河钻井人又打了牛页1-2HF井，收获颇丰。

这坚定了胜利油田向页岩油大规模进军的决心。2021年底，“胜利济阳页岩油国家级示范区”通过论证，获批建设。

黄利民被任命为牛页一区试验井组项目部党支部书记。“这里既是页岩油开发的‘试验田’，也是推动新技术、新工艺成熟运用的‘孵化器’。”大量高科技的投入使用，让一线队员兴奋不已。

页岩油井属于非常规井，钻完井周期普遍为120多天。如此长的施工周期，规模建产和效益开发无从谈起。

为了扭转这一状况，黄利民和队员们瞄准钻完井周期40天目标发力攻坚。要想提速提效，就得有最佳的技术参数和最优的钻具组合相配合。没有捷径可走，只有技术创新一条路。

为了保障项目运行，公司配备了4部现代型电动钻机，并配套钻台机械手等智能化系统。这些崭新的钻井技术，一改传统钻井模式，形成了国内领先的数字化钻井建设模板。

来到牛页一区试验井组，钻塔林立，干净整洁，井然有序。井场上，几个红色的身影在移动。从一个井台到另一个井台，下56级台阶，再登49级台阶，他们每天的步数过万。

从“樊页”到“牛页”，黄利民和他的钻井队翻开了新的一“页”，完井时间从100多天缩短至31天，机械钻速越来越快，装备和技术实现迭代升级，彰显了“胜利速度”，展现了黄河铁军的风采。

2　向深层页岩油挺进

1.4亿元产值，18332米进尺。

2024年以来，胜利石油工程公司渤海钻井总公司70699钻井队高质量完成渤页5-1HF等三口页岩油井，在该公司钻井队年度经营考核排名中位列榜首。

“这个队早在2004年就成立了，征战西南油区，转战胜利油区，打过页岩油气井、风险探井、评价井、深探井，多次承担重点勘探项目，有着过硬的技术实力和优良的队伍传统。”渤海钻井总公司副总工程师兼70699钻井队党支部书记、平台副经理于洋对创造出如此优秀的成绩，并不感到意外。

“四新”注入科学钻井新动能

“钻井周期”是影响经济效益的关键因素，于洋知道，“在高质量钻井的新形势下，盲目追求速度将寸步难行，我们需要注入新元素和新动力，用好‘四新’提升科学钻井能力，啃下每一块硬骨头，实现钻井全生命周期效率和效益最大化。”

渤南油田就是一块妥妥的“硬骨头”，属于典型的高温、高压、高硫化氢“三高”油田。只有利用新技术、新工艺、新工具、新装备，才能攻克钻探难关。“当井深超过5000米，温度接近190摄氏度时，大部分井下仪器就不能正常使用了。”井控技术首席专家郑志刚说。不仅如此，地层结构复杂，岩石质地不均且极不稳定，带来了井漏、坍塌等一系列难题。

70699队充分运用升级配备的52兆帕高压泥浆泵、智能猫道、铁钻工等自动化装备，大胆采用“水力振荡器+高效螺杆”“高温旋导”等新工具和新工艺，为啃下“硬骨头”做好全面准备。他们积极与技术部门对接，采取新型抗高温强抑制的复合盐钻井液技术，成功解决了井壁和导眼取芯单趟进尺不稳定、电缆测井难以进行等问题。

在渤页7HF井三开钻进前，他们通过提高复合盐泥浆中的氯根含量，降低高温高压失水性，添加纳米封堵剂等技术措施，使井眼轨迹在整个取芯过程中保持微降趋势，达到缆测一次成功的效果，且电测出图非常好。这些新技术的应用，让该井实现节余至少四趟钻，缩短周期8~10天，有力打破了该区块的施工瓶颈。

“地质工程一体化也让我们尝到了甜头。”他们与甲方时刻保持紧密合作，钻遇复杂地层时及时向甲方汇报，交流施工方案，实现信息互通、优快处理的效果。在渤页7HF井施工中，甲方发现岩芯中原油含量高、气体含量低的特征后，第一时间进行提醒，该队立刻将泥浆密度调整到1.70克/立方厘米，避免了在石粉投资不压缩情况下高密度开钻，仅此一项操作就节省了40万元的石粉成本。

党员带头凝聚钢铁队伍

“以同心同向同力同步同担，学习、攻坚、奉献、创新率先为主要内容的‘五同四先三必’队伍传统，已成为党支部看不见的钢铁护甲，能有效激发‘人’这一生产力中最活跃的因素。”于洋说。在这支铁军里，有两支佩戴不同“帽徽”的小分队，分别是以党员干部为主的“党员攻坚队”和以“85后”年轻力量为主的“青年突击队”。每当抢修立管、疏通堵塞出水管、堵漏恢复生产时，总能看到他们的身影。

在渤页7HF井二开清水快钻期间，突然发生立管刺漏现象，一群头戴党员标志工帽的“党员攻坚队”成员迅速到位，有序开展抢修行动。他们有的负责活动钻具保井下安全，有的拆开立管连接并更换密封圈，还有的坐岗观察监控井下异常情况。经过2小时的努力，生产很快恢复正常。

“党员攻坚队”也是精细管理的中坚力量，他们提前预判，严控物料消耗的每一节点。针对二开大井眼具有泵压高、能耗高、泥浆材料投入大等特点，他们研究并制定了优快施工方案。在渤页5-1HF井二开311.2毫米大井眼施工中，开展了“创指标攻坚行动”主题党日活动，党员骨干分别承担了设备运行保障、参数优化与实施、异常检测与排除等任务，大班人员及时补充到小班，确保白班与夜班的高效执行力，还创新应用了预弯曲动力学防斜打直钻具和双偏心扩展器的组合，创该区块首日进尺1626米最高纪录。

正在施工的高斜861井，采用同样的技术，创该区块311.2毫米大井眼首日进尺1977米最高纪录。

3　为端牢能源饭碗贡献青春力量

2023年5月3日，第27届中国青年五四奖章评选结果揭晓，中国石化胜利石油工程公司黄河钻井70183SL钻井队作为全国19个优秀青年集体之一入选。中国青年五四奖章是共青团中央、全国青联授予中国优秀青年的最高荣誉。

作为一支员工平均年龄不到34岁的队伍，70183SL钻井队自2020年4月成立以来，就承担起胜利油田非常规、高难度油井的钻井施工任务，先后创新应用40余项钻井工艺技术，创下多项指标纪录。

2021年10月21日，习近平总书记视察胜利油田时，登上70183SL钻井队钻井平台，作出“能源的饭碗必须端在自己手里”的重要指示。

从常规油气储层到致密油气储层、页岩油气储层，国内石油勘探开发对象逐步向复杂深层转移，井越打越深，油越找越难。“我们就是要按照习近平总书记的重要指示精神，扛红旗、争一流！”70183SL钻井队队长高景田说。

虽然干劲儿满满，但开发页岩油的过程并非一帆风顺。

2020年，他们在牛页1-1HF井钻井施工时，钻遇超高压页岩油裂缝。“过山车”般忽高忽低的套压变化，挑战着这些“新兵”的意志。

“人生能有几回搏，趁着年轻多拼搏。”他们顶着零下17摄氏度的低温，不断调配重浆、循环排气，连续奋战74个日夜，解决了页岩油地层的难题。

此后，他们又完成多口胜利页岩油开发井的施工任务，被誉为“胜利页岩油开发功勋队”。

2022年初，胜利济阳页岩油国家级示范区牛页一区试验井组项目开工。该钻井队全员联名写下“请战书”，成为第一支正式进驻该项目的施工队伍。

与国内外其他页岩油相比，胜利页岩油具有埋藏深、岩层厚、压力高、温度高、断层多等多种复杂特征，开采难度之大属于世界级难题。

虽然打成了多口页岩油井，但该钻井队的钻完井周期普遍为120多天。“井下复杂情况多，施工周期长，规模建产和效益开发无从谈起。”高景田说。

为了扭转这一状况，他们瞄准胜利石油工程提出的“钻完井周期40天”目标发力攻坚。

从120多天到40天以内，这是一个巨大的挑战。“要想提速提效，就得有最佳的技术参数和最优的钻具组合相配合。没有捷径可走，只有技术创新一条路。”该钻井队钻井工程师易帅说。

他们抽调骨干力量，成立技术攻坚小组，建立页岩油勘探开发经验大纲和案例模块，提前对悬重、扭矩和水力等参数进行模拟分析，将页岩油井施工中摸索出来的最佳钻井参数和设备运行参数制度化、标准化，制定页岩油井施工推荐做法等一系列针对性措施，并根据应用效果不断完善改进。

2022年3月，针对砂层在二开施工中发育渗透率较高的问题，他们在修壁器的使用及使用数量的问题上陷入纠结。

“用吧，修壁器比钻杆直径宽，与井壁间隙小，会造成井底砂石掉块难以有效返出。不用吧，防塌堵漏的钻井液处理剂会让井壁泥饼越堆越厚，势必对后期作业造成影响。”易帅想起这段攻坚过程，挑战和困难历历在目。

“只要精神不滑坡，办法总比困难多。”晚上的小会议室，灯火通明。措施提出一个、推翻一个、再提出一个……经过反复讨论，他们最终决定应用井壁分段修复技术，在保证井底砂石掉块有效返出的同时，最大限度减少井壁泥饼堆积，为后续施工提供保障。

“牛页一区试验井组既是胜利页岩油钻探开发新理念的试验田，也是探索新技术新工艺的‘孵化器’。”牛页一区试验井组项目党支部书记黄利民说。

为了实现钻井技术的迭代升级，70183SL钻井队全面摸索复合提速模式，大胆应用多种提速工具组合，不断探索符合胜利页岩油特点的工艺技术流程，逐步建立起胜利页岩油专属的钻井“学习曲线”，创下二开大井眼进尺纪录。

在生产过程中，他们发挥青年突击队的带动作用，确立了打快钻、下套管等12项特殊作业环节指标，在班组中开展“夺旗争星”劳动竞赛，班与班打擂台，岗与岗做比拼，实现了机械钻速大幅提升，钻完井周期已缩短至35天以内。

“当前，页岩油已经成为重要的油气开发接替阵地。我们将通过在胜利页岩油钻井中的探索实践，多出成果、多出经验，为端牢能源饭碗贡献青春力量。”平台经理马晓勇说。

第三节 巴蜀争气

1 披荆斩棘，叩问“深地气藏”

一群心性坚韧、极具探索精神的涪陵页岩气人，在“无人区”十年求索，只为夯实中国能源“粮仓”。

九州西望，群山无数。

从空中俯瞰，川东一隅，武陵山脉巍峨高耸，郁郁苍苍。

长江蜿蜒西来，劈开青山，浩浩汤汤，东去入海……

就在这近千平方千米的青山之间，藏着一座中国页岩气的地下“粮仓”。中国石化江汉油田涪陵页岩气田的统计数据显示，这里的页岩气探明储量近9000亿立方米，占据中国页岩气探明储量的三分之一！

然而，“它就像一个被摔碎了深埋在大山深处的‘瓷盘’。”中国石化江汉油田首席专家刘尧文说，这里的页岩气藏埋藏深度多在2000~4500米，优质页岩储层厚度小而且十分凌乱，地下暗河、溶洞到处都是，生态环境复杂敏感。因此这里是业界公认的中国页岩气勘探开发的“地下珠峰”！

即便如此，十年前，中国石化江汉油田涪陵页岩气人还是踏上了进军这座“地下珠峰”的征途。

十载春秋倏忽而过。

一个全球能源革命的“中国样本”在这里浮出水面；一块中国

能源开发史上的新里程碑在这里被树立起来……

为了万千民众

“中国天然气的对外依存度已经超过40%，国内页岩气的勘探开发和增储上产对国家能源安全意义非常。经过数年的努力，页岩气已成为国内天然气的重要增量。我们是手中有气，心中不慌！这也是习近平总书记说的，要把能源的饭碗端在自己的手里，我们涪陵页岩气田用行动践行了这句话。”刘尧文说。

2022年12月底的深冬时节，武陵山脉冷雾弥漫。起伏的山峦间寂然一片，林静无声。涪陵页岩气田分布在山间的八百多口气井，此时正井然有序地工作着。

经过十年的勘探开发，涪陵页岩气人在地下数千米的页岩层中建造出一段段长达几千米看不见的高速通道，让页岩气能从地下几千米处顺利涌出，在山间蜿蜒的输气管道中静静地流淌……

每一日，这些静静流淌而出的页岩气，大约可满足4500万户居民一日的用气需求。

中部重镇武汉，长江北岸的户部巷里，那一碗碗让人垂涎欲滴的热干面；六朝古都南京，冬季每个清晨热气腾腾的小笼汤包……那些我们见惯了的城市烟火气，那些小学生的早餐、老年人的养生汤羹，背后都有着来自武陵山区的这种清洁无污染的蓝金气体——页岩气的身影。它支撑着城市和乡镇的每日生活与人间烟火。

2022年12月28日，中国石化江汉油田涪陵页岩气田对外发布了社会责任报告。该报告显示，十年来，中国石化涪陵页岩气田累计产气532亿立方米，为长江经济带沿线中下游的6个省、2个直辖市，累计70多个大中型城市、上千家企业、2亿多居民送去了这种绿色清洁能源。

我国2亿多居民受惠于涪陵页岩气，已经载入史册。

涪陵页岩气田的“涪气”成为万千民众的“福气”。不仅如此，涪陵页岩气田的年产气量也从2013年的1.42亿立方米快速提升至2021年的85.13亿立方米！被视为中国页岩气商业化开发的发端。

极致探索

2012年11月28日，中国石化在重庆市涪陵区焦石坝区块部署钻探的焦页1HF井试获日产20.3万立方米页岩气。自此，页岩气田勘探开发的大幕徐徐开启……

没有人意识到，就是这样一个起点，开启了涪陵页岩气田勘探开发的壮阔十年！

涪陵页岩气田勘探开发之初，处在“无经验、无装备、无理论、无成熟技术”的四无状态，但是他们认为要立足自身的研究、实践来做好这个勘探开发工作。正是在这一指导思想之下，涪陵页岩气田走上了一条自主创新之路。十年走来，完成了一系列难以想象的极致探索。

俯瞰历史的长河，一串闪光的记忆格外耀眼——

2018年1月8日，“涪陵大型海相页岩气田高效勘探开发”项目获国家科技进步奖一等奖。

2020年3月13日，焦页41-8HF井首次采用全电驱动压裂工艺。

2021年1月2日，焦页4HF井开展国内首个页岩气重建井筒重复压裂喜获成功，开国内页岩气开发技术之先河。

2022年10月17日，焦页18-S12HF井刷新我国页岩气井水平段最长4286米、水平段“一趟钻”进尺最长4225米两项纪录，标志着我国页岩气超长水平井钻探取得重大突破。

涪陵页岩气田从零起步，十年间探索形成了南方海相页岩气“二元富集”理论，创新集成以页岩气地质综合评价、开发设计与优化、水平井组优快钻井、长水平井高效压裂、采气工艺配套和绿色开发为主的六大技术体系。同时，自主研发了一系列装备工具，大型成套压裂装备已跨入国际第一方阵。

代永波，涪陵页岩气公司钻井工程项目部负责人。2022年，他亲历了焦页18-S12HF井水平段“一趟钻”进尺破纪录的全过程。

“这口井处于气田的老区，布井时设计钻井水平段是4000米，这是一个有挑战性的长度。”代永波说。

为此，钻井之初，气田组织了各类专家详细研讨。在钻井现场，一个地质工程一体化小组立刻成立，驻井跟踪钻井动态。在考虑了所有障碍和要素之后，大家终于“一趟钻”打完了4000米。但此时一个新问题出现了，那就是是否做进一步的极限探索——继续往前打？因为，当钻到4000米后，哪怕再往前延伸一米，所面对的困难都是从前无法想象的，稍有差池随时可能让前边的4000米井报废。当然，井下动力钻具是否已经达到极限？继续钻进的路上是否会突遇断层……一切未知。

风险极大之下，有人认为，井打到这里就可以止步了；但更多人认为，要做进一步的极限探索！

此时，有着丰富钻井经验的刘尧文认真分析起了之前所有的钻井参数，他判断，可以进行极限作业！就这样，代永波继续驻守在现场，带着钻井队小心翼翼地打了一天多，该井水平段延伸到了4286米，圆满收工。这时，该井已成功打破两项纪录！最终，被中央电视台连续滚动播报了11次之多。

十年来，涪陵页岩气人就是这样一次次做着极限探索，塑造出气田在业界始终领跑的形象。

每一块油气藏都“精雕细刻”

十年弹指，涪陵页岩气田已成为中国页岩气勘探开发理论创新、技术创新、管理创新的典范。数据显示，该气田获省部级以上科技进步奖21项，制定了158项页岩气勘探开发标准和规范，取得了200件国家专利授权。

那些人迹罕至的险地和深山大泽，往往隐藏着惊人的气藏资源。

唯有持续的探索、反复的一线实验和不断创新，才能将气藏开采出来。

2020年6月24日，涪陵页岩气田在寒武–奥陶系洗象池群钻探的平桥1井测试获得超20万立方米/天的高产工业气流。

“这是因为我们探索了‘新生古储、侧向供烃、晚期成藏’这一成藏新模式。”涪陵页岩气公司副总经理、总地质师万云强说。在此之前，气田多年没能在这一层系取得突破。2019年，公司开展了多轮论证会战。

“当时我们发现，对于洗象池群新层系的成藏模式认识可能存在偏差，于是马上调整思路。”万云强说，“大家把着眼点放在了断层上，通过把两个储层连接这种理念，大胆设想、积极探索，才有了后来平桥区块的成果。”

因此，气田拓宽了整个勘探思路，在川东南地区，用这一成藏新模式去认识储层，所钻气井每天稳产在10万立方米左右，远远大于常规页岩气井日产6万立方米的产量。

洗象池群新层系的开发取得突破，对涪陵页岩气田的资源战略接替具有重要意义，同时也为业界对成藏模式的认识带来了不可多得的新启发。

2021年12月，涪陵页岩气田针对白马区块成功提交探明储量1048.83亿立方米，是近两年来气田提交储量最大的一个区块。

“这是我们涪陵页岩气人精雕细刻干工作取得的成绩。”万云强说。过去数年来，涪陵页岩气田条件较好的区块基本上都已开发殆尽，剩下的区块都是越来越“难啃”的硬骨头，即便这样，涪陵页岩气人也一块一块地“啃”了下来。

“白马区块地面平台选址太难了！”万云强说，因为那里地表高差特别大，极易导致山体滑坡。“当时我们花了好几个月的时间，这个井怎么都布不下去了，吃尽了苦头。”万云强说那个时候真觉得人有点快崩溃了。

与地面平台选址相比，钻井难度更大。白马区块地下蜿蜒起伏，有数不清的小断层，怎样绕开这些断层，他们比勘探开发其他区块多投入了两倍以上的力量。白马区块的前期工作做得异常细致，气田的“高精制导”钻井技术也起了关键作用。

近年来，气田自主研发的这一技术，像是给钻头装上了“眼睛”，利用存储的海量数据，可以随时调整钻头行驶轨迹，让钻头在优质储层中高速穿行，指哪儿打哪儿。

“就是在这个技术的加持下，白马区块钻井过程中的轨迹控制难度也前所未有，往往在钻进中追某一个层很难追，所以我们就经常停下来讨论，地层错乱复杂，如果不小心打穿了，井就废了，那种压力前所未有！”万云强说，“即使是过年的时候，也要把领导、专家请来不断讨论。为了实现突破，所有人都24小时在线，随时解决新出现的问题。”就这样，在这一群人的“精雕细刻”之下，白马区块如期完成储量提交任务，并荣获了中国石化2021年规模储量商业发现特等奖。

“精雕细刻”中的每个细节都蕴含着创新的力量，唯有创新，才能一次次地获得突破。

2021年3月，泰页1井试获日产气7.35万立方米、日产油58.9吨，实现了四川盆地侏罗系凉高山组陆相页岩油气勘探重大突破。

“陆相页岩油气藏开发起来更加复杂，但我们还是突破了。”万云强说，“涪陵页岩气人骨子里有股不服输的劲，坦然应对着各种困难挑战，精雕细刻着每一块油气藏。”

求索！在“无人区”

页岩气是一个新领域，很多气藏的认识、开采都是“无人区”，没有前人探索的足迹。

曾在涪陵页岩气田技术中心气藏工程所工作的杨宗桂，主要负责气井的动态分析和动态管理，通过查看气井的产量、压力等数据来判断其生产情况和储量，摸清气井的能力，为下一步实施稳产增产工艺指明方向。

常规天然气井的增压开采已经有很多先例可循，但页岩气井的增压开采却是一片空白。

“页岩气井和常规天然气井的产量递减规律完全不同。”杨宗桂说。就是在这样的背景下，杨宗桂受命编制《涪陵页岩气田焦石坝区块增压开采地质方案》。

编制这项技术方案没有经验可借鉴，也没人可以指导，只能依靠自己长期摸索。因为这个工程关系到气田日后的持续稳产，作为先行者，他唯有全力以赴！

两个多月过去了，第一份方案出炉！得到的审查批复是继续优化。

又两个月过去了，第二份方案出炉！审查批复是继续修改。

就这样，在不断的修改和反复的摸索中，《涪陵页岩气田焦石坝区块增压开采地质方案》终于出炉并获得通过，成为气田的“招牌工程”和稳产的“关键一招”！同时，为中国页岩气开发探索出了一条可复制的新路径。

2021年，针对焦页4HF井开展的国内首个页岩气重建井筒重复压裂成功，是涪陵页岩气田在“无人区”探路的典型实践。这口老井经过重建井筒重复压裂的试验，试获18.38万立方米/天的高产工业气流，开国内页岩气开发技术之先河。

“重建井筒技术的应用，将至少使气田上百口老井重获新生，相当于新增上百口新井的产量，却不用投入打新井的费用。”涪陵页岩气公司总工程师李远照说。

重建井筒技术就是在老气井的井筒内再建一个小井筒并实施压裂，该技术在国内相关领域空白，涪陵页岩气田取得成功后，被业内广泛熟知，一批兄弟单位主动来涪陵页岩气公司取经。“有一段时间，光是我参与接待的就有好几拨。”涪陵页岩气公司试气工程项目部的吴魏说，“我们抱持着开放的态度，希望自身的探索和实践能对国内整个行业的进步有所帮助。”

然而，在重建井筒实验时，却突发了一个险情。当时，固井选用的外方桥塞出现了状况，却只有短短五分钟的决策时间。险情发生后，固井现场的专家组紧急磋商，历经一番波折后，固井工作最终达标。

这次险情让涪陵页岩气人明白了一件事，外方的技术和工具都不是神话！还是要自主创新和自主研发。此后，气田实现了重建井筒技术与工具的全面国产化，并取得了非常好的效果。

“我们中国人搞技术绝不逊于国外的技术人员，特别是在现场应用方面，我们的思维方式更系统全面。”参与井筒重建工作的李远照说。

经历了自主创新的涪陵页岩气人，发现世界之巅的技术前沿离自己并非想象的那样遥远。通过集体智慧、实际行动，他们同样可以触及那些技术前沿，甚至走得更远。

永葆创新的思维

涪陵页岩气田在大山深处，层峦叠嶂的武陵山遮住了大城市的繁华，“90后”的朱凯是怎样选择页岩气这一领域的呢？

原来，当年正在就读长江大学研究生一年级的朱凯曾参加过一个关于页岩气的研讨会。会上，他了解到页岩气革命给美国带来了新的能源优势。中国的页岩气储量虽丰，却因成藏复杂而难以开采……这次会议坚定了朱凯选择页岩气研究方向的决心。毕业后，他便一往无前地奔赴涪陵大山深处，向着心中理想的圣殿一步步迈进……

“我刚到气田的时候就听说，中国页岩气的开采在对俄进口能源谈判中为我们争取到了更多话语权。这让我感到非常振奋！这就是我们这些技术人员努力创新的意义……”年轻的朱凯说出了涪陵页岩气田青年一代技术人员的心声。

实际上，如果未来两年国际地缘政治继续紧张，天然气价格依然不乐观。而涪陵页岩气田今后的勘探开发将主要集中在3500~4500

米以下的深层页岩气藏以及一些常压气层的开发，这将面临技术难度和成本双高的挑战。

“作为一个公司，很重要的一点就是要始终保持创新的思维。涪陵页岩气田是有创新基因的企业！无论是气田开发初期还是今后，我们都必须坚持这一点。”涪陵页岩气公司党委书记宋军备说。公司党委在“把方向”上也要明确，在企业内部营造一种崇尚技术、尊重技术、为技术创新取得的成果“鼓而呼”的氛围。

目前，有一个趋势非常明显，气田勘探开发技术的创新突破正从海相页岩气向陆相页岩油进军。“针对陆相页岩油区块，未来将进行大量的勘探开发工作，尽快形成一系列具有新优势的技术成果。公司可以将过去的集成技术移植、复制到陆相页岩油区块，这一领域的勘探开发将因此如虎添翼。”宋军备说。

更为可喜的是，由于若干年来海相页岩气开发技术的进步和集成，业界已将其运用到页岩油开发领域。近年来，国内页岩油勘探开发在该技术体系的加持下，呈现多点开花的局面，取得了重大突破和全面进步。2022年，中国原油产量又回到了2亿吨以上也与此直接相关。“可以预见，今后两三年，中国页岩油勘探开发还将上一个更大的台阶。”宋军备说。

显然，涪陵页岩气人新的征途已经开启。

他们站在崭新的起点上，正踔厉奋发，勇毅前行。

2　为国“争”气，走遍巴山蜀水

20年来，经纬公司胜利录井公司南方录井部按照中国石化南方海相油气勘探项目经理部指令，派出6支队伍先后参与完成了普光1井、普光2井等8口井的录井任务，发挥独有技术优势，累计发现油气显示约2029.54米，硫化氢异常预报及时率、准确率达100%，在点亮辽阔海相之光中高效发挥了录井技术的支撑作用。

“向禁区勇进军、向困难永说不”的团队文化精神成为胜利录井人刻在血液里的基因。他们不改找气初心，翻山岭，冒风雪，顶烈日，在巴山蜀水中丈量着从普光1井到一个个大气田的进程，巧妙地描绘出美丽的印迹。

“向禁区勇进军”——牵出普光1井的地下气龙，点亮辽阔海相之光。普光气田位于四川省达州市，在发现之前这里曾先后部署20多口井，均未取得成果。加上川东北地区普光构造属超深、高含硫、高压、复杂山地的特点，被业内判定为“勘探禁区”。

2001年，中国石化在四川盆地展开了新一轮的勘探冲锋。胜利录井公司SL202队临危受命，向禁区进军。

2001年11月3日，宣汉–达县地区的东岳寨传出了钻机的阵阵轰鸣声，中国石化南方海相油气勘探项目经理部在普光构造上的第一口预探井普光1井正式开钻。当时25岁的SL202队队长王泰强率队出征普光1井。

井场在大山深处，队员们租用当地民房作为宿舍房，每天过着“井场–宿舍”两点一线的生活，与外界隔绝。

四川潮湿的环境让从山东来的小伙子们水土不服。到了冬季，连绵的细雨能连着下个把月，每天见到太阳都是奢望。四川有种会咬人的小飞虫，大家给它取名“小咬”，只有5毫米大小，但咬人特别厉害，被它叮过的皮肤，很长时间会留下小疤痕，有人过敏身上会起一片一片的红疙瘩。

王泰强回忆起那段艰难的日子，刻骨铭心：“生活的难，兄弟们咬牙克服；施工的难，却需要过硬的技能才能扛起来。”

南方海相地层不同于陆相地层，井下返出的岩屑，识别难度前所未有。探井，前无来人。前行的道路必须自己去标定、去探寻，一切从零开始。

2003年1月，王泰强带领技术人员在飞仙关组飞三段5345.5~

5356米，通过岩屑录井发现针孔状鲕粒白云岩，气测录井全烃最高由1.74%上升到14.09%，初步判断为具备岩性油气藏条件的标志岩性。捷报传来，整个井队一片欢腾。

在普光1井施工中，队员们大多连续3个月以上都在井场工作，队长王泰强更是连续7个月没有倒班休息。为了精准建立地质剖面，厘清地下气层的“经脉血管”，全队从雷口坡组到长兴组，从3964米到5700米，每米岩屑分析都采用了碳酸盐岩含量分析、岩石薄片分析、地化录井，精准分析每一米的地层特征，确保了油气显示不漏一层。全井累计发现油气显示94层300.07米。

2003年4月27日，普光1井喜获高产气流，常规测试日产超过42万立方米。他们发现了279米厚、日产量达103万立方米的气层，取得了勘探的成功。该井创造了当时四川盆地天然气勘探水平位移最大、埋藏最深、气层最厚等多项纪录。

24岁的地质技术员侯瑞卿是队上最年轻的小伙子。他辞别有孕在身的妻子，在普光1井一待就是数月。妻子住院准备分娩，千里之外的他才连夜租车赶往重庆乘坐飞机。飞机一落地，他从手机里收到“母子平安”的喜讯，想到儿子和普光1井双喜临门，喜悦、愧疚、辛酸……多种滋味瞬间涌上心头，泪水冲出眼眶。

“向困难永说不”——磨破的脚板和蚊叮红包，是他们耀眼的勋章。普光1井如初现的曙光，让中国南方海相的梦想变得越发清晰，也让录井将士们奉献普光的脚步愈加坚定。

在普光8井的施工中，高压气层、硫化氢浓度高、裸眼井段长、地层破碎等技术难点，被SL202队一一攻破。在钻井取芯阶段，为取得原状地层物性参数，甲方要求取芯筒内倒入蓖麻油密闭。

7—8月的极端高温让四川盆地成了“红油锅底”。全体队员在山里桑拿般闷热的环境中，不分昼夜连续取芯250多米，每次夜晚出芯时，灯柱吸引蚊虫轮番轰炸，大伙闻着蓖麻油刺鼻的味道，感觉身体到了极限。取芯结束后回到宿舍，脱下湿漉漉的工衣，每个人身上裸露之处都有大小不一的红疙瘩。

地质技术员鲁建强回忆，为了将不断取出的岩芯和岩屑送到山下生活基地，录井队员下班后，都用背篓负重二三十斤携带下山，一步一小心，脚板被磨出水泡，被当地老乡称呼为“棒棒仔”。

到2006年初，中国石化在川东北地区累计探明天然气地质储量2510.7亿立方米，我国最大的海相整装气田——普光气田完整地呈现在世界面前。在普光气田开发进程中，胜利录井将士建立了适应海相地层找气的录井技术系列，锤炼形成了“向禁区勇进军、向困难永说不”的团队精神。

录井人有时候像浮萍，有时候又必须逆风而行。

2004年7月，胜利录井扛起了红参1井的录井施工重任。红参1井是中国石化部署在四川松潘阿坝藏族羌族自治州境内的一口参数井，肩负着国家地质调查的任务。公司优选了年富力强、经验丰富的10余名大学毕业生组成团队。

红参1井周边，就是当年红军走过的雪山草地，参战的录井将士始终发扬红军长征精神，立志远征，排除万难，奋战在海拔3603米的雪域高原。这里气候十分恶劣，一天四季。高原缺氧让参战的小伙子们经常嘴唇开裂、鼻孔出血、头疼得难以入睡。白天胸闷气短，深夜被憋醒。

2006年夏天，由于泥石流造成道路阻塞，队员们在中途等待了近5天时间才赶到井场，连续两天忍受着饥饿和疲劳，但没有一人叫苦叫累，全部按时到达工作岗位。当时干旱少雨，20千米外的取水点已经干涸，队员们提着水桶，轮流到山脚下取水。高原缺氧加体力透支，每次取水回来，健壮的小伙子们都瘫软在地上。

在红参1井施工，一年的无霜期只有两个月。凛冬，零下20多摄氏度，很多队员一年四季没有脱过棉袄棉裤。喝的热水只有70多摄氏度，馒头半生不熟，蔬菜更是紧缺，大家吃得最多的就是方便面和火腿肠。4个月下来，有些队员体重减轻了近20斤。

“走的是泥泞的路，扛的是顶风的旗。”红参1井2004年7月开始施工，于2006年12月圆满完成，自始至终，全队没有一个人因为条件艰苦、施工太难而退缩。

3 气钻伏“龙”，鏖战川渝大地

能源关乎国计民生。油气资源深藏地下，重要的采掘手段和方式就是石油钻井。制约钻井的因素很多，也很复杂，其难度堪比上天、下海。但即使有再多的制约和阻碍，人们也会想方设法找到克难攻关的技术手段。

目前，国内外石油钻井领域最清洁、最环保的技术手段之一是气相钻井。顾名思义，就是以气体（空气、氮气或其他气体）作为钻井介质，代替液相钻井液，实施石油钻井的一种技术。

应运而生

2006年7月，在四川南充高坪区工业园区内，一支石油气体钻井队伍应运而生。这就是中原石油工程技术公司气体钻井分公司的前身。准确来说，它是应川气东送主力气田——普光气田开发建设而生的。2021年7月1日，中原气体钻井分公司正式成立。经过多年的发展，中原气钻已誉满国内，技术水平处于国内领先水平。

普光气田是迄今为止亚洲最大、全球第二大高酸性海相气田。为安全、高效、绿色开发建设这一特大海相整装气田，中原气体钻井分公司采用了先进的欠平衡钻井技术。欠平衡钻井技术应用之前是近平衡和过平衡钻井技术。相较于后者，欠平衡钻井更利于发现和保护低压油气藏，减少油层污染，提高机械钻速，降低钻井成本。这种技术是目前国内外应用最广泛、最常见的石油钻井技术。

谈起气体钻井，主管生产技术的副经理蒋小华神采飞扬。蒋小华毕业于西南石油大学石油工程专业，祖籍四川达州渠县。那里崇山峻岭、人杰地灵，是著名的汉阙之乡、诗词歌赋之乡、民间文化艺术之乡。小时候，他的志向是做一名铺路架桥的工程师。结果考大学那年，家乡发现了特大油气田——普光气田。从小立志改变家乡面貌的他，临时改了主意，把报考专业土木工程改成石油工程。他一毕业就来到中原油田，被分配到管具工程处空气钻项目部，经过十多年的历练，他已成长为一名业务全面、技术精湛、现场施工经验丰富的专业人才。

蒋小华介绍，他们的气体钻井施工区域遍布国内川、渝、黔等十多个省市。截至2022年底，已完成282井次的气体钻井、240余井次的液相欠平衡钻井，气体钻井进尺突破50多万米，创多项国内新纪录，在国内树立了“中原气钻”的金字招牌。

饮誉巴蜀

随着普光、元坝和涪陵页岩气田的相继发现，中原气钻的主战场逐步转到广袤的川渝地区。在一次次施工中，他们凭借过硬的技术和优良作风，收获了甲方的嘉许连连。

为配合国家川气东送战略的实施，中原气钻抽调精兵强将，进驻四川普光、元坝、毛坝、巴中和重庆涪陵、焦石等区块精细施工，并相继在元陆3、枫1、元坝8、宣汉1、元深1等重点井创下国内高指标纪录。

在普光区块，他们针对大湾405-4H井气钻中出水出气、易卡易塌等难题，大胆采用硬胶强抑制泡沫钻井技术，有力保证了上部陆相地层的安全顺利施工，较氮气钻井节约成本3/5，创中国石化首次应用泡沫液钻穿须家河纪录。

位于川北苍溪县鸳溪镇弓岭村的元深1井是勘探分公司部署的一口重点探井。施工中，中原气钻优化气钻工艺，大胆采用空气泡沫钻井，解决了大尺寸井眼携砂难问题，实现了科学、清洁、安全施工。

在通南巴区块，他们服务的马1-11井采用氮气钻旨在利于发现和保护油气层。这是他们首次采用氮气钻油气层。为此，他们忙活了半年，设备上井后又安装调试。晴天，他们挥汗如雨，冒着毒辣辣的太阳安装管线，脸被晒得黑黢黢的；雨天，他们冒雨调试设备仪器，橘红色工服里面是汗水，外面是雨水。圆满完成施工任务后，他们受到上级表扬，被称赞展现了吃大苦、耐大劳的铁军精神。

第四节　高原科考

1 “世界屋脊”上的“巅峰探索”

2023年5月28日，由勘探分公司、石勘院无锡石油地质研究所、中国地质调查局成都中心、成都理工大学、中国地质大学（武汉）和长江大学组成的野外联合攻关团队齐聚“世界屋脊”，开启了一场历时两个多月、艰苦卓绝但收获颇丰的全景式科考之旅。

羌塘盆地位于青藏高原中部，平均海拔5000米以上，是我国最大的中生代海相沉积盆地。据资料和文献记载，该盆地具有一定的油气成藏条件和油气资源潜力，但具体情况尚不明朗，主要原因是地表环境恶劣、勘探投入不足、研究程度低，导致勘探部署缺乏有效依据。

企院协同攻关，摸清羌塘家底。2020年，中国石化集团公司党组作出加大西藏羌塘盆地油气勘查力度的决定，设立了“羌塘盆地油气资源前景与勘探方向”科技攻关项目和“羌塘盆地油气资源潜力评价与勘探关键技术及装备研发”项目群。勘探分公司和石勘院等单位充分发挥各自优势，开展企院大兵团合作，共同组建科研生产项目团队，承担起这项光荣而艰巨的勘探和研究任务。

以现有的资料和技术来看，盆地发育三角洲沉积环境和不同丰度的硅质岩、泥质岩，油气资源潜力非常可观。科考团队充分利用野外成果和分析化验结果，与物化探资料相结合，将科研重点放在盆地生油（气）岩演化、资源潜力评价、构造与油气保存、重点层系的岩相地理重建等关键基础地质问题上，初步明确羌塘盆地的资源潜力。

三次挺进高原，缺氧不缺精神。羌塘盆地历经漫长的地质演化过程，地表环境极其恶劣，油气地质条件异常复杂；研究起步较晚，前期基础工作薄弱，研究人员的观点分歧较大，这些因素都给羌塘油气科考带来了极大挑战。

开展高原野外科考，摸清油气资源家底，是贯彻落实党中央和集团公司关于加强羌塘油气资源勘查工作要求、为国家能源安全提供战略支撑保障力的科技实践。“巅峰科考”在2021年、2022年以烃源岩、沉积储层为重点的野外工作基础上进行，野外考察队以构造为主，兼顾沉积储层，从西到东共规划了4条地质线路，这是中国石化“十四五”期间在这里的最后一次地质科考。

3年间，共6家单位78人次参加3次科考，还有上百名当地后勤保障人员支撑。这些义无反顾的“先行者”，传承并践行科学家精神和老西藏精神，克服了氧气稀薄、一天过四季、陷车无数次、用餐艰苦、无功折返常态化等难以想象的困难，行程数千千米，实测建立了上百条构造和沉积相剖面，采集生油（气）岩、储集岩等样品数以万计，开展了全流程的分析测试，形成了测试报告50余份和各类地质图件80多幅。

科考团队在资源家底、油气潜力和选区评价三个方面不断取得新认识，对各个局部构造带的主力生油（气）源岩的分布、丰度、类型、成熟度等有了较为深入的了解，较为清晰地梳理了该盆地的油气储层特征、成藏规律和下一步的勘探方向目标。

野外苦乐年华，值得一生铭记。有些事情只要经历过，就永生难忘，就像羌塘野外科考。虽然海拔5000米以上的雪域高原听起来很美，令人向往，但实际却要面临低压、缺氧、雨雪冰雹、沟沟坎坎的路、永远烧不开的水、煮不烂的菜、睡不沉的觉、走不快的路。这一切对队员们的体能素质和精神意志都是极大的考验。

来到高原3年，他们认真学习当地英雄先烈的革命精神，向当地人讨教如何减少体力消耗，与当地政府、相关单位和学校开展党建共建和公益捐赠，与野外的藏羚羊、牦牛等野生动物和平共处，妥善处理各种垃圾杂物以保护生态，与当地的后勤保障人员同吃同住同劳动，加深了对西藏的了解，结下了深厚的汉藏友谊。

到过羌塘，就能深切体会到大庆油田会战时那种天当被、地为床的感受，就能深刻感悟红军长征爬雪山过草地的紧张艰辛。上了高原，他们从不后悔，感到的是光荣和自豪。

羌塘盆地的科研难题依旧如同喜马拉雅山的峰峦挡在面前，任重而道远，科考团队也将继续加强研究，摸清资源储量，为保障国家能源安全做出新的贡献。

2　5000米高原上的科考尖兵

说起青藏高原，很多人心驰神往，又心生恐惧，前者是因为它风景如画、文化独特，后者是因为它高寒缺氧、人烟稀少。对石油工作者而言，还有一个向往的原因，那就是坐落其中的羌塘盆地可能蕴藏着丰富的油气资源。“我为祖国献石油”，石油科研人责无旁贷、义无反顾地踏上探寻的征程。

2023年，中国石化科考队伍克服重重困难，终于完成了两个阶段的任务，查明了羌塘盆地不同构造单元的构造变形特征及差异性，进一步落实布曲组、波里拉组及夺盖拉组的沉积特征。

前两年的考察都以烃源岩、沉积储层为重点，最后一年则以构造为主，兼顾沉积储层，调查西线、两条中线（826线和TS线）、东线共4条线路，跨度大、路程长。

科考除面临极寒缺氧和高海拔等挑战外，工作量更大，科考队员还4次南北向穿越300多千米藏北无人区，遭遇了前所未有的大规模雨雪天气。

发扬老西藏精神，七上奇嵘山。翻雪山、过草地、蹚冰河……826线的队员们在羌塘盆地重走红军路，发扬老西藏精神，七次登上奇嵘山，最终完成考察任务。

2023年6月，826线小分队从拉萨出发进入羌塘腹地。在海拔5200多米、冰雪覆盖的龙尾错露头，勘探分公司的科研人员面对低温与漫天风雪，真正体验到了"勘探队员之歌"的内涵。首进友谊泉，大雪封山；远探小木马山，陷车7小时；观察尖头山点，疾风劲吹，飞沙走石，能见度不足15米……这就是在北羌塘科考的日常。

6月21日，科考队员首次登上奇嵘山，因冻土陷车未能成行，后来两次改道，也因河水暴涨、泥沼不断而失利；6月23日，队员们披星戴月上路，但随着太阳升起，冻土软得跟面包一样，车辆相继沦陷……

6月30日，队员们第七次来到奇嵘山。他们沿着之前观察点位时发现的一条"隐藏"在山后的小路前进，突然天降大雨，前进的难度陡增。每次都是陷入不停陷车挖车的"死循环"，走了几个小时，才终于走出沟壑，来到一片开阔的草地。地图显示：已经到达奇嵘山脚下！

奇嵘山剖面是中央隆起带北边界一级大断裂，海拔5400米，通过观察可以确认隆起带和北羌塘的构造受力情况。

过去的考察都是由南向北逐步进发，身体有适应期，而现在直接进入5000多米的北羌塘，队员们高原反应严重，尤其是第一次进藏的人。

在观察点，队员们边爬山边清除厚厚的积雪寻找古油藏痕迹、记录地质现象、用地质锤采样，每一个观察点都需要多步操作，而他们的每一条记录都是对羌塘盆地构造现象最直观的刻画。

在这里，他们见到了北东向断裂切割北西南东向断裂的现象，其中北西南东向断裂宽度约400米；测量了3条断层的产状，描述了断层应力方向和发育规模，采集了断层角砾岩、擦痕等样品；通过断层情况反推出该处的油气保存条件和构造受力情况，分析了南羌塘与中央隆起带的应力差异，判断出了这两处不同构造单元的形成原因及时空变化规律，为后续科研攻关奠定了坚实基础。

风雪中的意外收获。在海拔5200米以上的皑皑雪域，TS小分队13个人开着4辆越野车和1辆卡车，同样遇到了恶劣自然环境的考验。

起初天气阴沉，偶尔飘一点雪花，行进中雪越下越大，行驶40千米时，能见度已不足20米，道路已经完全看不见。

返回时需要沿着来时车辆留下的印记，担心印记被大雪覆盖，大家决定返程。

一辆车掉头时，因能见度低看不到路，掉进了沟里。道路狭窄，后面的车根本拖拽不上来，队员们只能冒着暴雪挖车。

队员们近3小时才脱困，雪小了、能见度高了，他们继续前进。遇到断桥绕行时，卡车又陷在泥里，3辆越野车一起拖也拖不动，4小时“花式”挖车让大家筋疲力尽，最后，无奈卸下8桶约1600升油料，才得以脱困。

西线小分队在拉雄错南剖面也经历了严峻的考验。从木布村营地出发有近4个小时过山车般的车程，路过木布湖时遭遇山体滑坡，道路被滚落的岩石拦住，还有近40度的陡坡，队员们只能另辟蹊径，原本10分钟的路程，提心吊胆地走了两个多小时；因夜雨河水上涨，队长和领队手拉手在冰冷的河道中徒步引导，车辆紧跟其后，才顺利过河。

终于到达剖面点，队员们立即细致观察描述、拍照、精测距离、采样装袋……

在返程途中，大家注意到附近有一座山，根据以往的经验，这应该是生物礁滩相的出露面貌，尽管身体疲惫，他们还是决定驶向山顶。在这里，他们发现了多层生物礁滩相的白云岩，储层面孔率可达10%以上，与上一个剖面孔隙发育程度相当。继拉雄错西剖面新发现北羌塘布曲组台缘礁滩相后，该剖面的进一步测量使布曲组台缘在平面上得以拓展，为下一步羌塘盆地勘探选区提供了依据。

不友善的友谊沟。友谊沟是这次科考的重点区域之一，位于羌塘盆地西北部，工作海拔5300~5480米，队员们的主要任务是落实布曲组主要目的层沉积相展布。虽然队员们在上高原前就做好了应对困难的思想准备，但在这里遇到的困难仍然令他们措手不及，友谊沟并不友善。

第一次出征友谊沟，行驶至距离其30千米时，积雪厚度已在10厘米左右，一车被陷，两车救援也被陷，大家接力挖车、推车和救援。此时，风雪交加，队员们极度疲惫又缺氧，队长韩京做出了放弃此次勘探的决定。最终，陷车18次、挖车3个多小时，结束了初探友谊沟。

第二天，阳光明媚，他们决定第二次出征友谊沟，但行驶至距友谊沟40千米时，已陷车7次。综合积雪厚度、地面松软程度和队员身体状况，他们再次放弃，铩羽而归。

在测量独雪山剖面时，他们发现与友谊沟同一山脉的雪线上移，这说明天气转暖，于是决定“三探友谊沟”。

这一次友谊沟没有辜负他们，仅陷车6次，就到达了距离友谊沟仅6千米的甜水河。

队员们在这海拔5400米的地方安营，趁太阳落山前沿着河沟开展初步测量。

晚上7点半，正当大家兴致勃勃地描述、测量和采样时，忽然雨雪交加，所有人都被打湿。风雪后的天空最美，清澈湛蓝。但凌晨1点多，又下起了冰雹。队员们一觉醒来已是6点多，车外白雪茫茫。

队员们冒着大雪继续测量。

“这里有深水斜坡相沉积，快来看！”看到这里，队员们都非常激动。在河谷中，大家看到一颗颗角砾灰岩，颜色很深，角砾成分都是碳酸盐岩，还能见到一些生物分布其中，初步判断为礁前滑塌角砾岩，推断该区可能存在深水区。队员们的辛勤付出终于收获了回报。

第五章

敢为人先铸功勋

第一节　勇闯禁区

1　塔里木盆地：突破“禁区”开采超深油气

2023年，顺北油气田部署在10号断裂带的第一口探井——顺北10X井测试获得高产油气流，证实顺北油气田中部油气区整体含油气。

由于埋藏深度大，这里曾一直被视为油气勘探“禁区”。

顺北油气田的超深层断控缝洞型储集体是伴随走滑断裂发育而形成的一类特殊储集体。钻探实践揭示，该区域的油气藏主要沿区内主干走滑断裂带分布，储集空间主要为构造破裂作用形成的缝洞体系。油气藏相态变化大，具有“西油东气、北油南气”的特征，并具有走滑断裂埋深大、成藏过程复杂等特点。

2015年，西北油田在顺托果勒低隆起中部的顺托1井和北部的顺北1-1H井测试相继获得高产油气流。

2015—2016年，针对顺北1号断裂带展开评价的6口钻井全部获得高产油气流，宣告了顺北油气田的发现。此后，勘探不断向西部、南部和东部多条断裂带拓展。

2018—2020年，顺北油气田5号、7号断裂带相继获得油气突破。2021年以来，部署在4号、8号断裂带上的5口井相继获日产千吨油当量的高产，顺北勘探全面展开。顺北油气田在不同断裂带初期测试获得日产千吨油当量的井已达26口，进一步证实了顺北油气田奥陶系碳酸盐岩整体含油气，断裂带是油气富集的有利部位。

顺北油气田勘探取得重大商业发现以来，西北油田联合系统内外科技力量，不断推进勘探开发一体化、地质工程一体化，在顺北地区开展一体化融合式基础研究、科技攻关，创新形成了以断裂解析建模型、缝洞描述选靶区、空间雕刻定规模、结构表征识连通、轨迹优选增动用、优快成井精中靶、分类改造提产能为主要内容的高产井“七要素”关键技术，先后发现4个亿吨级油气区带，建成超200万吨油当量年产能阵地。

2022年，顺北油气田生产原油119万吨、天然气16.5亿立方米。其中，顺北4号断裂带的井全部实现高产，年产油当量占顺北油气田总产量的74%，建成中国石化“少井高产”示范区。

2 四川盆地：从灰岩缝洞到白云岩遍地开花

四川盆地中二叠统油气藏早期主要集中分布在川南构造高部位的灰岩缝洞型储层，资源探明率不足6%。

西南油气科研人员开展了大量野外地质调查和风险勘探工作。近年来，川西北、川北等地区相继在滩相白云岩、热液白云岩储层取得突破，证实中二叠统油气藏不完全受缝洞和构造控制，明确了浅滩发育有利相带和走滑断裂对二叠系油气成藏的控制作用。

四川盆地断裂普遍发育，其中走滑断裂是川南探区一种特殊的断裂形式，就好比一扇推拉门发生横向移动，它不仅有利于油气输导，而且有利于形成“断溶体”储层。

见到走滑断裂发育时，科研人员既兴奋又担忧，兴奋的是断裂对储层形成及油气运移有重要改造和输导作用，担忧的是尚不明确后期其是否会对油气聚集成藏起破坏作用。

2020年，在井研–犍为区块斜坡区部署的普仁1井，在栖霞组首次钻遇39米厚的白云岩储层，但该段酸压测试结果并不理想。科研人员转而瞄准茅口组顶部的岩溶缝洞储层，测试获产3.54万立方米/天，进一步增强了探索中二叠统的信心。

攻关小组进一步充分利用各成员的专业技术优势，将地质与物探、室内与室外、微观与宏观、理论与实践等相结合，大胆提出新的认识：有古断裂、古构造就有气藏，现今构造不是控藏的决定因素，斜坡区也可以成藏，下一个目标就在断裂带附近。

科研人员基于区域地质背景、基础地质研究和高精度三维地震资料，建立了滩相白云岩、白云质灰岩或灰质白云岩控储模式，形成了高精度断溶体立体空间雕刻技术和薄层滩相白云岩储层预测技术及断层演化与油气动态成藏分析技术，明确了井研–犍为区块茅口组规模成藏的地质模式。

之后，他们部署的金山101井在二叠系栖霞组白云质灰岩储层获得工业气流。

西南油气近期在川中、川南、川东等地区已部署多口探井，下一步将加快探索滩相白云岩、走滑断裂带等多个领域，实现从灰岩缝洞到白云岩遍地开花。

3　准噶尔盆地："铁板"里开出新天地

近年来，胜利油田按照"走滑断裂控制油气分布及富集"的新认识，评价优选永进等7个走滑断裂有利区带，在准西–准中地区持续取得勘探发现，开拓了新领域，为现阶段勘探规模增储和中长远可持续发展提供了阵地。

在准中地区，烃源岩埋深普遍大于6000米，油气如何从这么深的地方运移到浅部层系？

长期以来，科研人员认为永进油田构造特征表现为"铁板一块”，多年来勘探工作一直没有获得突破。这是由于对地质认识不到位，加之地震勘探技术对深层构造样式识别能力有限，科研人员始终认为地下断层不是很发育。

随着研究逐渐深入，近年来，科研人员不断转变观念，对地下地质条件重新认识与研究，通过开展有针对性的野外地质调查、加强区域构造背景研究、攻关构造精细解释技术，形成了准噶尔盆地走滑断裂“OVT五维解释分组系、分频相干分序级、基于应力应变的构造层解析分期次、数值模拟分类型”四分法综合解析技术，重新揭示了准噶尔盆地走滑断裂的发育机制，并对该盆地走滑断裂的展布特征有了新认识。

通过系统研究准中地区构造，他们发现了中拐、莫索湾北、莫索湾南、芳草湖、白家海、阜东等多个走滑断裂带。

科研人员以关键成藏期为节点，评价不同时期断裂的输导性和封闭性，认为准中各大走滑断裂带均为油气运移的有效通道，沟通了深部烃源岩，使得油气能够在纵向上运移，并在不同层系的有利圈闭中聚集成藏。

此外，他们还对油气藏进行系统解剖，认为有利储层相带对油气富集也起到关键控制作用，并提出了“断压控输、相储控藏”的油气成藏模式，通过综合研究和整体评价，认为准中永进、征沙村、莫西庄等7个地区是油气聚集成藏的有利区带。

2020—2022年，胜利油田在准西、准中永进地区侏罗系、准中埋深大于6000米的超深层均斩获可观新增储量。

4 鄂尔多斯盆地：在“断缝”中寻找油气

华北油气开展走滑断裂带成因及形成机制研究，优选走滑断裂带有利勘探目标，指导部署多口勘探评价井获得高产，落实了大牛地气田下古生界天然气储量阵地，以及镇泾和彬长中生界石油储量阵地。3年来，累计提交三级油气储量明显增加。

鄂尔多斯盆地以发育大面积岩性油气藏著称，科研人员长期认为盆地内部是“铁板一块”，但勘探开发实践发现，盆地内部发育基底断裂，在后期构造作用影响下，发育多期、多组、多种断裂，断裂体系具有一定的继承性，其中古生界、中生界主要发育走滑断裂，影响了油气成藏与富集。

以前，科研人员并未对断裂开展系统研究，对盆内断裂展布规律认识不清，性质及成因机制不明确，走滑断裂控储、控藏机制不确定。

在立项研究过程中，科研人员先后开展8次野外考察，明确走滑断裂野外露头特征，编制鄂尔多斯盆地及周缘断裂体系分布特征有关图件，以及各区域走滑断裂成因机制、应力分析图件。

科研人员查明了盆地主要走滑断裂分布规律，明确了断裂“分区–分型–分层–多期”发育规律，建立起盆缘–盆内断裂耦合发育模式；确立了走滑断裂分级刻画技术方法，形成了走滑断缝体内部结构表征技术；明确了盆地不同级序走滑断裂控藏作用差异性，建立了重点地区断裂控储、控藏模式。这些创新成果对优选勘探目标和层系、提出勘探部署建议具有重要意义。

中生界断缝体油藏取得商业发现和重大突破。科研人员精细描述太昌、红河等8条断裂带，指导镇泾、彬长区块探井部署，多口油井实现突破，提交了控制储量。

盆地下古生界碳酸盐岩岩溶气藏实现新突破。科研人员开展不整合岩溶气藏综合评价，明确大牛地气田东部岩溶斜坡“断裂沟通，双向补给，相控分带”岩溶模式，指导大牛地气田多口探井取得突破，落实千亿立方米储量区，首次提交了天然气探明储量，实现了下古勘探领域的纵向拓展；在盆地西缘麻黄山西探区部署的宁古1井，于克里摩里组岩溶气藏取得新发现，实现了盆地西缘新领域的拓展。

第二节 接续突破

1 我国油气领域“深地一号”项目获重大突破

2022年8月，中国石化在油气勘探开发领域实施的“深地工程”获得重大突破——顺北803斜井测试获高产工业油气流，折算日产原油244.3吨、天然气97万立方米，油气当量达到1017吨，成为顺北油气田超深层第15口“千吨井”。至此，在我国塔里木盆地顺北油气田，钻探垂直深度超过8000米的油气井已达41口，已落实四个亿吨级油气区，标志着这一全球埋藏最深的油气田被成功勘探开发，对我国深地矿产资源的勘探具有较强的指导意义。

同日，中国石化命名顺北油气田为“深地工程”顺北油气田基地，这是我国第一个以“深地工程”命名的油气项目，顺北油气田基地被誉为“深地一号”。

深层油气资源勘探开发是开展地球深部探测的重要组成部分。在我国油气勘探开发实践中，埋深超过8000米的地层为超深层。目前，塔里木盆地和四川盆地是我国两个最丰富的深层油气盆地，具有资源丰富度高、规模大、整体储量大等特点，但存在诸多世界级勘探开发难题。通过大兵团联合攻关，中国石化在深地油气富集理论、深地技术等方面取得重大突破，多年积极探索已在四川盆地深层天然气页岩气、塔里木顺北深层油气和胜利油田深层页岩油等方面取得一系列深层油气重大发现，成为我国深地油气领域的主力军。

“深地工程”既是中国石化贯彻落实“深海、深地、深空”战略的实际行动，也体现了打造深地技术原创策源地的阶段性成果。未来，中国石化将继续推进“深地工程”，加大深地油气勘探开发力度，全面提升深部资源勘探开发能力，持续推动深地领域前瞻性、先导性、探索性技术研发和成果应用，为更好端牢能源饭碗提供战略科技支持。

目前，深层、超深层已经成为我国油气重大发现的主阵地。我国深层、超深层油气资源总量达到671亿吨油当量，占全国油气资源总量的34%。以塔里木盆地为例，仅埋深在6000~10000米的石油和天然气资源就分别占其总量的83.2%和63.9%，超深层油气资源总量约占全球的19%。近年来，世界新增油气储量60%来自深部地层，勘探潜力巨大。

2 中国石化再添超千亿立方米页岩气田

2022年11月，中国石化“深地工程·川渝天然气基地”取得重大突破，勘探分公司和西南石油局联合提交的綦江页岩气田首期1459.68亿立方米探明地质储量，通过自然资源部专家组审定，标志着我国又一超千亿立方米的大型整装页岩气田的诞生。

该气田是我国盆缘复杂构造区发现的首个中深层–深层页岩气田，位于重庆市綦江区和贵州省习水县境内，处于四川盆地川东南盆缘复杂构造区，经历了强烈的构造运动，地表和地下环境均呈现“双重复杂性”。

通常，埋深超过3500米的页岩气被定义为深层页岩气。綦江页岩气田的页岩层埋深范围为1900~4500米，主体部分埋深超过3500米。深层页岩气面临上覆地层复杂、页岩埋深大、地应力多变等世界级难题，对技术要求极高，勘探开发难度较大。

中国石化高度重视深层页岩气的勘探攻关工作，形成了复杂构造区页岩气地质理论新认识。为解决对盆缘“双复杂”地区页岩气成储成藏机制认识不清的问题，攻关团队依托国家和中国石化科研项目，借助国家重点实验室平台，通过对地下1320多米深的岩芯进行一万多次的化验分析，揭示了深层深水陆棚相页岩孔隙发育与保持机理，明确了深层页岩可以形成“高孔隙度”优质储层，提出了深层页岩气“超压富气”新观点，指出了深层“甜点”目标的关键因素，指导了目标评价与优选。

面对复杂构造区页岩气层埋深跨度大、“甜点”预测难度高的挑战，攻关团队在川东南盆缘复杂构造区采集了3662平方千米的三维地震资料，收集了川南地区已钻探页岩气井的钻井资料，经过反复论证，创新性地提出了以压力系数与含气量、裂缝预测、水平地应力差为核心的深层页岩气地震预测技术，实现了从无到有、从有到精的技术飞跃。针对前期探井测试产量低且不稳定的问题，攻关团队研发了深层页岩“密切割、增压扩体、均衡延展、保充填”的立体缝网压裂技术，提产效果显著。

多年来，中国石化始终将深地探索与“四个革命、一个合作”能源安全新战略紧密结合，不断在深地油气领域研究及勘探开发上持续发力，拥有广阔的前景。在四川盆地矿权区内，中国石化拥有6.3万亿立方米的深层页岩气资源量，是未来页岩气增储上产的重要领域。

3 “深地一号”喜获新领域油气带

2022年12月，部署于顺北油气田2号带的重点探井——顺北21斜井成功试获，日产油气当量达到1242吨。该井深达8836米，是“深地一号”项目的第20口超深层千吨井，同时也是顺北油气田第一口在大型分支断裂带中取得重大油气勘探突破的探井，该突破证实了该地区主干断裂带以外的分支断裂带同样富含油气，展示出良好的勘探前景，有助于保障我国能源安全。

顺北21斜井创塔里木盆地台盆区关井压力最高、生产压力最高、分支断裂产量最高等3项纪录。该井井底压力达163兆帕，钻井难度世界罕有。西北油田运用堵漏浆随钻堵漏钻井液技术、“异型齿PDC钻头+垂直钻井系统+大扭矩螺杆”防斜打快技术和控压钻井及高压气井完井技术，逐步攻克古生界深部岩石强度高、储层破碎易塌陷、超高压开关井等重点难题。

我国陆地深层、超深层油气资源达671亿吨，占全国资源总量的34%，勘探开发潜力巨大。近年来，我国能源企业持续开展陆上深层、超深层科研攻关，挖掘油气地质理论、先进勘探技术、工程装备等领域的创新潜力，接连取得油气重大突破的丰硕成果，有力保障了国家能源安全。“深地工程推动超深层实现新突破”被国家能源局列入2022年全国油气勘探开发十大标志性成果。

顺北油气田油藏具有超深、高温、高压等特点，储层平均埋藏深度超过7300米，是世界陆上最深的商业开发油气田之一。“深地一号”油气井多项工程指标刷新亚洲纪录，已确认四个亿吨级油气区，累计油气当量产量已突破770万吨，成为近十年来塔里木盆地油气勘探的新亮点。

4　顺北油气田新断裂带获油气突破

2023年5月，“深地一号”新断裂带再获油气突破，部署在顺北油气田10号带的第一口探井——顺北10X井测试获得高产油气流，日产气60万立方米。该突破证实了顺北油气田10号断裂带富含油气。

顺北10X井位于新疆阿克苏地区沙雅县，塔克拉玛干沙漠腹地，井深8591米，成为顺北油气田第50口垂直深度超过8000米的井。顺北油气田中部共有6条断裂带，除了10号断裂带，其余均已实现突破。顺北10X井是10号断裂带的第一口重点预探井，其突破证实了顺北油气田中部油气区域整体含油气、连片分布，对于勘探和开发10号断裂带规模储量具有重要意义。

突破传统认识，将石油保存的下限拓展到8000米以深。传统理论认为，地下要有油气，一般需要具备原生油藏和优质的储盖组合。曾有专家断言8000米以下是油气勘探的禁区。中国石化科研人员不断深化地质理论创新，形成超深层断控缝洞型油气成藏理论。同时，创新形成“超深层储层立体成像”技术和“缝洞体精细雕刻”技术，使断裂识别精度从30米提高至15米。这些技术已应用于1.4万平方千米的地震资料处理中，成功部署了上百口井，建成了年产超200万吨的产能阵地。

创新形成特深层安全高效钻井关键技术体系。顺北10X井创新应用了钻井提速、轨迹控制等关键技术，采用致密封堵防漏堵漏技术和微纳米成膜井壁稳定技术，有效实现了特深层安全高效钻井关键技术的集成和创新应用，大幅提升了钻井效率，降低了复杂故障发生率，确保了钻井工作的顺利实施。

自“深地工程·顺北油气田基地”命名以来，顺北油气田以战略突破和规模增储为核心，持续攻关，再落实超深层高产井9口，其中5口为千吨井。垂直深度超过8000米的井超50口，“深地一号”正向更深、更难、更高产量和更高质量的目标迈进，建成中国石化“少井高产”示范区。

5　四川盆地海相深层页岩气勘探再获突破

2023年4月，中国石化勘探分公司在四川省达州市部署的页岩气专探井——雷页1井，试获日产气42.66万立方米高产页岩气流，目的层页岩埋深超4000米，是我国首次在二叠系大隆组地层实现海相深层页岩气勘探突破，进一步拓宽了四川盆地页岩气勘探领域，助力保障国家能源安全。

二叠系大隆组是四川盆地页岩气勘探的新层系，具有优质页岩非均质性强、构造复杂的特点。中国石化攻关团队利用钻井、岩芯等资料持续研究，深化了对二叠系优质页岩地质理论的认识，揭示了二叠系海相页岩气层高有机碳含量、高脆性、高含气性、高压力系数的“四高”特征。针对该区页岩气水平井轨迹控制难度大等问题，中国石化开展大量研究，优化了工艺参数，形成了复杂构造区深层页岩气水平井轨迹控制技术。雷页1井在优质页岩分布非均质性强、构造复杂情况下，实现了水平段钻长1315米、优质页岩钻遇率100%的佳绩。

6　川渝天然气基地再添巴中新气田

2023年8月，中国石化“深地工程·川渝天然气基地”再获重大突破。由勘探分公司提交的巴中气田首期305.5亿立方米探明地质储量，顺利通过自然资源部油气储量评审办公室的审定，标志着中国石化在四川盆地再添新气田。该气田的发现进一步揭示了川东北地区致密砂岩良好的勘探潜力，对保障国家能源安全具有重要意义。

巴中气田位于四川省巴中市，是勘探分公司第三个以须家河组致密砂岩为主要目的层的气田。勘探分公司已在川东北须家河组致密砂岩领域累计提交探明地质储量1547.47亿立方米。

巴中气田须家河组致密砂岩气层埋深为4550~5225米，是典型的超深层致密砂岩气藏，勘探开发难度大。中国石化高度重视致密砂岩气藏勘探攻关，针对致密砂岩是否存在相对优质储层和高产富集带的问题，创新建立了须家河组三类优质储渗体发育模式，明确了天然气富集高产模式，形成了储层预测技术序列，精细落实了富集高产带。

针对致密砂岩储量动用难度大的问题，攻关团队借鉴非常规体积压裂思路，创新采用体积压裂改造，实行“一段一策”技术管理，及时优化工程参数和施工程序，试采效果良好，大幅提高了储量动用程度。

7　重庆南川深层煤层气勘探取得突破

2023年8月，中国石化“深地工程·川渝天然气基地”再传捷报，重庆市南川区的深层煤层气井阳2井自喷生产100天，日产气量稳定在1.2万立方米，累计产气120万立方米，标志着中国石化实现了渝东南地区深层煤层气的勘探突破。

阳2井是华东油气分公司部署在南川地区的一口深层煤层气直探井，井深超过1900米。针对该区域高应力、储层改造压力高且不稳定等地质和工程难点，华东油气分公司科研团队创新思路，首次在煤层气井阳2井采取大规模压裂有效支撑工艺，改造体积大幅增加，裂缝导流能力显著提升，实现煤层气自喷生产。下一步，他们将继续稳步推进煤层气攻关，实现深层煤层气规模效益开发。

8　四川元坝气田深层致密砂岩气藏勘探再获突破

2023年10月，中国石化勘探分公司部署在四川省广元市元坝气田的深层致密砂岩重点预探井——元陆2HF井，在埋深近4500米的须家河组试获日产气22.06万立方米、无阻流量50.39万立方米/天的高产工业气流，实现了元坝之上找元坝的重要突破，有望解锁千亿立方米级气藏。

元坝气田是世界上首个7000余米超深高含硫生物礁大气田，主力产层为长兴组。须家河组位于长兴组之上，元坝西部须家河组发育叠置连片大面积分布的水下分流河道砂体，厚度50~80米，成藏条件优越。目前，该领域保有的控制与预测地质储量超4000亿立方米。

为实现须家河组致密砂岩气藏储量升级和有效开发利用，勘探分公司创新形成“水平井+大规模缝网压裂”施工思路，实行“一段一策”技术管理，及时优化调整压裂液体系和施工泵注程序，攻关形成“加密切割+高排量大规模高强度+多次暂堵转向+支撑剂高效铺置”的压裂技术，大幅提升了测试产能。此次元陆2HF井试获高产工业气流将有望实现规模储量的升级动用，预计新增探明地质储量超400亿立方米。

下一步，中国石化将做好该井试采工作，持续加强致密砂岩水平井钻探和储层压裂改造新技术、新工艺攻关，进一步提高产能；做好须家河组致密砂岩勘探部署规划，加强水平井提产攻关，力争实现大面积探明和增储上产。

9　川渝基地合兴场气田新增探明储量再获突破

2024年1月，由中国石化西南油气分公司提交的位于四川盆地的合兴场气田1330.12亿立方米探明地质储量通过了自然资源部专家组审定，标志着“深地工程·川渝天然气基地”又一个超深层、整装致密砂岩千亿立方米大气田的诞生。

合兴场气田位于四川省德阳市和绵阳市，由于其属于深层、高压、特低孔致密砂岩气，效益开发属于世界级难题，长期以来一直难以实现有效动用。中国石化几代地质工作者不断突破瓶颈，特别是自2018年以来，依托中国石化重大科技攻关项目，多学科协同攻关，创新形成了超深层致密砂岩气富集规律及效益开发技术体系，实现了老层系新领域的突破，使难动用储量的高效动用成为可能。此次提交的探明地质储量主要位于须家河组，埋深4500~5500米。截至2024年上半年，西南油气分公司在该区实施新井21口，平均单井日产气15.5万立方米，新建天然气产能18亿立方米，有效支撑了此次探明储量的提交。

10　四川盆地深层页岩气勘探取得重要突破

2024年6月，中国石化在四川盆地深层页岩气勘探取得重要突破，部署在资阳市的资阳2井完钻井深6666米，试获日产125.7万立方米高产工业气流，日无阻流量306万立方米；部署在乐山市的金页3井完钻井深5850米，测试获日产82.6万立方米高产工业气流，此前，金石103HF井也取得重大突破。上述探井目标储层均为寒武系，多井、多地获得高产页岩气，证实了深层、超深层寒武系页岩具备规模增储潜力，有望成为页岩气新的接替层系，对推动我国页岩气勘探开发和保障国家能源安全具有十分重要的意义。

此次实现突破的寒武系页岩时代较老，埋藏更深，页岩厚度薄、规模改造难度大，至今未能实现商业突破。西南油气分公司不断进行实践探索和理论创新，形成了新的页岩成藏模式。在乐山市部署的金石103HF井于2022年10月首次实现寒武系页岩气勘探重大突破。其后，在乐山、资阳地区部署的金页3井、资阳2井等多井接连获得高产工业气流。

11　中国陆相断陷湖盆页岩油开发获得突破性进展

中国石化胜利油田打破国际先例，克服胜利济阳页岩油勘探开发这一世界级难题，自主攻关，破解密码，创新陆相页岩油富集成藏理论关键核心技术，用3年走完北美页岩油10年技术迭代之路，页岩油开发效益持续提升，屡次刷新国内单井日产最高纪录，稳步建设我国首个陆相断陷湖盆页岩油国家级示范区，引领页岩油高质量发展，成为油气增储上产主力军。

中国石化胜利济阳页岩油国家级示范区是我国首个陆相断陷湖盆页岩油国家级示范区。2022年8月25日，示范区正式揭牌，首批上报预测石油地质储量4.58亿吨，标志着中国石化在页岩油勘探开发领域取得了战略性突破，刻下了推动页岩油产业高质量发展的新起点。

生油岩成熟度越高，油的可流动性就越强。与北美海相页岩油相比，我国济阳坳陷陆相页岩油埋藏深、成熟度低，勘探开发面临一系列世界级难题。

发展的时机在21世纪初到来。北美页岩油气勘探开发理论及技术取得了重大突破，中国石化再次将目光投向页岩油。2009年，胜利油田选择渤南洼陷，钻下4口井取芯，开启了漫长的基础研究。

暑去寒来，整整十年。研究人员终于初步掌握了陆相页岩油气形成和富集规律，等待着收获的时刻。

2019年，义页平1井峰值日产油93吨，证实了他们的猜想——成熟度的下限或许可以突破，胜利济阳页岩油或许可以实现商业开发。

有了义页平1井的基础，2020年，胜利油田和胜利石油工程公司再次作出尝试，打下樊页平1井。这口井日产量达到171吨，创下当时国内页岩油单井日产量最高纪录。更让人兴奋的是，这口井的页岩油成熟度不到0.8%，突破了国际上能动用下限的固有认识（北美认为成熟度0.8%以下的页岩油不能实现高产），证明中低成熟度页岩油也具有商业开发潜力。

2022年2月，胜利油田投产的丰页1-1HF井峰值日产油262.8吨，刷新了国内页岩油单井日产最高纪录。

胜利油田、胜利石油工程公司、经纬公司深化一体化运行模式，建立前后方联动、大兵团协作机制，全力推进整体规模效益开发。

配备最好的装备、优选最好的队伍，通过不断的技术迭代升级，持续推动钻井、压裂提速提效提质提产。7月31日，6000米井深的丰页1-2-512井完钻，钻井周期仅17.7天，创下国内陆相页岩油水平井钻井施工最快纪录。

2022年以来，胜利油田取芯上万米。在此基础上，他们创新形成了“储-缝-压”三元储渗理论认识，攻关了页岩油多层楼立体开发技术及系列关键工程工艺，实现了从单井到井组，从博兴洼陷8口井“3层楼”到牛庄洼陷20口井“5层楼”再到民丰洼陷39口井“7层楼”立体勘探开发模式的新突破。通过三轮次工程技术迭代，目前民丰洼陷实现油价50美元/桶的效益开发。

2023年，济阳陆相断陷湖盆页岩油国家级示范区产量快速升至30万吨，评价资源量105亿吨，预测储量12.9亿吨，控制储量4.4亿吨。

中国石化矿权区内页岩油资源量170亿吨，仅用3年时间就走完了北美页岩油10年的技术迭代之路，落实了胜利济阳、四川、苏北三个页岩油战略增储阵地，成为我国页岩油产业高质量发展的重要力量。

第三节　刷新纪录

1　焦页18-S12HF井连创两项全国纪录

2022年10月，中国石化江汉油田涪陵页岩气田焦页18-S12HF井顺利完井，完钻井深7161米，其中水平段长4286米，水平段“一趟钻”进尺4225米，刷新了我国页岩气井水平段最长、水平段“一趟钻”进尺最长两项纪录，标志着我国页岩气超长水平井钻探取得重大突破。

“超长水平井”是指水平段长大于3000米的水平井，因其存在携带岩屑困难、钻具受力复杂、井壁垮塌风险高等诸多技术难题，在山地页岩气钻探中较难实现，一直是国内页岩气高效开发的难点。作为国家级页岩气示范区，涪陵页岩气田全力攻关页岩气超长水平井钻探技术，于2018年2月28日在国内率先实现了页岩气3000米以上超长水平井钻探。

页岩气属于非常规气藏，需要将页岩压碎才能让气体出来，被业界公认为世界级难题，水平井技术尤为关键。中国石化水平井技术可以在小于5米的误差范围内定向钻进超过4千米。

往深打井难，横向打井同样不容易。页岩气层在地下的厚度一般是几十米到上百米不等，水平钻进必须指哪儿打哪儿，确保准确打到靶点目标。中国石化成功给钻头装上了“眼睛”，利用存储的海量地质数据，随时调整钻头行驶轨迹，让钻头在地宫“直线加速”“漂移过弯”，像“贪吃蛇”一样高速穿行在“薄饼”一样的优质储层中。同时，创新形成超长水平井关键装备与工具配套、超长水平井降摩减阻、超长水平井钻井参数动态优化等技术，实现了由“打不成”到“打得快、打得准”的重大跨越。目前，涪陵页岩气平均钻井周期由最初的90多天下降到40多天，最短钻井周期仅25.58天，优质储层钻遇率达96%以上。

随着涪陵页岩气田开发的不断深入，地下的井网也越来越密集，井与井之间最近的仅有30米。中国石化自主研发“智能防碰绕障技术”，具有实时动态监测和三维可视化功能，如同“雷达”一样，随时扫描“邻井”位置，让钻头保持安全距离和高速行驶状态，成功穿过“危险地带”，顺利抵达目的地。在该项技术的加持下，焦页12号平台接连部署了18口气井，减少了征地面积，实现了效益开发。

涪陵页岩气田开发团队深化地层储层物性、岩石力学等研究，加强压裂后评估及裂缝诊断，投入使用自主研发的5000型全电驱、大功率压裂橇，广泛应用“多段多簇+暂堵转向+高强度连续加砂”等新技术，不断增强地层改造效果，把地层“压”得更碎，形成四通八达的页岩气逸出通道，让页岩气源源不断地产出。截至2024年6月，涪陵页岩气田累计产气超过1亿立方米的气井已有208口。

涪陵页岩气田投入开发建设以来，创新页岩气勘探开发理论，形成六大核心技术，实现了3500米以浅气藏高效开发、3500~4000米气藏有效开发，首创中国页岩气立体开发技术，立体开发区采收率达到国际先进水平。截至2024年，累计探明储量近9000亿立方米，累计建成产能150亿立方米，累计产量突破700亿立方米，为长江经济带沿线6省70多个大中型城市送去洁净能源，惠及上千家企业、近两亿居民。

2　9432米，“深地一号”突破亚洲纪录

2023年11月15日，中国石化“深地一号”部署的跃进3-3XC井点火测试，获得高产油气流。这口井是在生态保护区外部署的井位，开采3400米以外胡杨林下的超深层油气资源，完钻井深9432米，刷新了亚洲最深井斜深和超深层钻井水平位移两项纪录。该井成功钻探，再次证明中国深地系列技术已跨入世界前列，为进军万米超深层提供了技术装备储备。

工程难度国内外罕见，集智设计“实现路径”

上天不易，入地更难。在国际公认的钻井13项难度指标中，塔里木盆地有7项名列第一。而且，2018—2020年，西北油田退出了在塔里木盆地相关自然保护区的所有油气生产设施，完成原有场地复垦、生态恢复等工作。这意味着，这些生态保护区范围内的油气资源无法直接开采。

西北油田创新油气开发思路，决定探索采用超深大位移技术来解决这个难题：让钻头在地层下拐个弯，开采胡杨林下的油气资源。这是在采出更多油气资源和保护生态环境之间找到的最佳方案。

根据全球长位移井难度图版划分，跃进3-3XC井属于国内没有、国外少有的超高难度井。这口井垂直深度超过7200米、水平位移超过3400米。除了要解决超深井具有的地质结构复杂、高温、高压等难题，还要面临大位移水平钻进导致的套管下入难、岩屑在水平段易形成“岩屑床”等新问题。新老问题叠加，工程作业难度倍增。

西北油田决定“集天下武学之大成”解决这道难题。他们牵头主导，整合国内外优质资源和先进技术，充分论证这口超深大位移井的技术可行性，明确安全钻进、定向施工、套管下入等风险难点，分类制定针对性解决措施，全力保障钻井作业顺利进行。

在超深层实现大位移延伸的关键，是选择造斜点的位置和轨迹

优化设计。西北油田委托多家技术团队开展“背靠背”方案论证，重点关注大位移井轨迹优化和位移延伸能力的综合分析。同时，组织行业专家进行多轮研讨，最终确定在三开井段造斜有利于安全快速成井，并优选出最佳造斜点的位置。

在此基础上，强化地质工程一体化协同优化工作，尽量避开二叠系火成岩裂缝区、志留系雁列断裂带与桑塔木组泥岩破碎带，降低塌、漏等工程风险。在先进装备保障、钻井参数优化、套管安全下入、衬管支撑优化等方面，多次组织专题研讨，从设计源头上全方位保障钻井方案的可行性和有效性。

攻关解决现场难题，迭代升级超深大位移钻井技术

项目于2023年5月1日开钻，钻头穿越地表厚砂层，到达地下1500米的硬质岩层；6月19日，即开钻后50天，井深达5340米，钻头开始转弯，逐步调整为水平钻进；7月22日，即开钻后81天，井深达7087米，钻头已经完全处于水平状态；10月26日，钻井完成，井深达9432米，水平位移3439米，刷新了两项亚洲钻井纪录。

仅用177天，跃进3-3XC井便安全成井。顺利推进的背后，是诸多难题的破解。最大的难题出现在三开大位移和大斜度井段。随着水平位移增加，钻头在垂直钻进到造斜点时需要依托井壁的力量改变方向，向斜侧方钻进。在实钻过程中，大角度的井斜加上钻具的重量，导致钻具在三开超深层大位移井段发生了剧烈振动。

在井深8278米以深产生较大振动，大幅增加了旋导工具失效的风险，给后续稳斜钻进带来很大影响。对此，西北油田石油工程技术研究院充分研判，论证提前下套管进行中完作业以解决振动问题的可行性。

当时，钻进的点位距离钻井方案中设计的中完作业井深还差800米。如果提前中完作业，后段作业完成后还要再下一层套管，封固目的层之上易塌的泥岩层。

在这种情况下，若要继续进行目的开次的钻进，就必须将原设计中的149.2毫米钻头换成更小的尺寸。钻具变小后，其柔性变大，在超深层施加钻压就更加困难，这不仅会降低钻井效率，而且会增加实现大位移目标的难度。

工程技术人员进一步分析了井下振动数据，测算出最优施工参数区间，通过实时调整钻井参数来避开钻具的共振频率。同时，借鉴国内外处理振动的经验，配套使用相关减振工具，多措并举减少井底钻具组合的振动幅度。这一套“组合拳”收到了良好效果，振动问题得到了有效解决，避免了因提前下套管可能带来的一系列问题。

在进行水平井作业时，岩屑在水平段易形成“岩屑床”，这可能导致卡钻、提前完钻、套管无法下至预定井深等多种问题。水平钻进的距离越长，这些风险就越大。

传统的处理方法是通过提高排量、定期短起下钻、通井以及打稠塞等工艺来清洁井眼。然而，由于对井眼清洁缺乏科学、系统的认识，这些工艺方法难以实现量化，经常会带来较高的隐性成本，例如，需要控制机械钻速，延长划眼、循环、起钻的时间等。

技术人员经过深入的基础研究和试验，对井眼清洁的多个关键要素和环节进行了优化。他们将钻头的转速提高，以此搅动井眼下部的岩屑，使其转移到上部高流速区域，同时优化钻井液性能，提高岩屑运移效率。通过摩阻扭矩、地面泵压等数据实时分析岩屑情况，调整钻井液性能和钻具组合，最终确定了最佳的钻井液循环时间和钻具作业参数，实现了多方作业平衡运转。这不仅有效避免了“岩屑床”引起的卡钻、垮塌等复杂事故，而且减少了短起下钻的次数，大幅提高了钻井时效。

优化管理提质增效，打造“深地一号”示范工程

跃进3-3XC井部署之初，技术人员发现，在中国石化矿权区域内部署井位，存在靶点靠近火山口、过路地层纵向发育大断裂、定向钻遇小断裂、大井眼超长定向且井底位移距离超过5000米等多项突出问题，这些都使工程作业难度加大。

西北油田与塔里木油田将“中－中”合作范围由技术合作拓展至资源借用，利用对方矿权部署井位。在新的合作模式下，跃进3–3XC井的设计水平位移距离缩短至约3400米，极大地降低了施工难度，更好地保障了国家能源安全，同时保护了生态环境。

在井场规划中，西北油田通过优化井位减少了工程用地，在同一座井场上先后部署了跃进3–1XC、跃进3–6XC和跃进3–3XC等3口井，共节约用地41亩，相当于4个足球场的面积。同时，西北油田采取钻探一口井、投运一口井、平移井架再打一口井的作业方式，边施工、边总结、边提升、边应用，不断完善和丰富超深大位移系列技术。目前，这3口井全部获得了高产油气流，累计生产原油达5.8万吨，增加了可采储量31万吨。

跃进3–3XC井钻井工程的各项作业涉及12家施工队伍、现场作业人员120余人、主要设备30余套。西北油田牵头成立了“跃进超深大位移井区”现场施工项目组，下设运行、技术、施工、保障、监督5个工作组，将“把控过程管理、实现技术目标、形成标准化模板”作为工作重点，坚持突出甲方主导、统筹规划、合作共赢的原则，建立了高效的协调运行机制，充分发挥各参战单位的优势，全力保障了重点井的安全高效钻进。

3　胜利油田单井峰值日产油262.8吨，刷新国内页岩油单井日产最高纪录

胜利济阳页岩油国家级示范区建设取得重大成果，至2024年9月，已投产94口页岩油水平井，其中36口页岩油井峰值日产油超百

吨，单井峰值日产油262.8吨，刷新国内页岩油单井日产最高纪录；示范区已落实页岩油控制预测储量17.3亿吨，日产油达1600吨，累产油突破80万吨。

页岩油是一种新兴油气资源，具有广阔的开发前景。2021年12月，胜利油田成功申报胜利济阳页岩油国家级示范区，成为继新疆吉木萨尔、大庆古龙后我国第三个国家级页岩油示范区，也是国内首个陆相断陷湖盆页岩油示范区。

胜利济阳页岩油埋藏深、成熟度低，勘探开发面临一系列世界级难题。近年来，胜利油田先后部署一批取芯井，基于对上万米岩芯的研究，通过15万次室内实验，攻关国家级、省部级研究课题40余项，提出"储-缝-压"三元储渗理论，初步明确了胜利济阳页岩油富集、高产规律。

胜利油田集中力量攻克了页岩油高温、高压、涌漏并存的世界级难题，形成了以合成基钻井液体系为核心的优快钻井技术，使地下超过3300米深度、水平段大于2000米的水平井得以高效钻进，钻井周期从133天缩短到29.5天。2024年，6000米井深的钻井周期缩短为仅17.7天。

胜利济阳页岩油国家级示范区3年来取得的重大成果，得益于胜利油田科技工作者敢于突破传统、自主创新，打破了页岩油成熟度的勘探开发禁区，将原来90%的资源从"不可动"变为"可动"。

胜利济阳页岩油资源量达105亿吨，和胜利油田60多年已发现的常规石油资源量相当。

4　丰页1-2-512HF井创全国页岩油钻井最快纪录

丰页1-2-512HF井井深5892米，从开钻到完钻，胜利石油工程公司仅用17.71天，刷新了胜利济阳页岩油示范区钻探新速度，再次打破了国内陆相页岩油5500米以深水平井钻井施工的最快纪录。

近年来，我国把页岩油开发升级为国家战略，不断加大勘探开发力度。民丰洼陷位于东营凹陷北带东段，2022年上报预测储量6.37亿吨，是胜利页岩油先导试验的重点区域之一。为保障该项目的高效施工，胜利石油工程公司统筹布局，充分发挥一体化运行优势，倒排工期、挂图作战，制定《时效对比分析方案》，设定目标周期，梳理施工各环节，细分节点目标工期，将时间精确到每一分钟。

面对民丰页岩油“低、断、深、热、厚”的地质特点和施工难题，胜利石油工程公司坚持集智攻关、持续完善页岩油技术模板，优化钻具组合、钻井参数、合成基泥浆体系，优选大功率螺杆和旋转导向，定制个性化钻头，确保方案精准、技术“硬核”。

在钻井技术迭代更新并成熟运用的基础上，该公司有序推进装备提档升级，做到高端赋能、装备保障“更有力”。他们打破传统，为丰页1-2-512HF井配套三联变频振动筛、大处理量变频离心机、2600HP五缸泵等先进固控设备，实现固相处理能力大幅提升、钻井液成本持续降低。三开利用旋转防喷器、精细控压设备、高效地面降温装置，为实现“一趟钻”奠定了坚实的装备基础。

自民丰项目第一轮页岩油井施工以来，该区块已完井10口，钻井施工频频刷新页岩油各类高指标和新纪录，实现“三个一”施工模式，打造了胜利页岩油优快钻完井的“精益”样板，为加快实现济阳页岩油规模效益开发进程提供了有力支撑。

5　焦页6-2HF井创全国页岩气单井累产纪录

2023年12月，中国石化江汉油田涪陵页岩气田焦页6-2HF井累计产量突破4亿立方米，创造全国页岩气单井累产的最高纪录，在中国页岩气开发史上具有里程碑意义。

焦页6-2HF井位于重庆市涪陵区焦石镇楠木村，于2013年9月10日试获日产36.33万立方米高产工业气流，同年9月29日正式投入生产，至今已累产超过10年，成为国内页岩气领域的长寿高产井。

首创气井全生命周期动态配产技术，实现气田高效开发

在焦页6-2HF井投产之初，国内页岩气开发尚无经验可供借鉴。为此，该油田组建技术攻关团队扎根生产现场，动态优选该井不同阶段配产方案，摸清了页岩气开发规律。形成的全生命周期动态合理配产技术填补了国内空白。10年来，焦页6-2HF井历经多个生产阶段，日产仍达10万立方米，可采储量超预期1.04亿立方米。与此同时，该油田全面推广气井动态合理配产技术，实施“一井一策”的精细管理，大幅提高气井的产出投入比。至2023年12月，气田累产超1亿立方米的气井有189口，占比25.5%；累计产量313.8亿立方米，占比57%；单井平均创效2亿多元。区块最高采收率近50%，达到国际领先水平，实现了气田的高效益、高水平开发。

坚持清洁生产和生态保护并重，实现气田的绿色低碳开发

一直以来，江汉油田严格落实国家的“双碳”目标，持续改进试采一体化、绿色排水采气等环保技术，走出了一条“环境友好、绿色示范”的开发道路。坚持减污增绿降碳，发布国内页岩气领域的首部环保白皮书，设立生态环境监测点，开展“三废”减量化、资源化利用，实行丛式井、“井工厂”开发模式，开展土地复垦，保障了气田的安全绿色开发。江汉油田先后获评全国“十佳环保设施开放单位”、石油和化工行业绿色工厂，被自然资源部评价为创造了中国页岩气开发的“绿色典范”。

坚决扛牢央企责任，优质高效完成天然气保供任务

该油田将安全高效供气视作保民生、促发展的头等大事，科学制订运行方案和销售计划，优化生产组织运行，持续提高供气能力，全力保障医院、居民区等重点单位的用气需求，有力保障地方经济发展和人民生命安全。十年来，江汉油田累计为长江经济带沿线6个省、70多个大中型城市、上千家企业、2亿多位居民送去清洁能源，助力长江经济带高质量发展，成为服务人民美好生活的“涪气”。

涪陵页岩气田累计探明储量近9000亿立方米，占全国页岩气探明储量的34%，累计产气超610亿立方米，相当于植树6.7亿棵、4820万辆家用轿车停开一年，为端牢能源饭碗、保障国家能源安全，实现“双碳”目标、建设美丽中国贡献了石化力量。

6　川西新场雷四气藏首口水平井高效完钻创9项纪录

2024年3月3日，从中国石化“深地工程·川渝天然气基地”传来喜讯，川西区块新场雷四气藏首口水平井——新深106-1H井安全高效完钻，完钻井深7729米，创川西海相雷口坡组水平井钻井周期最短、三开日进尺最高、直径320毫米井眼单趟钻进尺最多等9项工区新纪录。

新深106-1H井是西南油气分公司部署在四川盆地川西的一口超深水平井，设计井深7861米，采用四开制井身结构。该井存在超深、超长水平段、超高温、超高压、局部地层稳定性差和轨迹上翘等一系列工程地质难题，易发生井控、井漏风险，给钻井施工带来极大挑战。

精准科学施策，促进提速提效

面对川西海相井“三高一超”油气钻井世界级难题，西南油气分公司全力攻克“卡脖子”等关键核心技术，按照“技术一盘棋、上下一条线、一井一方案、一序一策略、一趟一措施”的工作思路，认真学习和借鉴工区邻井施工经验，不断优化完善技术措施和提速提效方案。

在施工中，注重新工艺、新技术的应用。在优选钻头、钻具组合和钻井参数的同时，引入随钻微扩孔、抗高温定向工具、负压振动筛等先进工具和设备，集成国产化定制钻头+等应力螺杆提速技术、“定测录导”一体化井眼轨迹控制技术等多项关键技术。

精细措施执行，夯实安全生产

一个细节都不能放过，一个问题也不能忽视。每当技术措施出台，队干部都会第一时间组织井队骨干对技术措施进行学习；学习完成后会对技术人员和司钻等操作人员进行能力验证，确保措施执行不偏差。在关键工序和重要环节，分公司选派钻井专家和技术人员驻井指导，严防死守，确保技术措施、执行过程零失误。每当技术措施运用后，现场组会对技术措施复盘，总结过程中的经验教训，通过“总结+调整+改进”，稳扎稳打，为避免井下故障复杂和提速提效提供了强有力的支撑。

同时，在施工过程中，他们牢固树立“安全大于一切”的理念，坚持底线思维，强化井控与硫化氢防护管理，着重抓好员工的安全教育、业务技能培训和班组实战演练，持续加大井控制度、规定的宣贯学习力度，认真开展岗前检查和班前JSA分析，加强员工教育培训和应急演练，全面构筑安全风险防范的坚固防线。

精益施工管理，“立体保障”抓现场

施工的重点在一线，关键在工序。西南油气分公司全面实施“六化”管理模式，狠抓项目化运营，围绕工程地质一体化、决策运行现场化、信息集成平台化、技术保障迭代化、风险管控协同化、应急联动高效化，抓实了一线风险辨识、技术指导、执行督导、隐患消除、问题解决等多项细节，保障了项目高效运行。

同时，他们牢固树立“一家人、一条心，一股绳、一起干”的理念，在下套管、四开作业等关键工序及重要环节，甲乙方均选派专家和技术人员驻井指导，坚持每日召开技术交底会，及时结合实钻情况，督导各协作方深度介入，积极配合，提供了坚实的组织保障，为全面推动施工提速提效提供了“智库”保障。

在甲乙双方的共同努力下，新深106-1H井顺利完钻，以1400米的水平段、7729米的井深，一举刷新了川西海相雷口坡组水平井钻井周期最短等9项纪录，为该工区后续钻井施工提供了宝贵的借鉴和参考。

7　8866米！四川盆地直井最深纪录被刷新

2023年12月28日，中国石化在四川盆地部署的风险探井——元深1井顺利完钻，完钻井深达8866米，打破了由中国石化仁探1井保持的四川盆地直井最深纪录。该井到达目前四川盆地埋深最深的油气层，进一步展示了川北深层古老碳酸盐岩良好的勘探潜力。

元深1井最深处到达目前四川盆地埋深最深的油气层——灯影组台缘丘滩气层。在钻探过程中，发现位于地下超8700米的超深层碳酸盐岩中存在孔隙型储层，并有72米较好的油气显示。元深1井由中国石化勘探分公司部署，由中原石油工程西南工区90127钻井队承钻。

此前，中国石化的仁探1井创下8445米的四川盆地直井最深纪录。

超8000米的钻探面临多项世界级难题，比如，上部大尺寸套管在空气中的重量达到517吨，使钻机提升系统和安全下套管面临挑战；深地超高温对钻井液的稳定性和抗污染能力要求高；超8000米取岩芯难度大且耗时长；等等。中国石化勘探分公司与钻井、测录井施工单位联合攻关，形成了超深钻井五项关键技术，有力支撑了我国深层、超深层碳酸盐岩油气勘探开发的重大进展。

四川盆地深部油气资源丰富，勘探潜力巨大。多年来，中国石化在四川盆地持续深化深层油气勘探开发工作。在这一区域，深层天然气项目主要集中在深层海相碳酸盐岩常规天然气和深层页岩气两个领域。在深层海相碳酸盐岩常规天然气领域，相继发现普光气田、元坝气田、川西气田，其中，普光气田现有深度超6000米井45口，元坝气田有深度超7000米井58口，川西气田有深度超6000米井18口。目前，中国石化在深层海相碳酸盐岩常规天然气领域的年产量超过120亿立方米。在深层页岩气领域，中国石化在四川盆地矿权区内拥有深层页岩气资源量6.4万亿立方米，是未来页岩气增储上产的重要领域。该区域投入商业开发的页岩气埋藏深度是目前我国乃至全世界之最，2022年实现了4200米深层页岩气的攻关突破。

8　顺中101斜井创顺北单日进尺最高、机速最快纪录

2023年9月11日，中原石油工程公司西北工区指挥部90116钻井队在顺中101斜井一开施工中，单日进尺1830米、机械钻速达158.33米/小时，创顺北区块单日进尺最高、机速最快纪录。至此，参加中国石化“深地工程”井施工的西北工区钻井队伍已经创下45项钻井施工新纪录。

中原石油工程公司西北工区钻井队伍自2015年11月进入中国石化西北油田顺北工区承钻“深地一号”工程油气井以来，至今已在各油气区完成井深超过8000米的勘探开发井33口，其中包括“千吨井”10口，占顺北区块“千吨井”总数的43.48%，成为打超深井最多的单位。这不仅助力中国石化“深地工程”屡获新突破，也为中国石化在顺北油气田落实4个亿吨级油气区带、建成300万吨深层油气当量产能阵地、保障国家能源安全做出了突出贡献。

勇于进军“深地工程”

面对顺北油气田地质构造复杂，油藏超深、超高温、超高压等世界级钻井施工难题，中原石油工程公司选调最好的装备、最优秀的队伍，参加中国石化“深地一号·顺北油气田基地”建设，承钻深井、超深井，成为第一梯队参加“深地工程”建设的钻井队伍。

2023年，中原石油工程公司在顺北油气田部署了8部钻机，全力服务保障顺北油气田的勘探开发。特别是2020年以来，公司从装备、技术、队伍等方面不断加大对“深地工程”的钻井生产投入力度，先后升级改造了3套9000米钻机、3套8000米钻机配套设备，升级扩容了3套7000米钻机，提高了设备的自动化、智能化水平；跨母公司调拨设备、设施15台套，跨项目部划转了5支钻井队伍和成套设备，满足了顺北油气田深井、超深井的施工需求。通过加强硬件投入的措施，公司打造了多项优质工程，实现了“深地工程”井打得深、打得快、打得准、打得稳的施工目标。

探索深井“优快”钻进技术

中原钻井队伍以技术集成创新为核心，积极探索深井、超深井“优快”钻进技术，研发、应用了一批新工艺和新技术，并持续进行技术迭代升级。创新实施了“三个一体化”钻井施工全过程技术管控措施，完善了抗高温高压钻井液体系等多项超深井钻井施工核心技术，攻克了世界级“三高”难题，以及井下易漏、易垮、易卡等多道施工难关。形成了“钻头优选+工具配套+参数强化”的集成提升技术，在深井、超深井应用中取得理想的提速效果，为打好“深地工程”井积累并总结了钻井新技术应用经验。

中原石油工程公司“深地工程”钻井专家组以难点问题为导向，驻扎在顺北工区开展超深井地质工程一体化研究，深刻认识了恶性漏失、井壁失稳和目的层“三高”等内在规律，集成创新了“深地”钻井系列技术，解决了高风险强钻和控压过程中存在的一些技术难题，并现场指导钻井队应用“深地”钻井技术。目前已经形成“5+7+N”技术管理制度体系，机械钻速较工区平均显著提高，钻井周期较工区平均明显缩短，在超深井钻井施工提速、提质、提效等方面不断创出高新指标，单井钻井周期由进入顺北工区初期的300余天缩减到目前的140天左右。中原钻井队伍针对超深井不同的地层采取不同的技术措施，优化井眼轨迹、井身结构、提速工具、储层保护，推广应用预弯曲钻具组合，全面优化钻井参数提速，钻井时效不断提高。

“深地一号”工程重点井顺中41X井设计井深8411米，具有井壁失稳、裂缝地层涌漏并存等施工难点。在二开施工期间，采用“两高五大一少”钻井集成提速技术措施，全力防斜打直抢进尺，取得日钻井进尺突破1210米的好成绩，创顺北区块311.2毫米井眼单日钻井进尺最多纪录。

2022年，中原钻井队在比之前所打的平均井深增加653.04米的情况下，平均机械钻速提高了9.39%，钻井周期下降了0.23天。在顺北1号条带完成的3口井的平均钻井周期为139.65天，比2019年提速35.11%，比2020年提速24.99%，比2021年提速23.48%。在顺北8号条带完成的3口井的平均钻井周期为133.76天，周期节约率显著提升，比工区内的江汉、胜利、华北钻井队的平均钻井周期缩短了47.22天。

井控与井下管控一体化

顺北油气田储层地质条件复杂，碳酸盐岩裂缝性气藏埋藏超深、温度高，且含酸性气体，多为裂缝-孔洞型储层。存在地层压力预测难度大、溢流与漏失同存等技术难点，钻井施工风险大。

中原钻井队伍从井控安全与井下复杂预防两方面进行风险防控。开展了顺北区块“奥陶系漏失井安全钻进配套技术”研究，配套高级别井控装备，完善了控压钻井技术、防气侵微纳米封堵技术和高温高压条件下的定向技术，进行了“西北工区超深小井眼钻完井配套技术”研究，制订了“西北工区控压钻井推荐做法”“异常高压溢流发现及处置推荐做法”“井漏强钻推荐做法”方案，确保了“三高”气藏的安全施工，生产时效大幅提升。

2022年，中原工程在顺北油田完成的超深井钻井故障复杂时效为1.61%，远远低于工区平均指标。顺北81X井、顺北83X井和顺北803X井支撑管柱均一次下到位，顺深1X井中途测试管柱一次下到位。顺南蓬1井钻至井深6639.81米时发生失返性漏失，在尝试建立循环的过程中及时发现溢流，经过5次平推压井、7次逐步降低钻井液密度，配合使用气滞塞技术，安全化解了高风险的井控险情。

第四节　跻身一流

1　页岩气多层系开发工程技术及应用成果达国际先进水平

2022年，在湖北省科技成果评价专家论证会上，“页岩气多层系精细高效开发关键工程技术及工业化应用”成果获得中国工程院专家高度肯定。专家评审团认为，该成果整体达到国际先进水平，部分技术国际领先。

所谓“多层系精细高效开发”，是在面对页岩气井产能逐年递减的情况下，通过横向上加密、加长，纵向上从单一层系向多层系拓展，在地下建立立体空间密织井网，来提高储量动用率的过程。

在开发初期，技术人员主攻的是储量最为丰厚的下部气层。但随着国内页岩气的商业化发展，页岩气井产量开始出现逐年递减的情况，多数页岩气井的递减率在45%以上，部分井最高可达75%。

为了提高国内非常规油气资源开发效益，填补技术空白，开国内页岩气多层系精细高效开发工程技术先河，打造技术先进、安全可靠、性价比高的中国页岩气工程技术品牌。2016年，中国石化江汉石油工程公司充分发挥湖北省页岩气工程技术研发中心职能作用，与在鄂中国石化单位和石油院校一起，从老区钻井提速、长水平段井提质、储层改造提产、绿色环保开发等4个方面开展联合攻关。

经过多年的前沿关键技术研究、先进装备制造和配套工程产品研发与应用，项目成果形成了加密井水平段“一趟钻”钻井提速技术、页岩气超长水平井钻井精准控制技术、全程实时监测高效精细压裂技术、全流程钻完井工程低碳环保技术等4项主要创新成果，整体达到国际先进水平。其中，页岩气超长水平井实时扫描缓增式随钻测井精准控制技术、7 1/16英寸（1英寸=2.54厘米）高压流程集分流技术等成果达到国际领先水平。

该项目成果集成了“连续油管光纤传输平台研制与应用”“涪陵页岩气套管环空带压成因和预防技术研究”等10个子项目，其中，“深层页岩气开发关键装备与工具应用”“涪陵页岩气‘井工厂’、水平井优快钻井、钻井液、固井技术应用研究”“钻完井关键工具研制”等3个项目来源于国家科技重大专项。

至2022年上半年，该项目成果已在国内主要页岩气产区累计应用钻井187口，平均机械钻速提高121%，降低钻井成本32.8%，水平段一趟钻覆盖率由2018年的5.6%提升至2021年的58%。应用压裂236井次（5557段），助力涪陵国家级页岩气示范产区新增经济可采储量773.79亿立方米，新建产能93.07亿立方米，节约勘探开发成本28.44亿元。在实现涪陵页岩气田立体空间多层系动用的同时，为湖北省恩施、宜昌等千亿方页岩气开发提供了借鉴指导。

2　页岩油钻探开发形成国内领先数字化钻井建设模板

2020年4月，胜利石油工程70183钻井队进军页岩油钻探新领域，从试水樊页平1井到打成牛页1–1、牛页1–2等多口页岩油发现井，钻井速度持续提升，形成了国内领先的数字化钻井建设模板。

与国内外页岩油相比，胜利页岩油存在资源量占比少、埋藏深、岩层厚、压力高、温度高和断层多等复杂地质条件，开采难度大，钻完井施工周期普遍需要120多天，这使得规模建产和效益开发无从谈起。

然而，70183钻井队瞄准“钻完井周期40天”目标发力攻坚，运用现代型电动钻机和智能化系统，搭配最佳的技术参数和最优的钻具组合，形成数字化钻井建设模板，创造了二开钻进311.2毫米大井眼日进尺1620米的全国纪录。

从“樊页”到“牛页”，完井周期缩短了2/3，机械钻速持续加快，装备和技术实现了迭代升级。

针对钻进环节，他们制定“安全米进尺”的小指标，全力推进效益进尺，减少低效及无效工作时间，提升纯钻时效。将搬迁、整改、起下钻、下套管等工序的作业时间细化到小时，在基层队、班组、岗位之间开展比学赶超竞赛，每天早上通报单日钻井进尺、施工周期进度等指标。通过加强对标管理和注重过程与细节，全力攻坚，为页岩油钻探开启“加速模式”。

首次尝试单趟下入9根长筒取芯筒，丰页1–17HF井岩芯收获率达到100%，创下中国石化页岩油井单趟取芯75米的新高；仅用2.79天就完成丰页1–2–513HF井3160米的中完作业，刷新胜利页岩油水平井二开最短钻井周期纪录……

通过对近年来施工过的所有同类型井进行全面的数据比对，制定了108项施工工序的“标准工期”，通过“横轴+纵轴”分析优化作业时效，倒排工期、挂图作战，确保“一切围着井眼转”。

升级固控装备，在减少设备数量和降低损耗成本的基础上，固相处理能力较以往提升3倍，固废减排100余立方米，回收利用钻井液360立方米，钻井液成本降低30%。

3 页岩气“两个首次”创新成果达国际领先水平

2018年以来，由江汉油田研究院承担的“涪陵页岩气开发效果评价及开发技术政策优化”项目顺利通过中国石化科技部鉴定。专家组一致认为，项目研究成果整体达国际领先水平。

项目自2015年1月启动攻关以来，该院按照“物模地模一体化，实际生产动态相结合，动态产能评价是基础，井位优化部署是关键，实现效益开发是目的”的总体研究思路，取得“两个首次”重大创新成果：

一是首次建立了考虑页岩物性及压裂效果的页岩气井定产配产期间与井底流压互相联动的动态产能评价技术；

二是首次建立了考虑应力分布、构造形态及裂缝发育特征的复杂构造区开发水平井井位部署优化方法。

项目攻关期间，该院页岩气团队创新思维，聚焦关键技术，着力解决瓶颈问题。他们系统开展了页岩气井动态产能评价方法研究，建立了涪陵气田单井流态识别图版，提出了“页岩气井产能系数”来评价页岩气动态产能，形成了具有页岩气井生产特色的动态产能评价方法，有效指导了一期现场运行安排，为气田2017年产气量60亿立方米提供了有力的技术支撑。该院依据微地震监测结果，以压裂缝高为约束，与生产动态分析、数值模拟、地质建模相结合，评价了页岩气纵向及平面的储量动用状况，建立了适合涪陵气田储量动用状况的评价技术，有效指导了涪陵页岩气田的开发调整，为气田的稳产和开发调整技术研究提供了支持；此外，在评价一期开发技术政策整体适应性较好的基础上，针对不同地质条件优化形成了开发技术政策，全面支撑了复杂构造区江东、平桥区块两个产能建设方案编制，有效支撑了气田百亿立方米产能建设。

同时，江汉油田研究院积极推进创新成果转化工作。研究期间，共申报国家级专利8项，目前已经授权3项；标准制定、立项14项，其中包含国家标准3项、能源行业标准3项和企业标准8项；在国内核心和公开刊物上发表论文达15篇。

4 页岩气田全电驱压裂技术达世界领先水平

中国石化江汉油田涪陵页岩气田最大规模的“井工厂”电驱压裂施工取得圆满成功。相较于采用传统柴油驱动压裂机组，电驱压裂具有效率高、占地少、能耗低等特点，标志着涪陵页岩气田全电驱压裂技术达到世界领先水平，创造了页岩气领域低成本、规模化、绿色施工的“中国样本”。

优势明显，实现了经济效益和环境效益的双提升。相比传统的柴油驱动压裂机组，该平台施工效率提高71%，单井减少92吨碳排放量，占地面积减少23%，能源消耗平均降低33%，噪声下降46%。同时，该平台在试气求产过程中采用“中背压阀进站测试”工艺，平均单井回收页岩气20万立方米左右，大幅降低了测试期间的放空燃烧，有效减少了测试过程的碳排放量。

涪陵页岩气田焦页12扩平台采用“井工厂”电驱压裂工艺，创下5项施工纪录。该平台位于重庆市涪陵区焦石镇，共部署气井12口，是一座三层立体开发平台。焦页12扩平台广泛应用新装备、新工艺和新技术，配备5500型全电驱压裂机组，采取“井工厂”拉链式压裂施工模式，运用“细分段簇、簇间暂堵、缝内暂堵、高强加砂”等技术，实现电驱压裂、电动配液、电动输砂等全流程电驱和24小时连续作业。通过选用优质队伍、科学组织生产、架设供电专线、加大供水保障，仅用时50天，便圆满完成12口气井，共计303段的压裂施工任务，累计加砂2.61万立方米、加液47.2万立方米，试气水平段总长度超2万米，创下国内页岩气开发单平台压裂井数最多、段数最多、加液量最多、加砂量最多、单机组效率最高等5项施工纪录。

5　页岩气工程技术实现从“跟跑”到“领跑”

截至2024年上半年，中国石化江汉石油工程公司已成功完钻多口页岩气超长水平井。其中，焦页18-S12HF井水平段长4286米、水平段“一趟钻”进尺4225米，一举刷新我国页岩气井水平段最长、水平段“一趟钻”进尺最长两项纪录。

超长水平井是指水平段长度大于3000米的水平井。因其存在携带岩屑困难、钻具受力复杂、井壁垮塌风险高等诸多技术难题，在山地页岩气钻探中较难实现，一直是页岩气高效开发的难点。

2013年以来，江汉石油工程公司作为主力军，参与建设涪陵国家级页岩气示范区，共同建成涪陵100亿立方米产能页岩气田，助推我国页岩气加速迈进大规模商业发展阶段。十余年来，面对一系列难题，江汉石油工程公司大胆探索、勇于创新，打造页岩气配套技术系列，形成5大技术系列、110项特色技术，创造了100余项工程纪录，单井工程施工成本较建设初期大幅下降。

摸索：走自主创新之路成为必然

江汉石油工程公司自2010年就开始页岩气工程技术的探索。从中国石化第一口页岩气水平井——建页HF-1井，到涪陵大安寨区块涪页HF-1井，开发效果都不理想。“上天容易入地难”，页岩气的开发本就难度极大且风险极高，其钻井深度远远高于常规油气井，普遍在4000米以上，包括2000米左右的水平井段，同时需要大规模的分段压裂。伴随着页岩气开发的风险主要包括井塌、井漏、井喷、浅层气含有硫化氢等，其中任何失误都可能导致严重事故的发生。

与美国相比，我国页岩气多分布在崇山峻岭间，埋藏深、构造复杂，优质页岩储层厚度小，开采难度远超美国。更为困难的是，国内在页岩气开发工程技术和设备方面几乎是一片空白。在建页HF-1井施工中，提供油基钻井液、水平段测井、桥塞和分级射孔技术服务的均为国际知名油服公司。

由于地质特征和开发环境的差距，国外页岩气工程技术在中国页岩气勘探开发中出现了“水土不服”的现象，难以直接应用。除了钻探效果不理想，这场“跨国的联姻”还面临高昂的成本问题。

核心技术绝对保密，关键装备只租不卖，甚至每次设备售后维护都需要支付昂贵的服务费。要想长远开发页岩气，关键技术成为“卡脖子”的障碍。石油工程公司以加快国产化步伐为己任，开始了真正意义上的自主创新实践。

攻关：破解页岩气开发工程关键技术之困

2012年，中国石化江汉油田承担起建设涪陵国家级页岩气示范区的任务，石油工程公司作为页岩气开发的主力军，前往重庆涪陵的崇山峻岭。一个大大的问号摆在他们面前：面对非常规资源勘探开发施工周期长、工程成本高等难题，如何实现气田经济的有效开发？

页岩气开发的关键在于经济可采性，降低开发成本，最终惠及民生。美国的页岩气革命出现，得益于两项关键技术的突破：水平钻井和分段压裂，而这也是公司的攻关重点。

在钻井工艺上，他们主要突破了“三大瓶颈”。一是制订了适合涪陵焦石坝构造页岩气水平井优快钻井的井身结构方案。在上部易漏井段采用清水钻进方式，成功解决了空气钻风险大、泡沫钻有环境污染等难题，一开井段机械钻速提高4~5倍。二是创新实现了大井距平行丛式水平井和鱼钩形井眼轨道控制。针对地质条件复杂的山地“井工厂”模式应用，为确保优质储层的最大化利用，通过优选钻具组合，研制出定向PDC钻头和配套螺杆等工具，代替进口的旋转导向工具，满足了二开大井眼井段的定向需求，解决了水平段牙轮钻头费用高、速度慢的难题，在水平段实现了用一只钻头和一根螺杆一趟钻完。三是形成超长水平段水平井钻完井技术。为此，江汉石油工程公司率先成立专项技术攻关团队，确立了“钻井液+

轨迹+工具+参数”的技术方案，开展钻井液性能优化试验200余次，推广应用“常规LWD（随钻测井）+旋转导向”复合模式，开展长水平段水平井钻头螺杆一体化攻关，形成超长水平段水平井钻完井技术系列20余项，水平段长度增至3000~4000米，实现了长水平段钻井技术从1.0到3.0的跨越，为涪陵页岩气田高效勘探开发提供了有力的技术支撑。

在长水平段分段压裂技术的研究中，他们同样付出了诸多努力。一是开展一体化压前预控和“大平台地质-钻井-压前窜扰”分析，实行“一段一策”，通过预制双趾端滑套顺利建立首段压裂通道，提高压裂液黏度，优化施工参数，实现精准控制，确保超长水平井压裂施工零故障。二是针对超长水平段的泵送射孔难题，结合井眼轨迹优化泵送参数，有效提高了泵送一次成功率。三是受限于现有连续油管作业能力，为解决超长水平井压裂后的扫塞难题，在超长水平段趾端部分的压裂段，优选速溶桥塞或免钻桥塞作为分段工具，辅以桥塞助溶措施，保证压后全井筒与地层的连通性。以焦页18-S12HF井为例，该井完钻井深7161米、水平段长4286米，是目前涪陵页岩气田压裂施工规模最大、国内页岩气水平段最长的井，这也表明了石油工程公司具备了50段以上页岩气长水平段压裂作业能力。

至2024年，公司页岩气规模开发关键工程技术实现了“七大突破”，整体构建并创新了钻井、压裂试气、环保等页岩气开发成套工程技术，有效提升了单井产量和开发效益，实现了页岩气田少井高产的目标。

推广：为气田商业开发插上翅膀

时至2024年，涪陵页岩气钻井周期缩至30天左右，相较产能建设之初，降幅在75%以上，每口井的开发投资下降60%，创造了令人惊叹的“涪陵速度”。

从逐口井作业模式转变为平台批量化流水线模块作业模式，带来了流程再造的挑战。江汉石油工程公司对传统施工流程进行分解，创新性地按时间、空间和设备进行重新组合，并建立了一套完善的行业规范，为标准化钻井、压裂施工提供了规范保障。

经过近十年的学习、吸收、攻关和探索实践，中国石化石油工程公司形成了包括选区评价、"井工厂"设计、定向长水平井钻井、油基泥浆应用、高强度固井、泵送桥塞射孔联作、分段压裂和排采技术等在内的适合中国国情的、完整的、高质量、高性价比的页岩气开发技术体系；获得国家专利54个，软件著作权13项，出版著作3部，发表论文181篇，制定标准规范25项。

从零起步，江汉石油工程公司通过走技术攻关之路，从"跟跑"到"领跑"，随着成熟技术的不断推广和应用，为中国页岩气田商业开发插上了翅膀。

第六章

『深地』建功育英才

第一节　科技精英

1　扎根新疆的“海归”博士

茫茫戈壁，风土黄沙，对于大多数人来说都是非常陌生的景象。但对于湖北人邓尚而言，这里却是他的第二故乡。每当提到新疆，提到顺北，邓尚都会有一种亲切而又特殊的感觉。因为，从2016年开始，他每年平均在这里驻扎300多天。

邓尚本科毕业于中国地质大学，不仅在校期间学习成绩优异，还争取到了莫斯科大学和中国地质大学联合培养的机会。在莫斯科大学就读期间，邓尚深受富有敬业精神的老师影响，逐渐对地质学产生了浓厚的兴趣。

“莫斯科大学里的老教授80多岁都不退休。从早工作到晚，周末也在办公室，敬业的氛围非常好，这让我对地质学、科学研究有了一些感性认识。”

斯坦福艰苦求学

从年少时的懵懂，到脚踏实地学习钻研，莫斯科大学四年的经历，让邓尚对石油勘探有了更深刻的认识，也越发坚定了他想要再深入一步、更进一步学习的决心。“我申请了英国和美国十几所学校，后来陆续收到了一批录取通知，最终还是选择了斯坦福，因为我想做一些应用方面的工作。”

勤能补拙是邓尚在求学期间坚守的信条。初到斯坦福时，面对严苛的科研要求以及激烈的竞争环境，邓尚倍感压力。他的导师在学院里出了名的严厉，小到一篇文章的标点符号，都会仔细审看，不能出错。同时，他的导师也是一位“科研狂”，只要沉下心来做事，几秒钟便能进入状态，持续十几个小时都不觉得疲惫。作为“关门弟子”，邓尚一开始也非常不适应。

“我基本上不休息，每天工作十五六个小时很正常。所以我进去以后大概一年不到就转成博士了，27岁拿到博士学位。”

矢志报国驻顺北

从斯坦福毕业后，邓尚觉得自己对美国的环境并不“感冒”，他渴望着能够在油气勘探的一线踏踏实实地从事研究。他毅然决然地回到祖国，来到了塔里木盆地的顺北油田。

2016年，邓尚来到石油勘探开发研究院，主动要求赴生产一线工作。幸运的是，入职还不到半年他就赶上了顺北油田的发现。

“每天我们工作都非常有激情，一个问题可以争论不休，甚至可以吵起来。我是研究构造的，团队里也有研究地质化学和其他方向的，那个时候我们经常干到凌晨一两点钟。相互之间没有保留。”

从2019年开始，邓尚成为攻关项目的主要负责人，其间还申请并拿到了国家级的基金项目。

扎根一线洒汗水

扎根勘探一线，面对无数的荣誉和奖项，邓尚始终保持谦虚的心态。2021年，邓尚获得感动石化人物奖，成为最年轻的获奖者。还没来得及庆祝，典礼结束后第二天他就迫不及待地飞回了新疆。

对于邓尚来说，这份殊荣并不能证明什么。前辈们发现大油田时的波澜壮阔，那才是邓尚心目中真正的成就，自己的工作和他们比起来不值一提。“我们很幸运，机会来了，我们做了一些工作。”

在一线风霜雪雨数载，邓尚深刻地认识到，要做好地质勘探必须抓紧两个关键点：一个是资料，另一个是问题。而这两个关键点，只有在一线才能真正得到解决。

早在博士阶段，邓尚就习惯了野外恶劣的环境。在美国内华达州50多摄氏度的高温下，他完成了自己的博士论文。那时，出一天野外，邓尚的皮肤经常受到不同程度的灼伤，有时耳朵甚至可以直接撕下来一层皮。尽管这段经历非常艰苦，但却为邓尚打下了坚实的野外基础，使得后来他在塔里木盆地能够心无旁骛地完成科研工作。

“有时我们路上就要花费两个小时，到达目的地时已经汗流浃背了，但是即便如此，我也觉得应该吃这些苦，因为只有坚持，取得成绩时才能水到渠成。”面对恶劣的工作环境，邓尚微微一笑，毫无埋怨。

茫茫戈壁书征程

2022年，邓尚被调回北京工作一年，这也是邓尚与妻子难得的相聚时光。

从博士毕业回国工作开始，他与妻子异地已经有七八年。邓尚的妻子也在科研机构工作，她常常会“埋怨”邓尚留给工作的时间太多。两个忙于科研的人就算聚在一起时，也常常是各找一个屋子，然后分头工作。驻疆工作时，妻子联系不上邓尚，而现在，则是妻子忙到没时间接邓尚的电话。幸亏两人能够彼此理解，生活虽平淡却不失温暖。

以双脚为笔杆，邓尚跟随矿脉在地表的痕迹，将学问实实在在地做在了戈壁滩，将油气勘探的论文写在了祖国的大地上。在大西北，还有许许多多像邓尚一样的石油工作者，他们为祖国加油争气，保障能源安全，在茫茫戈壁中书写了自己的勘探征程。

2 向深层难动用储量说“不”

2019年春节前夕，胜利石油工程公司难动用项目部的万绪新收到这样一条短信：“我代表公司党委感谢您，难动用过去一年取得的成绩远远超出了我们的预期，看着你们交出的成绩单，我们都激动得落泪了。”

看到这条短信，万绪新难掩内心的激动，思绪回到了过去的种种艰辛。耳边不时响起的零星鞭炮声将他拉回现实：“快过年了，过去的一年大家辛苦了，先陪家人好好过个年，年后还有更重要的任务等着我们呢！”

早在1972年，沾化凹陷渤南洼陷的义18井在泥页岩中钻遇了工业油气流，随后多口井在泥页岩层段钻遇井涌或油气显示，当时被称为泥岩裂缝油气藏。“这些看似偶然的‘偶遇’，实际上预示着页岩油的存在，要透过偶然的现象看到本质。”万绪新认为之前的“偶遇”是一种提示，他始终坚信胜利的页岩油终有一天会见到阳光，并且必将大有作为。

在第一轮页岩油开发初期，胜利油田组织了一批专家到国外学习，万绪新也在其中，但他主动放弃了这次学习机会。“真正的技术是买不来的，也是学不来的。”万绪新坚信，在前六十年的开发过程中，胜利油田的先辈们留下了宝贵的研究成果，没有这些积累，仅靠国外的理论无法指导我们的实践。后来的事实也证明，照搬照抄是行不通的。国外的理论基于海相地层，对于济阳坳陷断陷湖盆并不适用，胜利油田的科研工作者又重新回到自己的理论研究上，在前人研究的基础上，找到了新的突破口。聚焦页岩油的地质认识和勘探开发，打破了“胜利页岩油成熟度低，不具备可开采性”的魔咒，建立了针对济阳坳陷断陷湖盆富有机质页岩的“储集性、含油性、可动性和可压性”综合评价体系，提出了灰质页岩可压性评价技术……

经历了十年的艰苦摸索，胜利页岩油在地质研究、钻井工程、压裂工艺等多领域均实现了重大突破后，终于迎来了大爆发。

2018年，胜利页岩油拉开了快速推进与全面开发的序幕。页岩油开发项目很快占据了万绪新难动用项目部的半壁江山。

地质工程一体化的优势在页岩油的开发中发挥得淋漓尽致。经过几年的努力，义页平1井、渤页平5井、樊页平1井都成了高产明星井，胜利页岩油已经成为当之无愧的接续阵地。

樊页1井组是第一个页岩油开发井组，通过建立学习曲线，各项技术得以不断快速迭代。最终，樊页1井在井深增加、水平段增加的基础上，钻井周期缩短了50%。尤其是樊页1-3HF井、樊页1-1HF井均实现了钻井周期50天以内的目标，每口井平均钻井周期44.95天，初步形成了胜利页岩油优快钻井的基本技术模式，并创下了多项指标纪录。

樊页1-8HF井三开旋导一趟钻完成进尺，刷新了旋导单趟进尺（1771米）最长纪录，钻井周期仅为9.79天。

樊页1-3HF井钻井周期为47.83天，有效钻井周期41.18天，创页岩油水平井钻井周期最短纪录。

樊页1-1HF井三开使用两趟钻完成2627米进尺，三开钻井周期为18.35天，创页岩油水平井三开周期最短、趟数最少等纪录。

樊页1-4HF井完钻井深6023米，水平位移3604.17米，水平段2273米，创下胜利工区页岩油水平井井深最深、水平位移最大、水平段最长等纪录。

接下来的牛页一区示范井组将创建国家级页岩油示范区，向世人展现胜利页岩取得的成果。2022年初，4部钻机先后进场开钻，示范井组要展现出示范的样子，要打造页岩油开发的标杆。这是对胜利工程近年来技术发展的一次大检阅。

首先令人赞叹的是井组设计。牛页一区示范井组，最初设计为8层楼20口井，采用单束式排列，设计难度超乎想象。一方面，既要考虑地质“甜点”，照顾到地层的可压性，又要考虑钻井施工过程中的防碰绕障；另一方面，既要考虑4部钻机同时钻进，选择什么样的钻井顺序才能更科学，又要考虑尽量避免两部钻机之间的交叉打井。哪一个环节考虑不到都要推倒重来。经过十几轮的分析论证后确定下来的方案，随着施工的进行和研究的深入，还要不断地做出调整，最终由8层楼改为5层楼，后期的轨迹调整、防碰绕障更是难上加难。胜利工程凭借高超的立体绕障技术和精准的轨迹控制，完成了全部20口井的设计施工，这一壮举堪称教科书级别。

进入牛页一井场，几乎可以看到胜利工程全部的最新科技成果，如自动猫道、铁钻工、机械臂以及二层台上的自动排管机等。钻台上的大部分操作已经实现自动化，操作人员只需按一下按钮即可完成操作；泥浆罐上除了上料机械臂，还配备了钻井液实时监测系统，可以实时监测泥浆性能；钻机全部改用电驱，而且大多数使用太阳能产出的“绿电”；还有精细控压、旋转导向、高效PDC钻头、提速工具、合成基钻井液等高科技产品，在牛页一井场上都能见到。

2022年8月25日，胜利济阳页岩油国家级示范区揭牌。国家能源局、山东省和中国石化集团公司等领导出席了仪式，会场气氛热烈，场面宏大。主席台上，各级领导对示范区表达了殷切的期望，作为页岩油工程技术负责人的万绪新更加感受到责任重大：“做国家级的示范区，就要拿出看家的本事，不能在全国人民面前丢脸。”

2022年10月28日20:00，牛页一页岩油示范区牛页1-3-203HF井三开钻进至井深3651.59米时遇到了异常高压层，发生了溢流。井队及时发现并关井，实施压井后，因井底地层压力敏感性较强，只有当量密度在井底处于2.14~2.15克/立方厘米时才能维持平衡状态，密度窗口非常窄。密度高于2.15克/立方厘米时会发生漏失，低于2.14克/立方厘米则会发生严重油气侵。井队经过7天的连续奋战，尝试了所有压井措施，均无法安全钻进，就连精细控压也完全失效了。关井油压已高达45兆帕，情况十分危急。

胜利工程高度重视，立即组织专家会诊。在场专家已提不出其他更有效的压井措施，万绪新则反其道而行之，提出了在钻杆内诱喷引流的方案。虽然以前没有过类似的处理方法，但似乎也没有其他的办法了，于是，大家决定按他的方案试试。

从11月3日起，实施诱喷引流。组织放喷工具，配采油泄压管柱，封隔器下钻至预定位置，安装地面管汇……

经过5天紧锣密鼓的组织调度，一切准备就绪。11月8日下午1点，正式进入诱喷引流程序。

13:50开始往井内注入基浆，14:26停泵。关闭井口闸门组，连接水龙带闸门，检查地面管汇闸门，开启地面节流管汇，泄压诱喷引流，关闭上半封闸板防喷器。

一连串操作完成下来，17:00诱喷成功。熊熊燃烧的放喷火炬让人们看到了积蓄在地下的巨大能量，这一幕让采油厂乐开了花，第一次边打井边收油，油井还没投产就有了这么大的收获。经过10天的诱喷引流，采油厂共收获了2000多吨油，地层压力也慢慢降了下来，降至安全范围内，钻井施工得以继续进行。

2023年春天，已接近尾声的牛页一区示范井组捷报频传：牛页1–3–103HF井有利岩相钻遇率100%，钻井周期为30.82天；牛页1–3–501HF井钻井周期为29.5天。中国石化油田勘探开发事业部和石化油服先后发来热情洋溢的感谢信，感谢他带给人们一个又一个的惊喜。

动难动未动之储量，闯无人敢闯之禁区。万绪新带领他的团队在技术创新的路上勇毅前行，如今已年近60岁的他像年轻人一样步履矫健，他的奋斗目标是把难动用的储量全部动用起来，让老油田持续下去，焕发新的生机。

3 追梦大气田

2017年3月21日，《人民日报》、《光明日报》、中央电视台等中央媒体集中报道了中国石化江汉油田涪陵页岩气田累计供气突破100亿立方米的消息。

为何如此吸引媒体的目光？因为这标志着中国页岩气已加速迈进大规模商业开发阶段。

四个字概括：为国争气！

说得大气，行来不易。其中滋味，江汉油田分公司科技处处长兼涪陵页岩气公司副经理、涪陵页岩气田开发建设的主要参与者刘尧文深有体会。

以苦为乐，为了气再拼也值得

2012年底，按照集团公司党组决策部署，江汉油田承担了涪陵页岩气的开发重任，拉开了建设中国首个页岩气田的序幕。时任江汉油田采气厂技术主管的刘尧文接到组织调令，二话没说，立即开赴会战前线，成为第一批参加涪陵会战的“先遣队员”。

来到焦石镇后，生活条件和工作环境的艰苦超出他的预期。租住的农房阴冷潮湿，经常停电停水，隔三岔五，晚餐就变成了烛光餐，洗澡变成了干搓的。即便如此，租房的床位还是相当紧俏，由于刘尧文经常加班，床位常被临时上来的同事“征用”，他就经常像宿舍管理员一样查铺，瞅到空床就凑合一晚。办公桌是刘尧文从原单位借来的一张乒乓球桌，兼具办公、开会、餐桌的功能。现场踏勘随身必备砍刀、木棍和创可贴，披荆斩棘手挂彩，翻山越岭脚起泡，晴天一身灰，雨天一身泥，成为真实的写照。

2013年初，试验井组开发方案编制工作进入关键阶段，他和同事们主动放弃回家过年，跑现场、查资料、搞论证，半个多月的时间，夜以继日、通宵达旦，方便面的纸箱堆了好几个，一个个技术难题被攻克。就在那张乒乓球桌上，刘尧文带领大家搞出了中国首个页岩气井组开发方案，并顺利通过了总部审查。

“要对得起党的培养，做一名合格的党员，牢记为中华民族争气、为中国石化争先、为江汉油田争效的光荣使命，为页岩气发展多做贡献，个人得失不算啥。”这是刘尧文发自内心的话。

2013年，就在涪陵气田试验井组产能建设会战如火如荼时，刘尧文的儿子也正面临人生的重要环节——高考。一头是国家的“气田梦”，一头是孩子的“大学梦”。为难的他打电话告诉儿子：“原谅爸爸不能陪在你身边，你争气考上好大学，我争气多出页岩气，一起雄起！”

天道酬勤，父子的约定迎来了双喜临门：儿子考上了清华大学，刘尧文提议的17口试验井也相继喜获高产，实现了当年开发、当年投产、当年见效，提前进入商业化开发，成就了中国页岩气田梦。

以严为要，打造示范建设新标杆

在一期50亿立方米产能建设过程中，地面工程、信息化工程的技术含量相对钻井、试气等主体专业而言较低，成为非专业技术承包商眼中的“香饽饽”。但在严格市场化运作、招投标管理的模式下，想“走关系”的承包商也无计可施。

2014年，涪陵页岩气公司计划新建生产调控中心，许多二级代理厂商、民营企业都想参与这项工程。作为主管技术的副经理，为了确保工程质量、严格控制投资，刘尧文要求公司相关部门直接面对一级制造厂商进行公开招标，减少中间环节。一些想通过关系承揽工程的单位被拒之门外。最终，一家资质齐全、实力雄厚、技术较强的企业脱颖而出，且中标合同金额比招标价节省了100多万元。

涪陵页岩气田开发建设专业性强，技术标准高。刘尧文发现系统内某金牌石油工程队伍在一次作业中违反操作规定后，立刻对其进行了严厉的批评，并要求其在全工区生产会上作检讨。在产能建设初期水平井地质导向施工中，个别单位提交的施工参数时有偏差，甚至有的单位为了少下一趟井下工具而对数据造假，刘尧文发现这一情况后，立即责令相关单位停工整改。

以廉为荣，保持干净干事真本

在与形形色色的承包商打交道过程中，刘尧文给自己“约法三章”：不在家里与承包商谈业务，不接受承包商的私人宴请，不接受承包商许诺的各种“好处”。他时时慎独，挡住诱惑，这使他在与承包商打交道时底气十足，在坚持原则时无后顾之忧。

2015年春节，一家施工单位负责人来汇报工作，临走前悄悄在办公桌上留下一张银行卡。他发现后，马上打电话给对方，但无人接听，随即找来部门两位同志暂且保管，后经多次联系，督促这家单位取走了银行卡。

气田开发期间，经常有熟人找到刘尧文，想通过他承揽一些工程项目。这里面既有几十年前的大学同学，也有原来一个单位、一个宿舍的好朋友。有的不厌其烦多次给他打电话，有的驱车赶到焦石镇来找他，刘尧文都以不分管地面工程或者是参与页岩气技术服务的门槛很高，一般企业技术能力、服务水平难以达到要求等理由给予回绝。他在湖南老家的妹妹，家庭条件较差，妹夫平时在外打工，一家人日子过得非常清苦。得知哥哥是年投资上百亿元项目工程的分管领导时，就想承揽一些小项目、小工程来改善生活条件，对此，刘尧文一直没有答应。

“我是一名技术型专家，在有些人眼里就是一个‘技术控’。一心只想着技术研究、气田开发。”他是这么说的，也是这么做的。随着涪陵页岩气田一期50亿立方米产能建设圆满收官，二期50亿立方米产能建设全面启动，刘尧文和他的同事们一道，正在建设百亿立方米气田、打造中国石化效益工程的征途中攻坚克难、执着追梦。

4 为国争气路上的领跑人

在涪陵页岩气田的简易办公板房里，每晚总有一扇窗户透着光芒，员工习惯把它当作坐标，说看着它心里踏实。因为那灯光下，有人正在思考气田产能和资源持续接替的方向，研究每口气井下一步的生产优化措施，确定即将实施的每口井的参数，谋划气田未来的增产与稳产策略……孕育着气田持续发展的希望。

这个人就是涪陵页岩气公司35岁的总地质师沈金才。多年来，他扎根深山，从零起步，依托自主创新，锐意进取，为保障国家能源安全、保障国家清洁能源供给做出突出贡献。他参与或主导的科研项目先后获得国家级、省部级等多个奖项，个人先后荣获重庆市五一劳动奖章、中国石化闵恩泽青年科技人才奖、中国石化十大杰出青年岗位能手、全国青年岗位能手等荣誉。2020年，沈金才又荣获集团公司“百日攻坚创效”行动先进个人称号。

攻克技术难关，研发国内众多页岩气开发“首创”技术

涪陵页岩气田是全国首个实现商业开发的页岩气田。2014年，沈金才初到气田时，不仅面临艰苦的工作环境，而且开发上面临“四大皆空”——无技术、无经验、无装备、无人才，再加上国外对页岩气开发技术层层封锁，所有人都承受着巨大的压力，忧心忡忡。

当时，气田急需制定页岩气开发技术政策，这是国内首创，没有现成经验可以借鉴，其质量的高低直接关系到气田开发的成败。开发政策反复修改，最后卡在水平井布井模式设计这一核心环节上。如果采用常规方式，每平方千米至少损失15%的储量，而气田300平方千米的开发面积意味着损失储量高达400亿立方米。作为这个项目的“主攻手”，沈金才找来大量国外文献和专业书籍，夜以继日地钻研，就连在出差的火车上也捧着书钻研。最终，他成功研究出在地下高架桥式的水平井组布井模式，实现了地下储量零损失，前来调研的领导和专家对这种高效布井方式啧啧称奇。

“他属于工作狂。”一位油田领导回忆，“有一次我和小沈去外地出差，临时接到一个方案制订工作，为了把方案做得尽善尽美，这位年轻人三天三夜没出宾馆门，连续啃了三天方便面。”凭着这股冲劲和干劲，善于思考、勤于总结的沈金才向一个个技术难题发起挑战。

在气藏动态管理方面，他首次提出页岩气井动态合理配产的理念。为了严谨论证此项技术，他没日没夜地在海量的图表和数据中分析研究，累了就在办公室和衣而眠，饿了就啃个苹果。终于，在实验室结论与矿场试验结果的双重验证下取得成功，填补了国内页岩气配产制度的空白，为国内页岩气井的科学开发提供了参考。2018年，气田老区递减严重，面对产能接替的难题，沈金才主导攻关气田老区立体开发调整项目。他和团队创新研发了国内首个页岩气立体开发模式，大幅提高了涪陵页岩气田采收率，使老区立体开发采收率达到38.6%，达到国际先进水平。

在为国争气的路上，他一路奔跑，见证了气田的飞速发展。涪陵页岩气田连续多年保持全国页岩气产销量第一、页岩气开发技术持续领先的记录，已累计为国家输送超400亿立方米页岩气，焦页1HF井、焦页6-2HF井分别创造了全国页岩气累计产气时间最长、累计产量最高的纪录，开发技术指标达同类型气藏的最佳水平。

打造科研团队，为中国页岩气开发注入新生力量

岁月静好，总是眷顾有能力、有担当的人。这些年，沈金才从“小沈”一步步成长为“沈总”。在收获成长和进步的同时，他意识到气田开发是一个庞大的系统工程，需要培养更多优秀、能啃“硬骨头”的科研人才，形成系统的分专业研究方法和工作方法，并在技术人员中一代代传承、积淀、创新和升华，以长期管理和开发好气田。他利用公司成立全国首个页岩气院士专家工作站的有利条件，

让青年员工能够参加“大咖”级别的学术交流。沈金才组建湖北省青年创新工作室，开展青年科技论坛、青工轮训、“X+1”导师带徒等活动，激励更多青年员工参加创新创效活动，用科技力量引领“涪气”腾飞。

当谭聪硕士毕业后分配到公司时，沈金才发现他有主见、创新能力强，便着手培养他，从动态分析、气藏管理入手，带着他跑现场，加班研究科研课题。随着谭聪工作经验的不断丰富，沈金才给他压担子，让他参与气田开发方案的编制。开发方案纷繁复杂，一环扣一环，往往一个数据修改，整个方案都要重新调整，很多技术人员都打怵。“确实累，压力也大，但好在有师傅陪我熬夜，列提纲、找资料，很多时候，我没想到的，师傅都替我想到了，修改意见写满了几页纸。”谭聪说，“年轻时就能站在一定的高度考虑问题，这对我的能力和未来的工作肯定大有帮助。”

在“百日攻坚创效”行动中，沈金才作为“百日攻坚创效”行动勘探评价增储组组长、日度保产小组组长、地质工程方案优化组执行组长，带领团队争分夺秒，高质量完成了储量、产量、评建进度、增效降本、“四提五化”等目标。即便在新冠肺炎疫情的影响下，气田产销量、产建速度和技术指标仍均高于前一年同期水平，得到集团公司董事长的充分肯定。

科技团队力量的壮大，为页岩气开发注入源源不断的新生动力。目前，气田在页岩气立体开发技术政策、优快钻井、压裂工艺等方面再次实现升级换代，气田储量动用率、最终采收率、气井产能、钻井和压裂速度以及开发降本指标均提高30%以上。沈金才带领的技术团队，平均每两个人就拥有一项国家专利或行业标准，多项科研项目成果处于国内领先水平，团队先后获得“全国工人先锋号”“全国青年文明号”“全国五一巾帼标兵岗”等众多“国”字号荣誉。

5 用技改为超深油气井开发增效

告别了领奖台上的聚光灯，回到单位的刘守朝拉开抽屉，把鲜艳的“中国石化劳动模范”和“新疆五四青年”的奖状整整齐齐地放了进去。然后唤醒电脑，继续攻克“心心念念”的“沙漠地带埋地柔性复合管如何监测管线移动情况及如何快速巡线技术”难题。

加入西北油田的12年里，刘守朝主持设计了7项国家发明及实用新型专利，带领团队完成了超深油井开发技术革新和提质增效攻关等创新创效项目50余项，累计创效近2亿元。

顺北作为西北油田上产的前沿阵地，有着丰富的油气资源，依旧喜欢泡在现场的刘守朝，看着日益上升的油气产量，再次陷入了沉思。

“顺北一区单井主要产出原油，但也有少量伴生气，如果能让这些伴生气‘颗粒归仓’，那不就是既环保又提产，一举两得了？”把想法变成现实是刘守朝一直坚持的原则。

经过和工作室的技术骨干、生产运行岗的同事们多次讨论后，现场考察、优化管线建设方案、现场设备选取，每个环节都有他的身影。

2021年，顺北低压伴生气回收改造工程荣获西北油田分公司技术革新与改造奖一等奖，全年共计回收天然气822万立方米。

高举着大榔头使劲砸，几个人使大劲扭管钳，抱着铁疙瘩满头大汗……这是传统石油工人的形象，也是一线工人的无奈之举。

做新时代实干苦干加巧干的工匠，动手重要，动脑更重要。2024年6月11日，在顺北油田SHB4-7H井口，刘守朝和巡检员万凯一起验证了他的最新技改成果——一种高压采油树固定式节流器压盖。

以前，这口井拆装节流器压盖，需要2个人同时操作，半个小时都搞不定，现在一个人10分钟，拆卸、检查、安装全部轻松搞定。

顺北油田以高压油气井为主，普遍采用耐压140兆帕的采油树，仅采油树固定式节流器压盖就重达40.7千克，检查、更换一次油嘴需要把压盖从平台1.4米高处拆下一次、回装一次，费时费力，还具有一定危险性。

据统计，仅2024年1—5月，顺北油田二区巡检岗采油现场检查更换油嘴就有400余次。经过刘守朝的技改创新，巡检人员彻底告别了甩榔头的历史。

刘守朝2010年从中国石油大学毕业来到西北油田。当初，大学毕业生普遍选择管理或技术序列岗，而刘守朝却选择了操作序列岗，成为一线操作工人。

2019年初，刘守朝又来到大漠更深处，投身到“深地一号”建设现场。这里距离城镇更远，工作条件更差；但这里也更迫切需要创新工艺技术，更急切需要提高生产效率。

顺北油田油藏平均埋深在8000米以下，独有的断控缝洞型油藏，导致油气井普遍产生了“三高”，即高压、高温、高含硫化氢。

由于原油中含大量伴生天然气，造成井口取样难度大，加之硫化氢浓度远超安全标准，需要巡检人员佩戴正压式呼吸器取样，每次耗时2个多小时，既费力又不安全。

刘守朝分析了取样流程和原理，花费两个月的时间发明了井口高压取样器，避免了取样口天然气及硫化氢逸散，提高了取样时效，单井平均取样时间缩短为30分钟。

“他熟悉每口井的脾气，也有解决高压油气井疑难杂症的配方，是油田里的专家号。”同事们都对刘守朝赞不绝口。

在顺北油田短短5年时间，刘守朝带领创新工作室团队获得了157项自治区群众性优秀创新成果。

“不忙的时候，我特别喜欢去赏胡杨，一定得是沙漠里的胡杨，欣赏它们的坚毅、执着，让我在沙漠里也能充满激情。”这是刘守朝在微信上向同学赞美胡杨的话语。

6 井场上走出的技术专家

眨眼之间，江汉油田涪陵页岩气公司的总工程师李远照在气田已经奋斗了10年，从一名技术精湛、意气风发的后生成长为果敢沉稳、声名远播的技术领军人物，他不仅见证了我国页岩气开发的关键时刻，还见证了我国页岩气从2012年至今的10年赶超之路。

2012年底，涪陵气田开发之初，国内页岩气开发尚处于起步阶段，质疑“是不是页岩气”的声音不断，技术、经验一片空白，问题层出不穷，开发涪陵页岩气犹如赤手空拳攀登珠峰，难度可想而知。

李远照当时作为油田酸化压裂专家，在一片怀疑声中，揣着一颗滚烫的心奔赴井场，向页岩气开发这个世界难题发起了挑战。

“很多优化和改进，现在看来都是颠覆性的，要承担很多风险、责任和压力，那种煎熬，那种彷徨，只有经历过的人才能体会。”李远照坦言。

每天，天还未亮，他就已赶到井场，全程指导酸液配制，严格控制施工参数的变化，不断解决现场的疑难杂症；晚上，他挑灯夜战，只为把施工曲线分析得更透彻，把问题梳理得更清晰，经常熬至深夜。不论严寒还是酷暑，井场上总有他忙碌的身影。“一身红工衣，班班都见面，长凳当床睡”，这是一线工人对李远照的印象。遇到“硬骨头”井时，狭小的指挥车内，香烟点起，烟雾缭绕，大家在浓烟中办公，但无人介意。

就在这样没日没夜玩命工作的日子里，李远照揭开了神秘地层的“面纱”，积累了丰富的技术经验，试验井、开发井一口口地喜获高产。

李远照说，每次攻克难关后，那种幸福和欢乐都是淋漓尽致的，但也是短暂的，因为挑战总是接踵而来。

近年来，气田推行立体开发调整，提高采收率，将井网“织”得更密，提产量、降成本这道技术新命题摆在了李远照面前。

李远照深入分析研究页岩气压裂试气工艺、入井材料和组织运行等情况，对压裂工程工序进行优化，推行“多段多簇密切割+限流压裂+高强度加砂”压裂新工艺，并打破常规，大胆起用支撑效果相当、价格更为便宜的石英砂替代陶粒，采用低成本的压裂液体系。

更换入井材料绝非小事，这需要极大的勇气，因为现场变数多，任何一环出现偏差，投资几千万元的井报废不说，还要承担重大生产责任。

压力重重！首口井试验的日子，李远照开启了驻井模式，压力、排量、砂比……每一个参数的“风吹草动”都牵动着他的神经。结果令人振奋，开发调整井不仅产量高，还因低成本材料的启用，每年能够节省上亿元的投资。

“吃得了苦，才拿得到糖！”李远照笑了。

白马区块开发难度大，地下情况复杂，地质条件先天不足，改变不了，只能从工程技术上寻找突破口。

李远照顶住压力，接过重担，带领攻关团队不断优化工艺，采用新型压裂工艺，把地下裂缝压得更碎、更均匀，一批气井获得高产，其中焦页106-6HF井试获13.04万立方米/天的高产，创白马区块测试产量最高纪录。2023年底，白马区块成功上交了千亿立方米的储量。

气田首口含硫化氢井试气、气田首次开展“套中固套”重复压裂、气田最大规模全电驱压裂施工……每一次的攻关，都是对思路、整个技术体系包括工艺、工具、参数、材料的联合梳理、整合和优化，方案一次次讨论、修改，往往一个数据修改，就需要将所有数据重新计算，人像得了“强迫症”。

“提出问题，不断试验、否定、改进，再试验、再改进，不厌其烦，直到找到正确答案。”李远照说。

在每个关键施工现场，李远照都全程盯在井场，监督施工，想法子，蹚路子，推动开发技术的进步。在“套中固套”重复压裂施工中，他和国外知名技术服务公司强强联手，利用自身的技术优势和对地层的深入了解，优化排量、砂比等参数，提出前置补能的方法，并省去下套管前的堵漏工序，使气田“套中固套”重复压裂一次性获得成功，开国内页岩气开发的先河。

近年来，李远照带领技术攻关团队，创新集成了全国首套页岩气开发的五大技术体系，实现了我国页岩气开发技术从无到有，从跟跑到领跑的重大跨越。“套中固套”重复压裂、全电驱压裂、三层立体开发等技术达世界领先水平，使我国成为少数几个掌握页岩气开发核心技术的国家之一。依靠这些核心技术，涪陵页岩气田压裂施工700多口井，累计产量超435亿立方米，创全国累产最高纪录。

解锁新技能，踏上新征程。这条长达10年的开发之路，李远照走得坚定而踏实，未来，还会有更多挑战等着他一一征服。

7　牵引气龙出深山

刘乔平身上荣誉众多，包括江汉油田劳动模范、重庆市涪陵区“拔尖人才”、“巴渝工匠”、重庆五一劳动奖章、全国五一劳动奖章……他说这些荣誉也是责任，必须全力做好。

页岩气开发是一项世界级难题，国内并无先例。初到涪陵页岩气田时，面对全新的领域，刘乔平选择直面挑战，不断学习和攻关。

他白天在井场实地考察，晚上查阅国外文献，深入学习各种开采工艺，从理论到实践，一天也不敢松懈。档案室成了他第二个“家”，长凳就是床，经常学晚了就在长凳上休息。

就连短暂的回家休假，刘乔平也是忙碌的，经常工作到凌晨，爱人向梅甚至要“命令”他睡觉。一天，向梅上班前嘱咐他做饭，下班后见他在埋头赶材料，揭开锅盖，水还是水，米还是米，原来他忘了摁煮饭键，令向梅哭笑不得！

类似的“乌龙”事件太多了，刘乔平也说不清有多少回，可他清楚地记得每口井的生产特征，以及每项科研课题通过论证、试验成功的日子。

长期的学习和积累，带给他的是工作能力的量变与质变。

页岩气井初期产量高、压力大，但随着开采时间的延长，产量递减快，生产压力低于输气压力，导致气体堵在井口无法输送。

刘乔平凭借深厚的技术功底，提出运用增压开采技术增产的方案。该方案通过总部的先导试验论证后，他更加投入，现场跑得更勤了，方案改得更细了，使研究工作不断趋于完善。现在，经过多轮次优化的增压开采技术已成为气田增产利器，日增气达345万立方米，年增气超过12亿立方米。

他还成功把常规气开发中的清管作业应用于页岩气开发，确保页岩气输气管道的畅通。“过程太曲折艰难了，方案改了无数遍，我一个人就汇报了16次，加班加点成为常态。”刘乔平说。

他尝试了适用于气田的缓蚀杀菌剂和抗菌剂，现场应用效果良好，这些技术已在气田大规模推广，解决了重大安全隐患，避免了数千万元的经济损失。

针对气井中后期的井筒积液难题，他积极开展排水采气工艺技术攻关，形成高效气举、物理消泡、智能柱塞举升等页岩气特有的排水采气技术系列，年增气超过12亿立方米。

在气田工作的9年期间，刘乔平获局级以上科研成果20多项，获授权国家专利12项，很多成果填补了国内页岩气开发技术空白。

刘乔平所在的部门是出了名的忙。但无论多忙，刘乔平都会腾出时间，和同事一起捣鼓采气工具，那些在外人看来“怪模怪样”的工具，他们却乐此不疲地研究着。

“钻研要用心，工具不是看一眼就能明白的，要拆开来看，从结构到原理，把它琢磨透。”刘乔平说。

陈筱林2019年研究生毕业后被分到涪陵页岩气公司，初到气田，她形容自己是个职场“小白”。“问题太多了，什么都要学。”

刘乔平为她推荐专业书籍，带着她去现场实践学习，编制技术方案、汇报PPT时，一页页地指导她修改。在刘乔平的帮助下，陈筱林成长迅速，获得多项局处级科研成果奖励，并被评为公司劳动模范。

青年工程师李牧也说，办公室里的钻研氛围很浓厚，导师带徒注重理论联系实际，令他受益匪浅。现在，他已成长为排水采气方面的行家里手，被评为江汉油田青年岗位能手。

李牧说：“刘专家很少说话，也不用说话，因为他每天坐在电脑前专注工作的身影就足以打动我们，并告诫我们要努力。”

焦石镇是气田的核心开发区，位于深山之中，条件艰苦，生活不便，有员工编了一个顺口溜：“拍张婚纱照，坐车六十里，妹在涪陵盼，郎在焦石急。”

刘乔平也是如此，女儿上学需要一家三口的合照，愣是计划了几次才拍成。

“想我吗？”刘乔平常问女儿。“你都不在家，想你干什么？”女儿回答。

从幼儿园、小学到中学，女儿都是在脖子上挂一串钥匙，步行十几分钟，独自上学、独自回家。每当有人夸女儿懂事独立，涌上刘乔平心头的却是酸楚。

向梅是采气一厂的采气工，在刘乔平的帮助下，2011年参加湖北省采气工技能大赛，获得大赛采气工技术状元，并荣获湖北省五一劳动奖章，是绝对的金牌“蓝领”。

“本来在家就没地位，这下子地位更低了！”刘乔平笑言，“直到2017年我获得重庆市五一劳动奖章，才算打平。”

由于刘乔平长期顾不上家，向梅主动从心爱的采气岗退出，转为后勤人员。2018年，向梅父亲、母亲双双患病住院，照顾病人的辛劳让向梅几乎崩溃。刘乔平请假回去帮忙时间也有限，只能经常打电话安慰、鼓励她。

“他很会开导人，总能带给你希望，聊过之后就轻松多了。我老公是事业和家庭都兼顾到了，我很幸福。”向梅说。

8　根植现场的“科技达人”

“郑专家，你真神，焦页87–2HF井仅用3天就完成了转抽作业，如果用传统技术，这种转抽作业需要12天。”2024年4月29日，在涪陵页岩气田井场上，气田作业队队长向勇说。

郑瑞波现任涪陵页岩气公司采气工艺专家、江汉油田郑瑞波创新工作室带头人，和油气打了16年交道，是全国“五一劳动奖章”获得者，被人们亲切地称为“科技达人”。

把办公室当成家，从零起步成长为采油专家

2008年，郑瑞波大学毕业后被分配到江汉采油厂基层队实习，面对陌生的井队、荒凉的井场、复杂的采油曲线，他没有丝毫犹豫和彷徨，从零起步，全身心地钻研起来。他每天徒步往返于野外井站之间，仅用一个月时间，就把全队50多口油水井管线走向、工艺流程和生产参数熟记于心，即使在周末或节假日，他也待在队里，向高级技师学艺。一年后，由于表现出色，他被选拔进采油工艺研究所，跑野外、做分析成了常态。他把办公室当成家，3把椅子拼成床，困了或者累了就躺下休息一会儿，精神好了就起来画草图、改方案、想措施。2019年，他主持发明的“联作”系列修井技术，颠覆了行业传统，将举升采油和修井作业深度融合，多次打破油田修井最深、占时最短、产量最高的纪录，成为低油价下油田效益开发的“利器”。

他曾夺得油田青工油气藏动态分析大赛工程技术组冠军，荣获中国石化“闵恩泽青年科技人才奖”、湖北省国资委“优秀共产党员”、“向上向善好青年”、湖北省“五一劳动奖章”等荣誉。2019年，在中国石化举办的首届青年科技精英赛上，郑瑞波成为油田唯一获奖的青年。他和团队获得全国、集团公司及油田多项科技进步奖，14件授权发明专利填补了国内油气开采领域的技术空白，26件实用新型专利创效显著，50余项技术成果在油田推广，多项技术成果达到国际先进水平，累计创效6500余万元，成为油田最年轻的采油专家。

敢于挑战权威，潜心研究让设计方案达到最优

“较真，敢于挑战权威。”同事这样评价他。

2013年，在使用美国一家技术服务公司的“有杆泵现代设计与模拟系统”软件时，他发现系统数据有误差，如果问题不解决，油井设计方案就达不到最优。

经过3个月的潜心研究，他找到了症结，把研究结果和修正意见传给这家公司。不久，一封感谢函传回邮箱，这家公司技术总监诚恳地说：“你是我公司全球油田用户中第一个发现这个问题并提出修正意见的优秀工程师，你的建议使我们的产品更加完美，我们深表感谢。”

2015年，郑瑞波在开展油区螺杆泵举升工艺研究时，发现专业权威图书《采油技术手册》中，井下螺杆泵级数的计算公式和参数解释存在问题，他再次向专业权威书籍发起挑战，修正了《采油技术手册》中的一项公式谬误。不久后，他收到来自出版社的感谢函，并承诺将在手册再版中修正此公式。

扎根作业现场，不停攻关解决页岩油气生产难题

近年来，随着页岩气大规模开发，涪陵页岩气田成为油田增储上产主阵地，但不少气井井筒积液严重。“气井最怕水，就像人喉咙黏了痰会呼吸困难一样，井筒积液会造成气井‘胸闷发慌’，严重时还会停产。”谈到积液影响采气，郑瑞波形象地打了个比喻。

能否将传统的抽油机采油技术“移植”到页岩气井上？带着这个想法，郑瑞波和同事在气田试行抽油机排水采气技术。“试行这项技术的难度大、风险高，好比唐僧西天取经，险象环生。特别是抽油机运转时，如果发生抽油管杆断脱，井口就存在油气敞喷的风险。”不少业内专家听说后，都直摇头。

但郑瑞波并没有放弃，他不分昼夜地查阅文献、跑现场，经常在井场一待就是10多天。经过3个多月的努力，他研发了“全封式盘根盒+坐封式抽油泵”组合配套井控防喷技术，成功解除了井口喷漏的安全风险，打开了抽油机排水采气技术应用的大门。

9 西部超深井的“心血管”医生

只要有“柴”在，不怕没火烧。提到胜利石油工程公司的钻井液技术高级专家，大家纷纷夸赞他精湛的钻井液技术和处理复杂井的水平。

塔里木分公司90128队施工的奎屯1井是中国石化部署的重点探井，设计井深8200米，邻井参考资料少，上部地层大井眼携岩困难、泥岩井段大段垮塌，给施工带来极大挑战。

钻井人都知道，要打好井就必须先搞好钻井液，钻井液是钻井的“血液”，钻井技术人员好比“心血管”医生，只有精细诊断、详细研判、对症下药，才能确保施工顺利。

在井上，柴金鹏认真研究施工情况，勤做钻井液性能实验，分析对比，重新调整钻井液性能，成功攻克难题。二开仅使用一只311.2毫米的PDC钻头，实现了进尺2026米，机械钻速达7.31米/时，创该区块单只钻头单趟进尺最多、机械钻速最快等纪录，并顺利将二开套管下至6588.4米，创该区块技术套管下深最深的纪录。

奎屯1井三开需选用合成基钻井液体系，虽然其防塌能力明显优于水基钻井液体系，但在施工过程中仍要面对高温高压、垮塌漏失等施工风险，给生产施工带来极大挑战。合成基钻井液体系在低温下黏切力提升，流动性变差。当现场温度低至零下25摄氏度时，泥浆黏度上涨至150秒，严重影响了钻进循环排量。

面对诸多难题，柴金鹏从不退缩，攻坚克难、不惧困难，他收集整理北疆区块合成基钻井液体系的施工资料，分析总结体系中存在的缺点与不足，多次与钻井液服务中心的钻井液专家沟通研讨，通过多次实验，有针对性地进行了配方调整。他还深入研究地质剖面、岩性特征，仔细推敲分析研究，帮助井队制定合理的施工方案。

每天，他坚持观察分析现场泥浆流型、振动筛返砂、录井砂岩情况，精准调控泥浆性能，将密度、黏切、破乳电压等核心参数控制在安全窗口范围内，为井下安全把准“脉”，开好“药”，为奎屯1井的安全平稳施工提供了有力保障，也为北疆工区提速提效奠定了基础。

有人说，柴金鹏不仅是一名钻井“心血管”医生，还是一名救火队员，哪里有险情，他就冲向哪里。哈山5井在二开中完期间，多次发生阻卡问题，柴金鹏认真分析原因，研究对策，采取分段大排量携砂、调整封井浆配方等多种措施，有效解决了阻卡难题，最终确保电测顺利到底。董17井三开钻遇煤层，存在极大的垮塌卡钻风险，他指挥现场及时调整泥浆黏切，强化封堵，有效预防了煤层垮塌，实现了安全施工。

在柴金鹏精湛的钻井液技术指导下，塔里木分公司施工井的事故复杂率大幅降低，大大缩短了生产周期，为公司的高质量发展提供了有力支撑。

10 石油信仰“溶”进骨子里的科研人

伴随电缆传输水力泵送的最后一支“SSC-江汉可溶桥塞”顺利下入焦页181-1HF井，由江汉石油工程公司负责的该井26支可溶桥塞全部泵送完毕，一次成功率达100%，成功创造了涪陵页岩气田可溶桥塞应用井温132摄氏度的最高温度纪录。

从自主研发到规模化应用，从创涪陵工区分段数28段最多纪录到涪陵工区可溶桥塞应用井温132摄氏度的最高温度纪录，这个“小家伙”的每一次惊人举动都牵动着一位叫徐帮才的青年科研人员的心。

徐帮才是何许人也？江汉石油工程公司试油完井工艺研究所主任师，中国石化闵恩泽青年科技人才奖得主，“SSC-江汉可溶桥塞”正是由他一手孕育而成。

作为水平井分段压裂技术的核心工具，可溶桥塞在压裂过程中用自己娇小的“身躯”在井筒中将压裂液拦截至目标地层，完成使命后就默默地自动消失。不仅如此，与之前可钻复合桥塞相比，可溶桥塞能简化试气工序，缩短连续管作业周期近30%，可以说是页岩气勘探开发中提速降本增效当之无愧的“神兵利器”。

如果这样一件“神兵利器”长期被国外产品以高昂的价格垄断，会是一种什么感受？这对拥有极高报国热情的青年科研人而言，是万万不能接受的。新时代需要有经验、有智慧和富有创造力的青年科研工作者，扛起工具国产化进程的旗帜，于是，徐帮才站了出来。

研究工作伊始，一个问题迎面而来，那就是，看似坚不可摧的金属，要在压裂完井后的井筒环境中快速熔解，对于机械工程出身的徐帮才而言，这个研究课题显然超纲了，其涉及的化学反应不单单是改变其物理结构性质就能实现的。不仅如此，在其研发领域，国外油服公司基于资金优势，能迅速整合国际顶尖团队进行产品科研攻关和规模化应用，就市场形势而言，能给予徐帮才和其团队进行科研攻关的时间并不多了。

“既要顶住进口产品的规模化应用带来的市场影响，又要短时间内在跨专业领域里摸索出门道，他们背负的压力着实不小。”徐帮才所在单位的支部书记江强说道。

秉承着不服输的创新精神，那段时间，以徐帮才为首的一群“门外汉”顶着多方压力，暗自鼓劲，一定要在可溶桥塞领域树起国产化的旗帜。在前后近2年的时间里，他们通过查阅专业书籍，请教大学教授，设计完成6种可溶合金配方并进行生产与测试，经过200余组各类试验，确定了最佳方案，最终成功研制出了理想的可溶合金材料。

解决了材料问题，另一个问题也随之而来，那就是产品目标参数的确定与产品定位。如果仅从占领市场角度出发，徐帮才完全可以带领团队复制一个同类型产品并与之竞争，但严谨的科学态度告诉他们，特色发展不是同质化，既然要研究就一定要开发出一个行业标杆型的产品出来，只有这样才能牢牢掌握市场主导权。

什么算是标杆型产品呢？在一次研发讨论会上，大家为此争论不休，徐帮才倒是提出了一个大胆的想法：“要克服目前市场上的产品溶解率不高的问题，同时将坐封丢手方式由上部剪切销钉方式改为桥塞下部设计剪切环，而且在长度、质量、体积等方面要全面减小。”

他的想法很快就被团队提出的几个不可能给否定了。第一个不可能是密封性能，做小尺寸还要达到同等密封性，这对工具设计结构提出了极高的要求。第二个不可能是可溶材料研究，要在自己不擅长的领域做到比专业人员还要出色。

中国原子弹研发期间，苏联撤走相关专家，中国也曾一度认为能够成功研制原子弹是不可能的事，但科研的乐趣往往就是将不可能变为可能。

那段时间，徐帮才在实验室和办公室之间两点一线，从反复研究工具结构到合理分配可溶金属比例，这样的实验一做就是300余组，徐帮才就这样与他的研发团队一起，和冷冰冰的可溶合金“共舞”了300余次。最终，经过他们的努力，“SSC-江汉可溶桥塞”终于问世了，与进口可溶桥塞相比，徐帮才和团队研发的“SSC-江汉可溶桥塞”整体长度缩短了整整90毫米，体积与重量减少了40%，而其各项性能指标均不弱于进口桥塞。

“与进口产品争一时之气，并不是我们从事科研工作的目的，设计研发符合国内页岩气勘探开发需要的好产品才是。”徐帮才说道。

什么样的产品算是好产品？徐帮才与其团队研发的“SSC-江汉可溶桥塞”就是。

2020年3月初，在焦页109-4HF井，超4000米的垂深和高达118摄氏度的井温，让业主方急得团团转。受新冠疫情影响，进口可溶桥塞无法入关使用，看准时机的徐帮才主动带着产品找到了业主方。在此之前，虽然他们研发的可溶桥塞完成了各项高温测试，但前期应用的井温度均未超过110摄氏度，一时间业主方也不敢贸然在该井使用国产可溶桥塞。

就在业主方犹豫不决时，徐帮才做出了一个大胆的举动，他当着业主方的面，立下了军令状，这次他将亲自驻井指导该井的下桥塞技术服务。在考虑好井筒工程条件和地层参数后，徐帮才把目光投向了自主研发的直径101.6毫米的耐高温双卡瓦可溶桥塞，将其作为此次工程服务的产品。该产品也是目前涪陵工区同种规格产品中重量最轻、体积最小的一款。在制定了详细的压后顶替、泵送方案及复杂情况下井筒清理预案后，为保证该产品和现场施工实现无缝衔接，徐帮才24小时驻井跟踪指导，通过与后方支持团队连续20天全程视频互动，及时对接泵送、压裂生产需求以及跟踪分析每段泵送、压裂曲线，最终实现了全井28段可溶桥塞泵送施工一次成功率100%，压裂均无异常现象的优异表现。

这一次，徐帮才不仅让业主方看到了国产可溶桥塞在深层高温井况条件下工作的优异性能，同时，也在涪陵国家级页岩气示范区创下了国产可溶桥塞分段数最多纪录。

有人说，正是有了徐帮才这样的青年科研工作者夜以继日、孜孜不倦地研究和付出，才赋予了国产可溶桥塞抗高压、耐高温的“有趣灵魂”。唯其艰难，方显勇毅；唯其笃行，更显可贵。在徐帮才看来，反倒是国产可溶桥塞一次又一次无惧高温、高压的优异表现，教会了他在科研道路上该如何依梦远航，不惧风浪。

第二节　一线楷模

1　星光不负赶路人

2023年12月底，一场大雪染白了恩施群山，凌晨3时，罗军还在施工现场指挥管线改迁工作，不停地搓手、跺脚，防止手脚冻僵。“辛苦？太平常了。”罗军说。日子虽然平常，年底惊喜却是一个连着一个。2023年，罗军承担的红星500亿立方米增储工程地面建设工作成效显著，8个集气站点9口重点井全面建设完成，提前达到投产条件，红星区块日产气量达50万立方米。

罗军是江汉油田油气产能建设管理中心地面管理室副主任。“特别能吃苦，作风顽强，战斗力满格。”这是领导对罗军的评价。

2023年6月，该中心一成立，罗军就接到“硬核”任务——负责红星区块的地面建设工作。红星500亿立方米增储工程是江汉油田一号工程，地面工程建设工作千头万绪，纷繁冗杂，再加上时间紧迫，即使有着多年工作经验，和同事一起拿下过地面工程国家优质工程金奖的他，心里也打鼓。

罗军踏踏实实地从手续办理、施工图设计、材料到货、施工队伍准备、施工安全、质量等方面，一点点地梳理生产难点，一项项排除，虽然日子很忙碌，但是井井有条。

山峦连绵起伏，山势陡峭，雨季漫长，河水暴涨，山体易滑坡，管线穿越工作实施起来难度很大。罗军每天天不亮就赶到施工地，勘查现场、优化设计、解决难题……直到太阳下山才回招待所休息，即使睡觉也不敢关机，随时待命。

在红页13HF井的输气支线铺设中，罗军发现半山腰有4户农家，就在支线施工的正下方，存在着巨大的安全隐患。他和施工单位分段制定施工方案，采用为山坡植筋筑墙、修建导管引流、拦河筑堤等方式，紧锣密鼓开展施工，消除地灾隐患。

2023年底，红页7HF井要试气投产，时间紧、任务重，罗军不分白天黑夜地开展材料供应、场地整改、协调送电等工作，连续十几天加班到深夜，眼睛都熬红了。听说红页7HF井测试日产量超32万立方米，创红星区块测试产量最高纪录，罗军乐得不行。

红星区块各项目施工任务重、时间紧，罗军大胆创新，根据红星区块的气井压力低、含水量高的特点，持续改进优化一体化橇装采气装备。通过取消加热炉，节约采购成本，同时，他和设计、施工单位反复沟通，经过十几次的优化，最终形成油田“双层四单元”可灵活组合的功能模块。相比普通的采气设备，减少占地面积50%，工期缩短25%，预制化率提升80%，平均单井投资节约20万元。“这种一体化橇装设备相当于把分离和计量设备组合成‘上下铺’，安装设备就像搭积木一样，方便、快捷。”罗军开心地说。

他推广全自动化焊接技术，焊接效率较之前提升5倍；利用旧分离器、试气分离器，借用临井流程，提前释放气井产能；摸索建立涵盖脱硫、硫黄回收及腐蚀防治的工艺技术体系，努力填补油田含硫天然气集输空白……出色的表现让他成为中国石化工程建设管理和技术专家库成员。

在大山深处，罗军住着简陋的招待所，山里潮湿，冬天里老鼠成群乱窜，同事回家休了几天假，被褥全被老鼠咬烂了，气得直跳脚。罗军安慰他：“这是我们的二次创业，就像当年在焦石镇，条件也很差，我们不也一样过来了。红星区块在大开发，我们的日子肯定会越过越好。”

罗军出生在重庆山区，工作也在深山，眼看2023年到头了，他还没有休过假。爱人在重庆开了个小门店，两个女儿还小，罗军父母与她们住在一起帮忙照看。前一阵子，母亲摔伤了腿，爱人既要管小的，还要照料老的，只好把门店关了。“再过几天就买火车票。”罗军宽慰着自己，也安慰着妻子。

星光不负赶路人。作为产能建设管理中心管理+技术型干部的“新生代”代表，罗军先后获得不少奖项，也得到了单位领导和同事的认可。罗军说，他要继续努力，为油田天然气持续增储上产再加把劲。

2 “大漠红柳”

从大西北辗转大西南，中原石油工程井下特种作业公司西北项目部经理田宝刚始终心怀“国之大者”，为油气出征，为能源而战。历经15年一线锤炼，田宝刚从初出茅庐的实习技术员成长为独当一面的项目部经理，带队创造了中国石化石油工程新纪录13项，获得重大油气发现奖1项，获得中原工程公司“劳动模范”“先进工作者”，井下作业公司“劳动模范”“优秀人才”“先进个人”等多项荣誉称号。

扎根戈壁的“红柳苗”

2009年，实习期刚结束的田宝刚，来到西北项目部酸化压裂二队担任技术员。自那时起，他就如一棵红柳苗，将根深深地扎进了新疆红褐色的泥沙里。

2010年，西北油田分公司进入大规模酸化压裂探索阶段。工区内的各家压裂队伍都面临压裂机组短缺、液罐数量不够、管线紧张、人手不足等问题。获悉中国石化最大规模酸压井TH12312井酸压项目公开招标，田宝刚与酸压二队干部员工摩拳擦掌，精心筹备，一举拿下了该井施工权。

面对施工中的巨大挑战，田宝刚与队干部充分论证风险，对压裂机组的使用分配进行优化，完善加油措施，建立使用台账获取分析数据，对三级供液方案进行试验和改进。

7月份的新疆，地表温度高达60摄氏度。田宝刚带领员工在TH12312井摆罐，接管线，挥汗如雨。凌晨4时摆完罐，早上7时又出发上井，进行第二天的配液任务。

2010年7月6日，干部员工经过14个小时奋战，圆满完成塔河油田TH12312井超大型酸化压裂施工，注入地层压裂液6008.5立方米，创国内酸压施工注入液体量最高纪录。该井的酸压成功，对进一步完善碳酸盐岩酸压改造工艺技术，加大西北油田开发力度具有重要意义。

降本增效的“操盘手”

2018年10月，田宝刚转战西南工区，任压裂工程部党总支书记。他以降成本为抓手，大力推进“修旧利废、降本增效”工作，带领党员技术小组开展立项攻关。针对“压裂橇水箱堵塞后的散热器须定期拆卸清洗，以保证设备散热和良好运行”的状况，他带队开展研究试验，确定整改方案。

经他们改造后的水箱散热器，既保证了清洗轴承的润滑效果，也降低了润滑脂的使用量，拆洗周期由之前的1年延长至3年，每台压裂橇可节省维修清洗费2.6万元，每支压裂队每年可节省清洗费用15.6万元。他还组织人员对3台2500型压裂车动力端进行加强筋焊接加固，避免动力端泵壳开裂，延长使用寿命，节省材料费420万元。

2019年4月担任压裂酸化项目部经理后，田宝刚带领压裂工程部团队迎接挑战，接连刷新页岩气压裂最深井、公司单日压裂段数最多、公司最高页岩气压裂时效等一系列压裂施工新指标、新纪录，获得甲方高度赞誉。

市场开发的“领头羊”

2022年8月，田宝刚受命重返西北大漠，担任西北项目部经理。他把开源市场开发作为扩大项目部产值的首要任务来抓，带头跑甲方、找信息、作预判，市场开发工作实现全面开花。

当年，西北项目部以综合排名第一的成绩，相继中标了西北油田顺北采油厂2022年度储层改造框架、西北局油气管理开发部顺北802X井等5井次、2022年度采油三厂投资类酸化压裂作业框架、雅克拉采气厂2022—2023年储层改造项目，并承担了采油四厂2023年框架招标70%的工作量。

项目部承揽SHB8-3H井分段酸压后，他结合项目部实际制定跨区域施工“零接触”方案。对参与施工的承包商严格管理，优选施工设备和施工人员，严格落实疫情防控措施，实行临时封闭式管理，使干部员工与井队及周边人员“零接触”。该井酸压后测试获高产工业油气流，日产油当量1300余吨。同时，为西北市场疫情防控下的跨区域酸压施工提供了样板。

深地工程的“功勋将”

顺北42X井是“深地工程”家族的一员。距离西北项目部单程400千米，其中砂石路120千米，有11处路面翻浆严重、4处路段被砂子掩埋，小车通行砂石路需要4小时，大车通行需要6至8小时。

第一次动迁，塔克拉玛干就给了田宝刚一个下马威。因尘土飞扬，坐在车里都要戴上口罩。当车辆在砂石路上行驶过半时，因长时间的颠簸和吸入的尘土，田宝刚等几人下车后就吐了起来，大家深深体会到“死亡之海”的威力。

田宝刚带领20多名干部员工组成“保路突击队”，扛沙袋、填路面、铲砂子、清掩埋，采取“车轮战法”抢修道路。路上没有食宿地，也没有信号。大家饿了就吃口随身带的干粮，困了累了就在车里歇歇脚。经过3天多的奋战，终于打通了从砂石路到井场的“生命线”。

田宝刚带领干部员工风餐露宿，克服重重困难，安全高效地完成顺北42X井酸压施工。该井压后测试，日产天然气、原油分别为82.2万立方米和300吨，约相当于1122吨油，成为“深地工程”里首个日产超千吨井，标志着顺北4号带勘探开发取得重大突破。

一本本烫金的荣誉证书，一项项闪光的工作业绩，见证了田宝刚奋勇拓市、建功塔河的峥嵘岁月。在大西北的茫茫戈壁滩上，他秉承着“只有荒凉的沙漠，没有荒凉的人生”的坚定信念，以不屈的“红柳精神”砥砺前行，捍卫着“中原铁军”品牌，在中原压裂的大舞台上书写着无悔青春。

3　跑好新征程“第一棒”

“系上红绸，披上红花”，张金岗满面红光，这一天他等了很久。

2022年7月5日，位于高青县境内的国家级页岩油示范区——樊页1井组经过40天的连续压裂施工，终于迎来了首口井试油放喷，这是樊页1井组8口井中的第一口放喷井。8月25日，“胜利济阳页岩油国家级示范区”揭牌，这一天，成为胜利页岩油开发的里程碑。

2022年，胜利油田东胜公司滨博采油管理区踏上新的赶考之路。作为2021年刚接手滨博采油管理区的新任经理，张金岗深知国家级重点项目在这里顺利落地，绝不是轻轻松松、敲锣打鼓就能实现的，带着公司党委的嘱托，张金岗下定决心要拿下公司发展的新阵地。这一年，他时刻把职责和使命放在心间，带领干部骨干扎好马步、扎实推进。

“兵马未动粮草先行”，3月份，管理区成立了“页岩油保障项目组”，张金岗担任组长，樊页1井组保障工作即将全面展开，此时恰恰遇到疫情防控再次升级，东营和外界中断了人员流动，管理区部分职工情绪不稳，正在东营开会的张金岗第一时间赶回管理区，给大家加油鼓劲儿，他说：“越是在困难的时候、关键的时候，越是要在一线跟职工们一起战斗。”他这一待又是一个多月，在支委的带领和统筹运行下，干部职工不等不靠，克服人员紧张倒班难、封村封路拉油难、跨地域运输物资难等不利因素，全力向页岩油保障工作倾斜，张金岗和支委总结樊页平1井保障经验，按照“谋在先、干在前”的思路，不断进行实地踏勘、加强政府沟通、结合周边可利用资源，将保障项目统筹规划，成立“供水、供电、道路、管网”等十个工作组，同步协调推进，在压裂施工过程中完成了4万千瓦·时供电、近80万立方米供水、井场环形路（6米 ×487米 ×0.5米）铺设混凝土预制块、100余人住宿及40余人现场就餐、2300人次核酸检测等前所未有的保障任务。9月9日，樊页1井组8口井全部投产完成。核实日产油444吨，累油2.9万吨，当年超额完成奋斗目标4万吨。

樊页1井组压裂施工中有80万立方米压裂用水的保障任务，巨大的用水量、24小时不间断供应，成为保障任务里一项棘手的工作，但东胜人攻坚啃硬的作风让他们越是困难越向前，张金岗带着供水保障组组长邢照峰，前后三十多次跑现场，用双脚在10千米穿村越巷的田间沟壑一步步丈量，反复勘查每一处引水施工现场，考虑农田灌溉、雨季排涝等综合因素，最终确定把大芦湖的水引到灌溉水渠改道至井组的供水方案，施工完成后，16台泵从四个节点将水源提升至现场，保证了24小时最高2万立方米/天的供水能力，其间，他们手中的对讲机24小时不关机，现场的每一种情况在第一时间相互通气，在压裂施工顺利开工后，张金岗亲切地对邢照峰说：“这项供水工程可以命名为‘小邢水利工程’。”邢照峰也如释重负，感慨道：“这可真是把每一项保障工作当成国家级示范区配套工程去做啊！”就是这样严格的要求，以身垂范的榜样，从信任到支持，从耕耘到收获，压裂开工试压的那个晚上，他们笑得比谁都开心。

樊页1井组钻塞时每天的返排液最高达到1500立方米，这些返排液在别人看来是一种负担，但在张金岗眼里它们却是“宝贝”，张金岗带领地质主管任伟伟通过贯彻实施注水补能“1号工程”，利用返排液对7口井进行压驱施工，实现老井增产、新井高产，樊163-斜6井组三口油井投产后日产油达27.6吨，单井峰值日产油达10.4吨，压驱注水将压裂返排液“变废为宝”。在井组计量求产上，张金岗坚定不移地按照油田领导指示精神和公司党委的安排部署落实，本着对油田高质量发展、页岩油开发高度负责的态度，强化计量管理上的“严、细、实”，组织干部骨干进行全流程生产培训，采取“横向到边+纵向加密”的取样化验措施，确保人员素质提升到位、干得到位，计量数据及时、最大限度接近准确值，同时带领技术人员进行分析，找出不同层段贡献规律。这期间，大学生杨帆在他指导下的毕业论文《樊142-10单元特低渗油藏CO_2驱开发及认识》获评东胜公司优秀见习论文，杨帆也被推选为油田胜利新星。

这期间，张金岗的爱人陈雪已经怀孕七个多月了，这七个月恰恰是他坚守页岩油开发阵地、攻坚克难的日子，这七个月他没有休过几天假，回东营开会时甚至“三过家门而不入”。然而，张金岗在单位却从来没有和任何人提过。

4　北疆钻井的“拼命三郎”

2023年7月4日12时10分，胜利工程塔里木分公司80123队平台经理段明德带队施工的庄深1井完钻井深达8630米，创中国石化准噶尔盆地完钻井深最深纪录。

熟悉钻井行业的人都知道，新进尺意味着新效益，而在安全前提下加快施工进度，多钻探新进尺，一直是井队努力的方向。

段明德清晰地记得，这是他入疆12年来，在西部施工的第37口高难度井。

据井队职工吴先航回忆，2020年5月9日，段明德刚下飞机回到东营，还没赶到家里，便接到公司生产运行部搬迁新井永进1–3井上钻的电话通知，他立马订下第二天上午9点从济南飞往新疆的机票。下飞机后，他又立马奔赴老井场，召开搬迁动员会，带领井队员工从南疆满深区块长途搬迁至北疆新井区块。

2021年，作为党员干部，段明德毅然决然地扛下抗疫与生产的双重重担。他每天积极和当地政府沟通汇报，及时协调组织口罩、消毒液等防疫物资和生产、生活物资，既确保了生产连续性，又保障了现场安全性，实现了疫情防控与安全生产"双战双胜"。

"今年的假期格外短，为了尽快实现北疆冬休井队复工复产，我们在段经理的号召下，都赶回来了。"井队司机任开国说道。

2022年2月5日，新疆北疆区块庄深1井井场四周白雪皑皑，冰封一片，最低气温零下30摄氏度。为打响一季度安全生产攻坚战，段明德响应公司号召，在家休假不到半个月，就动员井队职工返疆，为复工复产做好充足准备。

在现场，段明德不顾寒风刺骨、冰霜冻面，以"开局就是决战、起步就是冲刺"的姿态，冲锋向前，跑出复工复产"加速度"。他带领员工认真清扫井场积雪，对长时间未启用的设备进行维护保养。其间，为井队运输锅炉水的车辆抛锚，停在距离井场17千米外的路上，段明德得知后，第一时间乘坐值班车紧急赶往现场了解详细情况，经确认无法短时间内修理好后，他立即向生产运行部汇报，重新协调组织供水车辆上井，为井场锅炉点火试炉抢抓了时效。

平日里，段明德对待工作比较严苛，不苟言笑，但他对待职工却相当暖心。夏天天气炎热，他会自掏腰包给职工买西瓜、雪糕、饮料解暑，看到职工工衣破旧，他会给职工送一些新工衣、工鞋，天冷时还会给职工买围脖和耳罩。私下里，他经常与员工沟通交流，热心帮助家庭困难职工，被员工称为“最好的平台经理”。

“有几次，我看到段经理腰疼得不行，瘫坐在司钻房折叠椅上无法站立起来，我们也蛮担心他身体状况的。”井队司钻董成龙说道。

在施工现场，他工作相当负责，事事把关、事事落实，经常在凌晨2点以后才和衣而眠。在庄深1井处理井上复杂情况时，段明德连续两三天只睡几个小时，一直盯防在司钻房，指挥司钻操作，观察仪表参数，认真分析井下情况并作出正确处理，直到井上施工正常后，他才稍微松口气。

对待工作，他尽心尽责；对待家庭，他却颇感愧疚。2021年清明节当天，远在新疆工作的段明德在朋友圈发了一张儿时他与父母的合照，随后又默默在朋友圈删掉了照片。如今，他作为一位父亲，常年奋战在石油一线，工作的特殊性让他极少照顾儿子、照顾家庭。就连儿子中考的关键时期，他也因工作原因缺席，这让他惭愧万分。

一个党员就是一面旗帜，段明德甘作北疆的一株红柳，扎根石油一线，用兢兢业业的态度与奋力拼搏的姿态感染着身边每一个人，谱写属于他自己的无悔人生。

5　坚守大漠33年的电气“专家”

高红军，胜利工程塔里木分公司顺北项目部设备主管，2022年他56岁，是该公司一名电气管理经验丰富的电气设备“管家”。1990年9月，他跟随公司60501队入疆参加塔里木石油会战，至今已在新疆工作了33年，是一名散发着光和热的石油老兵，现在仍奔波活跃在公司南疆20支井队，成为西部超深井钻探电气设备的“守护神”。

多年来，不管公司哪支井队电气方面出现了问题，第一个想到的就是高红军，他“治疗”电气设备病简直是“妙手回春”，手到病除，为公司钻井安全高效生产昼夜不停地奔波忙碌着。

随着西部钻探难度的不断增加，超深井、山前井、三高井等井逐渐增多，成为西部钻井群山中的“常客”，公司原有的钻机设备已无法适应西部高难度钻探的需要。为此，在2017年后，公司对钻机设备进行一系列大刀阔斧的更新改造。尤其在2018年，公司连续更新改造了多部80D、90D型钻机，在这些钻机的更新配套工作中，高红军穿梭在宝鸡厂和新疆之间，对每台钻机的每一个配件都认真检查，有时候一天只能吃上两顿饭，在近半年的新钻机配套工作中，他连续十个月没有回山东休假，经过半年多的努力，5套新钻机如期出厂投放到西部新疆市场，为公司提升综合竞争实力、牢牢站稳西部市场做出了贡献。

2020年8月，公司上钻青海的诺参2井，高红军和安全监督站赵增华、设备科宋文华及生产办崔洪波等四人作为先遣队，先行到达诺参2井现场。井场海拔3176米，空气稀薄，极度缺氧，紫外线照射强烈，半个月下来，他们的头发都掉了很多，脸上被紫外线照得又黑又红，嘴上都起了泡，饭无法做十成熟，导致他们胃部极度不适。在这种艰苦的条件下，针对老7000米钻机在高原施工问题多，尤其是线路电器问题层出不穷的情况，他每天工作10个小时以上，没有抱怨叫苦，对全部电器设备、线路、电机精心检查、维护、保养，确保诺参2井按时顺利开钻。

2021年，公司不断优化生产组织运行模式，为了给井队提供更快捷便利的服务，成立了顺北、北疆和塔河等三个区块项目部，高红军被委任为顺北项目部的设备主管，西北油田顺北区块的井都是8500米以下的深井，井下情况异常复杂，对电气设备的支撑要求也更加苛刻。他临危不惧、勇挑重担，把电气设备当朋友，细心呵护着每台设备，及时诊治出现病情的设备，确保设备的健康。

春节刚过，80121队顺北4-11H正准备开钻验收，就在验收的前一天晚上12点半，发现三台泥浆泵中的两台不能运转。情况紧急，如不快速抢修，就会影响明天的验收，高红军果断上井，连夜维修，经过认真检查，发现一台是由于SCR柜上的急停按钮闭锁，另外一台是由于直流接触器受沙尘影响发卡。说干就干，等到天刚刚放亮时，两台泵已全部修好，没有耽搁井队的报验工作。

2022年2月份，他在塔河工区70588队例行设备检查工作时，发现队上的西门子直流系统发生故障，不能触发警报。这种情况会直接导致钻机或泥浆泵不能运转，造成停产。最大的危害是在这种状态下时间长了，可控硅会被直接击穿，引起系统瘫痪。他通过故障现象判断是可控硅元件性能差导致漏电造成的，于是他将整个可控硅柜拆解，逐个认真检查，发现有四只可控硅元件参数不符合要求，更换后恢复正常。

近几年来，随着中国石化“深地工程”建设工作的全面展开，高红军身上的担子更重了，作为公司顺北项目部的设备负责人，他主动加压，奔波在公司顺北区块的5支井队之间。因为该区块的井井深均在9000米左右，对钻机设备的要求极高，为此，高红军边学习边琢磨，把8000米、9000米和12000米钻机设备的性能原理基本上都学习了一遍。在他的精心呵护下，公司施工的顺北区块井深不断向更深处挺进，这两年公司施工的顺北4-5H井、顺北84X井和顺北10斜井都成为中国石化“深地一号”的千吨井，设备维护管理功不可没。

33年，漫漫西部石油路，一路走来，他无怨无悔。他就像大漠中的一棵胡杨，把根深植于地层底部，栉风沐雨，搏击风浪，挺直身子勇敢顽强地砥砺前行，用奉献的音符演绎着精彩的人生。

6 勇当页岩油勘探开发排头兵

2024年5月10日，从集团公司党组领导与青年面对面活动暨“五四”表彰大会上传来喜讯，胜利石油工程公司黄河钻井总公司70169SL钻井队党支部书记、平台经理董德英荣获“中国石化首届十大杰出青年”荣誉称号。

“荣誉既是鼓舞更是鞭策，将始终激励我在履行‘端牢能源饭碗’的光荣使命中加倍努力！”董德英说。

作为黄河钻井最年轻的钻井队负责人，33岁的董德英带领队伍推广应用多项钻井新技术、新工艺，创出10余项页岩油井施工新纪录、高指标，70169SL钻井队成为胜利石油工程公司的标杆示范单位，荣获“中国石化工人先锋号”称号。董德英个人也先后获得“中国石化集团公司油气勘探重大工程保障贡献奖”“胜利石油工程公司劳动模范”等荣誉称号。

2021年，中国石化宣布页岩油首批上报预测储量4.58亿吨。董德英知道，要实现胜利油田可持续发展，就必须啃下页岩油这块“硬骨头”。他率先喊出“要打就打别人打不了的井”，连续克服地层原始压力高、钻井液密度窗口窄等多项施工难点，顺利完成70169SL钻井队组建后首口页岩油井丰页1-1HF井的施工任务，为后续施工积累了宝贵经验。

胜利页岩油面临着地层超高温、断裂发育、溢漏同层等诸多世界级难题，要实现商业开发，必须靠技术突破推动成本降低。2022年3月，中国石化重点项目牛页一区试验井组开工建设，董德英主动请缨，率队进驻井组。

面对胜利石油工程公司制定的“钻井周期从180天降到30天”这个从未有过的、看似“不可能”完成的任务，董德英和技术团队全力攻关。

针对井下170摄氏度高温，董德英提出加装耐油闸门、降温装置，有效降低了井底环境温度，保障了仪器稳定运行。面对三开施工钻遇裂缝风险导致溢漏同层、地层压力高、泥浆密度调整范围小等施工难点，首次探索应用精细控压技术，解决了页岩油井溢漏同层问题。试验确定的提速工具组合和两个“一趟钻”工程，创密闭取芯单次最长、区块钻速最快、周期最短、耐热最强等11项国家级中国石化新纪录。最终，实现钻井周期24.8天、完井周期29.5天的胜利页岩油井施工新纪录，把“不可能”变成了“可能”、干成了“可能”。

亲身感受页岩油钻井技术迭代升级的董德英决心更大、干劲更足。他积极践行胜利石油工程公司“精益管理是最大的效益”和“所有成本都是可变成本”的经营管理理念，把可复制、可借鉴的施工模板规范，向2024年新建立的国家级页岩油示范区民丰区块推广应用。

他创新实施以工序分解到岗位、过程控制到节点、总结分析到班组、绩效考核到全员为内容的“四到”管理法，按照108道施工工序“标准工期”挂图作战，通过“横轴+纵轴”的方式分析优化时效、效益等指标，确保每一项指标、每一条曲线都清晰可见、有效控制。

2024年1月，由70169SL钻井队承钻的丰页1-4-A11HF井，完钻井深6202米，完钻垂深4085.29米，三开钻井周期10.5天，三开钻进最高日进尺610米，创出同区块三开旋导钻进日进尺最高纪录，在陆相断陷盆地页岩油“无人区”成功闯出了一条高效率勘探、高效益建产和高质量发展之路。

7　十年荒漠绽芳华

王会向2014年从中国石油大学（华东）油气井工程专业毕业后，来到新疆胜利工程塔里木分公司工作，先后在胜利工程塔里木分公司70177队、70796队、80121队、80116队担任工程师、平台副经理、党支部书记等职，自2022年6月起，担任该公司70825队平台经理。

选择西部，无怨无悔

出生在山东临沂沂水县革命老区的王会向，十分珍惜大学求学机会，大学连续四年拿到奖学金，大学毕业顺利考取研究生，又攻读了三年。毕业那年，被胜利油田招生简章上那句让青春热血沸腾的格言——“只有荒凉的大漠，没有荒凉的人生”所吸引，毅然决然地选择了新疆塔里木分公司，一干就是十年。

西部的钻探难题，没有吓倒他，他外表看上去是文弱书生，内心和血液里却流淌着坚韧、不服输的刚毅。

十年中，他先后转战胜利油田北疆、塔里木油田克深、西北油田顺北和塔河等区块，积累了丰富的钻井实践经验。

十年磨一剑，大漠花自开

十年时间里，他和他的井队先后完成了顺北5-4H、克深6-1、顺北9X、顺北4-5H、顺北84X等重点探井、超深井施工任务，2017年顺北5-4H井是塔里木分公司第一口井深超8000米的深井；2019年克深6-1井提前16.71天完井，且创同区块3项钻井纪录；2020年顺北9X井钻井周期节约98.54天，节约率29.24%；2021年顺北4-5H井经试油实现日产1360吨油气当量的高产油气流；2022年顺北84X井喜获日产1017吨油气当量油气流，成为亚洲陆上垂深最深的千吨井。

十年来，他多次获得胜利石油工程公司技术管理先进个人、劳动竞赛先进个人、胜利石油工程公司优秀共产党员等荣誉。

尽心管理，把队伍拧成一股绳

2022年6月，王会向刚刚接任70825队时，井队在公司整体排名靠后。他到任后，从自身做起，用自己的实际行动感染着身边每一个人，带动全队职工追赶超越，使井队在很短时间内发生了质变。

他积极做好一人一事思想政治工作，整合队伍的战斗力。井上生产出现问题时，他不是发号施令，而是亲临现场，用自己的智慧与其他员工一起研究解决。2022年6月接任70825队平台经理后，他的团队施工的第一口井都护2侧井是一口二开制侧钻探井。面临二开目的层小井眼（120.6毫米）小钻具抗拉抗扭强度不足、卡钻、井控、溢流等风险，生产处于极其被动的局面。那段时间他几乎天天守在井上，哪里出问题就到哪里。功夫不负有心人，都护2侧井终于漂亮翻身，2022年9月份完井时，获得流动红旗和双优井称号。

2022年到70825队上任后，王会向本来准备年底回家过春节，但看到新井井位已经确定，搬迁上钻前工作很多，队上很多职工也都工作了半年以上，需要倒休，为了让职工回家过春节，他坚持留了下来，一直到2023年2月份，才匆匆赶回家，在家休息了5天，又匆忙赶回新疆，投入新井生产工作中。

关爱职工，爱如雨露润心田

针对井队职工情绪浮躁、凝聚力不强等现实情况，他推出了“一家人”团队文化，把脉职工思想，确保队伍和谐稳定。尤其是对刚分下来的大学毕业生，他改变以往“我讲你听”的单向灌输方式，以平等身份跟他们交流思想、交换意见，使他们快速融入井队大家庭。

王会向就像沙海戈壁中的一棵胡杨，从不畏惧环境的恶劣艰难，向阳而生，固守着大漠中的一片热土，在风沙霜雪中，挺直身子，绽放着青春芳华和生命张力，沙海逐梦，不负韶华。

8　大漠“探路者”

清晨，第一缕曙光投射在一望无垠的塔克拉玛干沙漠，一台台钻机分布在广袤的顺北油区，开足马力钻向地层深处。这里全年有二百多天都是风沙天气，被称为“死亡之海”和“生命禁区”。

经纬公司胜利定向井公司定向工程师李生红和他的队友，奋战在这里。

清晨，55岁的李生红沿着45级台阶拾级而上。他登上高高的钻台，神情专注地指导着司钻精准控制数千米深处钻头的轨迹。

1990年刚刚接触定向工作时，李生红跟着师傅苦学技术，当时主要是通过人工定向来施工，用的设备是单点照相机式仪器。他聪明好学，又肯下功夫，很快掌握了定向井优化设计技术，在定向井施工一线挑起了大梁。

从1999年开始，李生红每年都要前往新疆工区进行技术指导和支持工作。

2008年除夕，他和定向井技术团队前往中国石油新疆哈德4–88井开展施工作业。这口井井况复杂，属于典型的薄油层，油层厚度只有0.8米。让钻头在地下数千米深处“畅游”，顺利中靶和穿越有效储层，是薄油层井施工面临的最大困难。李生红运用工程软件，跨专业研究地质建模，分层对比找油，最终顺利完成了施工任务。

2021年1月，李生红刚返回东营老家倒休不久，就接到重点探井顺北42X井的定向施工任务。他立即整理行装，从3000千米外的东营飞回新疆。当天晚上8点，李生红乘坐一辆皮卡从库尔勒基地出发，一路上经过300千米的沙漠公路和200千米的“搓板路”。他边帮司机观察路况，边与现场井队沟通施工进度。

长年在沙漠里施工，他能记住每一次转向，每一次拐弯。

次日早晨6点到井队后，李生红才发现放在皮卡后面的生活物品和行李箱不见了。回想了一下，估计是在“搓板路”上颠掉了。

“李哥，要不你先返回去找找？”队友看着两手空空的李生红，有些心疼。

李生红低头看看身上，好在棉工衣和工鞋还在。施工时间紧迫，他摆摆手说道：“个人的生活困难我能克服，不能耽误施工。”说完，他戴上安全帽，转身进了井场。

在顺北沙漠里，风是这里的主宰，把能动的都吹成沙，把不能动的都刻成画。在数月的施工过程中，李生红和队员们，与高耸的钻塔一起，常常被大漠的风描绘成一幅“红衣石油人”沙画。

寒风刺骨，风吹在脸上像小刀子扎一样。天再冷、风再寒，李生红每天都要坚持走过45级台阶，最多时要往返10趟。粗略计算，33年来，李生红一共走过了927.36万级台阶，相当于300多座天山的高度。

西北大漠的冬天既漫长又寒冷，他和他的梦想，一起等待春天的到来。

2021年3月11日，草长莺飞，捷报传来，顺北42X井喜获高产工业油气流，成为顺北第一口“千吨井”。“看到自己施工过的井获得高产，再苦再累，我也心甘情愿。”听到好消息，收到表扬信，李生红笑了。身上褪色的工衣在大漠的风中猎猎作响，脚上饱经风霜的工鞋稳稳地踏在沙漠里。

2023年，又是一年春来到。顺北84X井再获突破，成为“深地一号”第22口千吨井，亚洲陆地上垂深最深的千吨井。

从第1口到第22口，每一口千吨井的获得、每一项施工纪录的刷新，都意味着中国石化在定向、测井和录井技术上的进阶和突破。

李生红和一群群红衣石油人，深深扎根在西北大漠上，成为定向施工的大漠“探路者”，很多人一干就是一辈子。

顺北，也因为他们，正在从一个热词变成一方热土。

9　驰骋在超深井施工现场

李春季2006年从长江大学石油工程专业毕业后，来到胜利石油工程黄河钻井总公司工作，2007年进入土库曼斯坦钻井项目参与海外施工，2013年随着土库曼斯坦钻井项目来到胜利工程塔里木分公司，2017年作为在海外钻井生产方面具有丰富经验的钻井精英人才，被胜利工程塔里木分公司派往西北油田顺北工区，2022年被提拔任命为胜利工程塔里木分公司副经理兼顺北项目部经理。

李春季扎根国内外石油工程施工前线17年，认真对待生产施工中的每一项工作，千方百计缩短建井周期，降低钻井成本，带领项目部施工队伍屡屡创造和刷新国内陆地钻井纪录，项目业绩和排名受到甲方的充分肯定。

2017年进入顺北超深井钻井市场以来，李春季不断摸索超深井钻井经验，带领该公司80116队和80121队先后完成三口高产油气发现井的施工任务。

深耕海外市场为他进军顺北超深井打下基础。2007年至2011年，在土库曼斯坦亚速尔哲别油田施工，先后完成该油田012井等6口井的施工任务，攻克了巨厚盐膏层、窄压力窗口的高压盐水层等钻井难题，为后期同类型复杂地层钻井提供了理论和实践依据。

2011—2017年，他参与土库曼斯坦中国石油阿姆河天然气公司在阿姆河区域高压气井的施工任务，完成Kel-21井等井的施工任务，其间参与施工区域“次生高压气藏”等系列阿姆河右岸地区钻井关键技术的研究和应用，编写的《阿姆河右岸复杂地层关键钻井技术》成为该区域钻井项目施工的指导性技术文件。

李春季痴迷超深井钻探，勤奋好学，厚积薄发。自2018年以来，在任该公司顺北项目部经理期间，针对工作中出现的难题，结合自身对岗位职责的认识和理解，积极完善工作机制，为进军顺北区块超深井钻探领域奠定基础。

他从设计源头着手，深入了解和认识地质和工程难点，结合工程地质一体化研究，加强口井施工方案的编订与审核，确保方案的准确性、指导性及可操作性，同时积极调研邻井资料，做好口井提速方案以及下部施工复杂情况的预防提示。在驻井和巡井期间，认真做到重点环节施工的监控和督导，确保现场技术措施的合理执行，反违章操作，反侥幸心理，确保施工井的各个工序建立在科学打井的宗旨之下。他不断提高年轻技术人员对区域优快钻井技术的理解，以及处理井下复杂情况、预防井下故障的能力，该公司99101队先后完成顺北蓬1井、顺北11井等集团公司及西北油田分公司重点探井任务，该公司施工井平均机械钻速提高30%以上，复杂故障率降低70%以上。

李春季持续攻坚超深井钻井难题，助力“深地一号”新突破。在顺北项目部工作期间，他积极开拓工作思路，不断提升顺北项目部的责任担当和工作水平。近几年，该公司顺北项目部井队共获西北油田11面流动红旗、4封表扬信，2021年，该公司80116队顺北9X井、顺北4-5H井钻井周期节约率在17%以上，被甲方评为“双优井”。2022年顺北4-5H井喜获日产1360吨油气当量的高产油气流。2023年顺北84X井喜获日产油气当量1017吨的高产油气流。

2023年3月28日，80121队顺北10X井顺利完钻，圆满完成集团公司特深层安全高效钻井关键技术课题重点示范井项目，该井钻井周期节约率23.20%，平均机械钻速较设计提高36.6%，经放喷测试喜获日产气60万立方米的高产油气流，为中国石化“深地工程”再添一口高产井。

10　做铁军队伍的坚强脊梁

在重庆涪陵国家页岩气示范区建设中，江汉石油工程公司钻井一公司70765JH钻井队队长瞿强梁，带领70765JH钻井队顺利完成15口重点井的施工任务，累计进尺7万多米，刷新创造了12项国内和区块施工纪录，中央电视台、《人民日报》、新华社等主流媒体多次到井队进行采访报道。70765JH钻井队被评为中国石化集团公司“金牌基层队”，瞿强梁荣获“中国石化集团公司劳动模范”“重庆市五一劳动奖章”等荣誉称号，荣立涪陵会战立功竞赛个人一等功。

2013年4月，正在建南打井的瞿强梁接到任务，带领队伍出征涪陵焦石，参与国家首个页岩气示范区建设。作为先遣队，瞿强梁深知任务艰巨、责任重大，他给自己立下军令状：一定要干出成绩来，在焦石这片土地上立起70765JH钻井队石油铁军的旗帜。

焦石打的是水平井，和建南的直井不同，水平井走曲线，技术和工艺都要复杂得多。他们打的第一口井是焦页6-2HF井，距离不远处就是中原油田的钻井队，同台PK，比的是速度，拼的是质量，瞿强梁和大伙儿心里都憋着一股劲，一定要首战用我、用我必胜！

为了掌握第一手信息，瞿强梁提前一个月和技术员到新井场勘察，了解地层情况，借阅邻井资料，在项目部技术办的帮助下，参照邻井的设计制定了详细的施工方案。顶驱是新设备，他们不会操作，瞿强梁请技术人员来讲课，开钻前，他还带着每个班到旁边5号平台的50143JH队去学，回来后再一步步练习。每天班前会他都要根据工况细细交代注意事项，每打到一个新地层，他就上司控房亲自操作，严防复杂故障发生。最终这口井比计划提前了十多天完井，创造了当年焦石打井最快纪录。并且该井成为当年最高产量井，至今仍保持日产30万立方米、累计产量最高纪录。

试气放喷求产那天，放喷池的火焰熊熊燃烧，映红了山谷，也湿润了瞿强梁的双眼，首战告捷，这一仗给咱江汉人争了光！

接下来的几年，瞿强梁带领队伍顽强拼搏、奋勇前进，先后施工了焦页45、62、103等多个平台的重点井，在和“气老虎”的一次次较量中，他们规避风险的经验越来越成熟，捕捉页岩气的嗅觉越来越灵敏，成为涪陵工区首屈一指的标杆队，打出了名气，打响了品牌。

页岩气勘探开发如火如荼之时，正逢石油行业遭遇“极寒”期，公司内外部市场大面积停工，停工井队一度高达80%，焦石工区一枝独秀。可以说，公司生存和发展的重任全在焦石战场，两千多名员工的收入也全靠焦石的几支钻井队支撑。瞿强梁给全队定下了目标：把每口井打成优质井、效益井。

2017年初，焦页90-2HF井顺利完钻，原本下完套管固完井就大功告成，可瞿强梁想到之前工区发生了几起套管试压不合格导致工程质量不达标的事故，让井队损失不小，于是他主动向涪陵页岩气公司申请进行套管“气密封”检测。

500余根套管近6000米的下深，意味着工作量和劳动强度将成倍增加。一时间，员工们都不能理解，怀疑的、发牢骚的、说风凉话的都有。瞿强梁召开员工大会，语重心长地说：“兄弟们，我们现在打的每口井不只是为自己，更是为公司，只有保证了工程质量，我们才能创效，才能站得更稳，走得更远！”

一席话让大家如醍醐灌顶：是啊，没有质量哪来的效益和市场？统一了思想，大家的干劲也鼓得足足的。第二天下起了雨，气温降到了零下，瞿强梁带着大家在寒风冷雨里一根根套管检测、清洗，一次次起下钻，工衣淋湿了，双手冻僵了，脸被吹得生疼，却没有一个人退缩。奋战40多个小时后，他们终于高标准完成任务，试压一次合格，井身质量和固井质量均优于设计要求。

这次“自讨苦吃”让70765JH钻井队受到多方点赞，涪陵页岩气公司又交付他们更艰巨的任务——钻探焦页90-4HF井。

这口井设计井深6140米，是涪陵目前最深的页岩气水平井，风险之高难度之大，自涪陵页岩气田开发以来都属罕见。瞿强梁下定决心：无论如何必须啃下这块“硬骨头”，为市场而战，为荣誉而战。

由于井深太深，复杂程度超乎想象，打到4000米后经常发生卡钻情况，瞿强梁的神经绷得紧紧的，白天守在钻台，晚上守着监控视频，实在累了才在沙发上打个盹儿，对讲机里一传出声音，他就像弹簧一样弹起来，拉开门冲上钻台。连日劳累让瞿强梁患上了重感冒，高烧39度，他找了几颗感冒药吃了，然后继续工作。党支部书记左城看不过去，对他说：“你这样强撑着哪行，赶紧去医院看病，万一你倒下了，这口井怎么办？”瞿强梁却说：“我没那么娇气，现在是井下关键时刻，我不能走！”实在没办法，左城只好请了医生到队上来给他看病，在屋里他一边输液还一边用对讲机指挥作业。

2018年4月13日晚上9点，焦页90-4HF井顺利完钻，完钻井深6303米，一举刷新了国内最深页岩气水平井等多项施工纪录！为国内超深页岩气水平井钻探积累了宝贵经验，也展示了江汉钻井过硬的技术实力，并且实现创效1500万元。

后来，央视《厉害了我的国》《捕获蓝金》栏目组专程到队上进行了采访。从那以后，涪陵气田有个“名牌队长”叫瞿强梁，有支石油铁军叫江汉70765JH钻井队，通过电视荧屏走进了千家万户。

钻井过程中，定向就像是钻头的眼睛，能指引钻头按着设计轨迹前行。打页岩气水平井，长水平段定向是施工难点，都是采用美国哈利伯顿公司的旋转导向技术。当时，页岩气勘探基本实现了技术国产化，但是长水平段定向技术还掌握在外国人手中，而且一天就要二十多万元，每打一米还要加收米费。钻井一公司很早就开始实施长水平段常规定向探索工作，可最长的也只打到了2200米。瞿强梁他们承钻的焦页30-5井设计水平段长2800米，公司反复研究后，决定以这口井为试验点，让这支铁军队伍挑大梁，去攻克后面的600米。

任务之艰、责任之重，前所未有，瞿强梁立定心志，绝不辜负公司期望。然而在近5000米深的地下，仅6米厚的气层就有A、B、C、D四个层位，他们得让钻头在C层位里精准穿行，这就好比让一个盲人走直线，谈何容易？刚打了80米，就因为摩阻太大地层太硬，不但无法定向，钻头也被磨坏。于是他们大胆试验，引进新型振荡螺杆，调整钻具组合，优化钻头选型。那段时间瞿强梁不吃不睡，几乎24小时盯在钻台上，恨不能化身成两个人，一个守在地面，一个钻入地层。经过24天的煎熬，4月7日，他们终于成功完成了2801米的水平段施工任务，刷新创造了国内陆上页岩气水平井常规定向钻具水平段穿行最长纪录。至此，涪陵页岩气钻探开发在技术、设备上全部实现国产化。

从踏入涪陵焦石打第一口井，到打下最深的井、水平段最长的井，6年来瞿强梁肩上承担着“为国家争气、为江汉争光、为公司争效”的责任，在页岩气勘探大开发中用坚韧和执着、智慧和汗水，做出了巨大贡献。放眼未来，瞿强梁心中只有一个信念：初心永不变，斗志永不减。他和他的井队将继续勇往直前，在强手如林的钻井队伍里勇创佳绩，永远成为江汉石油铁军的坚强脊梁！

11　一颗冉冉升起的压裂新星

压裂，是“撬开”储层，为油气喷薄而出开辟“高速公路”的工艺。在页岩气开发的篇章中，压裂作为“临门一脚”占据了厚重的一页。这些年来，成百上千的专家学者、热血青年投身压裂战场，突破了一项又一项国外垄断技术，创造了一项又一项大国重器工程纪录，汇聚成压裂行业的璀璨星河，豆瑞杰就是这条星河中一颗冉冉升起的新星。

接过“江汉压裂”旗帜，传承“压裂王者”血脉。

在陕北高原上，曾有一支所向披靡的中国石化压裂队伍，在中国石油的市场创造了年产值8亿元的傲人成绩，被誉为“陕北压裂王”，豆瑞杰身上的压裂基因就源于此。2011年他从中国石油大学石油工程专业毕业后，来到井下测试公司陕北项目部压裂103队，在这里，他不仅学会了压裂技术，还锻造出陕北高原的刚毅与坚韧。2013年，涪陵吹响了国家级页岩气示范区建设的号角，豆瑞杰主动请缨，成为第一批参加焦石会战的青年人之一。

那时，刚工作2年的他还是个“愣头青”，满腔热血想要在页岩气会战中“大显身手”，而现实的困难给他狠狠浇了几次冷水。2013年9月，焦页7-2HF井第10段压裂施工时，由于设备前期保养缺项，3台压裂车先后掉挡、排量跟不上，导致施工中止，并严重影响后续施工进度。事发后，时任副队长的豆瑞杰，情绪一下子跌到了谷底。队书记看出了他的心思，用了一招“激将法”，“这就被打倒了吗？我们金牌队可不要‘尿包’！”知耻后勇，豆瑞杰和队干部一起认真梳理各个施工环节，从制度完善、责任分工、队伍建设到考评考核，拿出了一本厚厚的管理手册。重整旗鼓，他们背水一战，焦页1-2HF井、焦页2HF井、焦页4HF井、焦页8-3HF井等施工捷报频传，迅速扭转不利局面，树立起“能打硬仗、善打硬仗”的铁军形象。

涪陵页岩气田这个世界级的舞台，真的很大，大到随便一个施工任务下来，就是“前无古人后无来者”。2014年，国内首次，也是迄今为止唯一一次“井工厂同步压裂”——焦页42号平台鸣笛开工，江汉压裂队和长城钻探压裂队同台竞技。豆瑞杰心中有个信念：“必须赢！”两个月来，他满心想着工作，每晚仅睡5个小时，只有听着压裂车的轰鸣声、看着正常平稳的施工曲线，内心才是平静的。这种起伏中的平静从生理蔓延到心理，当创造出5项全国纪录时，他的内心还是平静的。直到施工结束，看到队长从领导手中接过印有“江汉压裂”字样的红旗时，他的眼眶湿润了，内心终于平静不下来了，因为他知道从这一刻起，他和他的队伍正式代表了“江汉压裂”。

江汉压裂要持续领跑，必须有探路者，他说：“首战用我，用我必胜！”

豆瑞杰带领的JH-YL108酸化压裂队是集团公司金牌队，拥有国内唯一一套整装3000型压裂机组，是国内页岩气压裂的标杆队伍。“这样的队伍不闯市场，谁闯？”豆瑞杰曾经在他的笔记本上写下

“首战用我，用我必胜”的豪言壮语。自2016年以来，他带领队伍先后征战华东石油局南川区块、勘探分公司丁山区块、地质调查局宜昌区块、中国石油川渝区块等外部市场，胜页1井、鄂宜页1井、东页深1井等“1字号井”“重点井”的红旗都是他带队插上的。

丁页4井是勘探分公司部署在重庆綦江的一口深层页岩气井，作为除焦石坝地区之外最有利的页岩气勘探目标区，丁山区块肩负着中国石化继续拓展页岩气勘探领域、实现页岩气勘探向深层推进的战略重任。

这口井储层埋深比焦石主体区要深1000米以上，施工水马力达到63000马力（1马力=0.75千瓦），施工压力高达110兆帕，国内能达到如此施工条件的队伍屈指可数。豆瑞杰带着他的金牌队，载着整套3000型压裂机组和140兆帕超高压流程上了这口高难度井。17段压裂，干了1个月，有多苦有多难，只有在现场的人才体会得到。一名泵工回忆道：“这口井，我们一共换了100个盘根，是平时的3倍”。豆瑞杰带着队伍没日没夜地拼搏，支撑他们坚持下去的，是“江汉压裂”要走出去的信念。凭借滚石上山的精神，他们优质完成了施工任务，丁页4井获得了“优质资料”“优质工程”双优殊荣。在品牌效应下，丁页5井、东页深1井、梓页1井的订单纷至沓来，“江汉压裂”成为该市场的“香饽饽”。

2023年10月，豆瑞杰带队施工的宁209H7平台，被中国石油长宁公司选为样板压裂平台，当时在长宁工区有中国石油、中国石化和多家民企等17支压裂队。“江汉压裂”走出了涪陵，复制了示范，实现了走向国内、领先国内的目标。豆瑞杰带领着队伍走到哪儿就把示范带到哪儿，将“江汉压裂”的品牌越擦越亮，他自己也成长为一颗冉冉升起的压裂新星。

连续3年被评为劳模，他工作很忙，却从不喊累。

要问一年365天，豆瑞杰有多少天在井上？可能拿到他的考勤表，数数休假天数，更容易得出答案，掰着手指头一定数得过来。

2023年9月，豆瑞杰的爱人带着儿子来焦石探亲，他正带着队伍在中国石油长宁市场施工，爱人在焦石等了一周没见到人，儿子闹着要爸爸，她就跟着值班车追去了长宁，结果不巧豆瑞杰又去成都汇报项目了，硬是过了半个月一家三口才见上面……“已经习惯了，他工作忙，回不了老家，我就带着孩子来看他。但在一起的时间还是少，他每天天不亮就出门上井，晚上很晚才回来，只能亲亲熟睡的孩子……”豆瑞杰的成功离不开爱人的支持，儿子牙牙学语时，她就给儿子讲，爸爸很棒，爸爸在干一件很厉害的事情……小家伙耳濡目染，学会说的第一个词，竟是“爸爸”。

豆瑞杰这种率先垂范的作风也实实在在地影响着他的队伍，2016年底，胜页1井的施工时正值春节前，前13段施工压力过高，甲方决定暂停，年后再干。豆瑞杰已经连续3个春节没有回家了，队里的员工大多也有一两年没回家过年了，大家都兴奋不已。他清楚地记得到家的那天还飘着雪，因为走得急脚上穿的还是工鞋，可刚到家半天，急促的电话铃响起，“豆队长，局里要求胜页1井2月份出成果，我们决定更换140兆帕地面管汇继续施工。”挂了电话，他一下子懵了。在家过了一夜，他又背起了行囊。回到队里，发现所有员工都按时返回，没有一个掉队，有的路程远的还没到家，就在中途下车返程。豆瑞杰心里感动不已，“页岩气会战，让我们的队伍淬铁成钢，又上了一个台阶！”

这些年，很多人看到豆瑞杰都会说一句“你怎么又瘦了！”肩头的使命鞭策着他奔波劳碌，而亲历“江汉压裂”取得的一项项成绩，让他觉得自己有这份辛劳是三生有幸。连续三年他都毫无悬念地被评为江汉工程公司劳动模范，2019年还被评为“中国石化青年岗位能手”。

12　向万米深地进军的“钻井尖兵”

13年来，他把根深深扎在塔克拉玛干沙漠腹地，啃最硬的“骨头”，攻最难的“山头”，用担当、勇毅，传承诠释一名新时代“钻井尖兵”对党的忠诚和对石油事业的热爱。

他叫邵将，江汉石油工程公司钻井二公司90117JH钻井队队长，中共党员。2011年，从中国石油大学（华东）石油工程专业毕业后，23岁的他来到江汉钻井，正式成为西北油田产能建设大军的一员。

勤学苦练，一丝不苟

邵将刚刚出校门的时候，导师就告诫他：“虽然在学历上你是高材生，但在实践上还是个小学生。只有运用好‘理论+实践’这把金钥匙，才能将学到的知识为我所用。”来到井队后，邵将始终不忘导师的教诲，从小班干起，一门心思跟着师傅学技术、练手艺。

2018年，正值顺北油气田开发起步的重要阶段，邵将主动报名去顺北。“学石油，不来钻井不是白学了吗？搞钻井，不来顺北不是白搞了吗？顺北条件苦，这反而让我更加想加入。来了就是要坚守现场，扎根大漠，亲自掌控顺北高压油气井生产和安全。”

顺北地层岩性差异性大、井斜高、水平段长、井控风险大，面对的都是被誉为“地下珠峰”的世界级钻井难题，时任钻井工程师的他，感受到前所未有的压力，不由得发出“这和以前打的井不一样啊”的感慨。但关键时刻作为党员就要冲得上、靠得住、战得胜！他潜心学习研究，白天黑夜恶补基础理论知识，向专家虚心求教，查阅邻井资料，慢慢摸清了顺北区块不同井段地层特点，针对性调整钻井参数和钻井液性能，最终，在获得大量钻井数据的基础上，他绘制了深井超深井施工曲线图，研发了动态承压堵漏技术，攻克了多项技术难题，刷新十余项纪录，为公司施工的8口千吨井修筑了一条“油气”高速通道。

勇攀“峰顶”，当仁不让

随着顺北“深地工程”的不断推进，邵将跟随队伍继续向大漠进军、向深地进军，承接了集团公司难度空前的重点井——顺北5-17井施工任务。

当年的7月，该井四开钻进突遇“遭遇战”，超出设计的四套压力体系和全国罕见的异常高压油气层，地层就像三明治一样，高低压层相互交叠，更让人揪心的是，三天一小漏，两天一大漏。

面对急难险重，邵将主动担当“遭遇战”的冲锋手，连续多天蹲守钻台，查看参数变化、研究地层压力，一个月下来，让这个30岁出头的小伙子一下子老了10岁。

漏失严重时，他总是钻台和泥浆罐两头跑，在钻台看数据，往泥浆罐加药品。“记得有一次，漏失速度突然变快，有溢流险情，邵将带着干部员工连续4个小时加重晶石，最后胳膊麻了、腿也麻了，他浑然不知，溢流控制住之后，他瘫坐在罐区，我们看了是真心疼。也就是这一次，邵将有了数不清的白发。”

值得庆幸的是，顺北5-17井最终突破目的遗漏同层，油气极度活跃，加重晶石上千吨的极限，控制住地层压力，保住了油气勘探成果，填补了顺北5号条带安全施工勘探的空白，顺利登上5号条带地下8000米高油气深井“珠峰”峰顶。

邵将也迎来了他职业生涯的第一个“小山顶”。公司引进了第一部90电动钻机，组建了90117JH钻井队，任命他为队长，也将“向万米深地进军”站排头、争第一的重任交给了他。

他不辱使命，带领90117JH钻井队挺进沙漠更深处——顺北6号断裂带，在该区块施工了3口深井超深井，总进尺26000多米，先后夺得甲方“流动红旗”4面，打出顺北6号断裂带第一口“千吨井”，为顺北6号条带目的层破碎安全钻进施工探索出宝贵的施工经验，为“深地工程”添上了亮丽的一笔。

关心关爱，倾情付出

塔克拉玛干，人们常称它为“死亡之海”，待的时间久了，担心会患上“沙漠综合征”，让人不想说话，对什么都失去兴趣。

但见过邵将的人，会让你的担忧一扫而光，他阳光开朗，黝黑的脸上一直挂着笑容，感染着每一位员工，私下里跟每一位员工都能聊得来、谈得开。

深地工程的每口井井深都在8000米以上，每一口井都往往要施工半年以上，作为队长，也是“家长”，他把员工当家人一样对待，有想法他认真聆听，有困难共同克服，有争吵他积极协调。每天吃饭的时候，他最喜欢做的事就是第一个冲进去，先看看饭菜怎么样，分量够不够，然而却总是最后一个打饭，然后在值班房跟员工聊聊家常，吐槽一下当天的烦恼，开开玩笑：“今天的沙尘暴含沙量不高，影响我消化美食。”每次倒休回来总是会把家乡特产带到餐桌上跟大家一起分享，就像一家人吃饭一样，在欢声笑语中撇去一天的烦恼，把队建设成家。

他积极争取公司的支持，下力气改善员工的生活条件，申请建造了沙漠公寓，设置了健身房、按摩椅、EAP活动室，配备了环保厕所，而且钻井队搬到哪儿，无线Wi-Fi就连到哪儿。

“邵将专门改建了一个大大的冷库，我们一年四季都能吃到新鲜蔬菜。厨房里购买了压面机、电饼铛、烤箱，能满足我们各地员工不同的饮食习惯。”该队员工雷奕幸福地表示。

单调的沙漠生活，从来都不能消磨掉石油人对生活仪式感的追求，也没有消磨掉邵将对爱的诠释。每隔一段时间他就要给员工过一次集体生日，整一桌好菜，订一个蛋糕，送一份礼物。逢年过节或是完井的时候，邵队就会组织员工聚餐，烤全羊、K歌、办篝火晚会，一群人唱啊跳啊。为了丰富员工的业余生活，他还专门在宿舍区修建了一个30平方米左右的篮球场，这个不规范、极其简易的篮球场，装满了大漠深处家的温暖陪伴。

苍茫戈壁，他战天斗地；浩瀚沙海，他扛旗引路；无人禁区，他建设家园。他为油而生、为油而来，带着几代人的石油梦，勇做向深地进军的“钻井尖兵”。

第三节　巾帼豪杰

1　气田“花木兰”

每个周六，葛兰都会一大早就来到办公室，把一周的各项工作认真整理、收尾，总结分析，明确下一周的重点工作和主攻方向。“已经习惯了，只有每个周六复盘一遍，心里才踏实。”作为涪陵页岩气公司技术中心地质所党支部书记、副主任（现为江汉油田页岩气管理部副经理），中国石化首届“十大杰出青年”之一，气田800多口气井的“生老病”就是她最大的牵挂。

“走，跟我上井去”

葛兰团队的年轻人都知道，除了得空回重庆“探娃”，她大部分时间都在“探井”。“走，跟我上井去。”葛兰一句话，大家就跟着她往现场跑。他们以每口井保持最长生命周期、实现可采储量最大化为目标，一起围绕气藏管理的重难点问题搞分析，每一口气井都像一个小型课堂，蕴含着丰富的实践知识。

涪陵页岩气田开发之初，葛兰是为数不多的几名先遣女将之一。当时气田开发规律不清，很多技术“拦路虎”摆在面前，她驻扎在现场，围绕气藏管理的重难点问题，白天查看气井情况，获取第一手准确资料，晚上搞研究，分析状态，制定措施，11年日积月累，磨砺钻研，葛兰逐渐成长为一名气井“巧大夫”，各种“疑难杂症”

到她手中都能迎刃而解。

2014年10月，气田投产井达42口，产能高但递减快，急需一种科学合理的配产技术支撑高效稳产。葛兰带领团队反复试验，不断调整策略，有时为了论证一口井数据的准确性，要来来回回跑好几趟，花费两三天时间。经过半年“屡败屡战”的艰苦努力，在对48口配产试验井2000多万个数据的反复比对后，研究出中国首个页岩气井全生命周期动态合理配产技术，填补了国内空白。

2018年7月15日那一天，气田首次对DN550清管站——白涛收球站段进行清管作业。凌晨4时左右，100多人集结完毕准备前往沿途站点，路灯下，年轻的同事们朝气蓬勃、干劲十足。那一刻，葛兰感悟到青春的价值。在气田的几千个日夜，大家挥洒着青春汗水，释放着青春智慧，孕育着一个个“气宝宝”，见证着投产井数从1口到100口，再到800口，产能从0.2亿立方米到50亿立方米，再到100亿立方米，每一个数字背后都有“涪气人”的默默奉献，她更要在这难得的机遇与挑战中突破自我，持续向上。

为气田高效开发配备“最强大脑”

面对繁重的科研项目和海量的基础数据工作，葛兰常常一天十多个小时趴在电脑前，和图表、数据“较劲”，进行大量比对分析，难免感到吃力，但她觉得，科研工作要耐得住寂寞，坐得住冷板凳，不拼体力可以拼细致、比耐心、比百折不挠的精神。

2014年，随着气井数量不断增多，数据日益繁杂，急需建立数据库进行系统化管理。葛兰几乎寻遍能找到的所有相关数据库，奔赴几家兄弟单位实地学习，寻思路、讨经验。利用休息时间见缝插针自学数据算法，建立各项业务数据展示模块，搭建理论模型。她带着团队一遍遍测试、调整，现场试验，终于牵头建立起涪陵页岩气勘探开发一体化数据库，实现无人值守条件下的报表自动录取与上报、远程监控与预警提示。2019年，她带队自主研发了国内首套页岩气勘探开发地质－工程－采气一体化大数据分析决策系统，填补了国内页岩气勘探开发大数据分析的技术空白。

2021年10月，涪陵页岩气田累产突破400亿立方米，创造了中国页岩气累产新纪录。葛兰和同事们击掌相庆，以为就此可以歇一歇了，没想到转眼迎来了更为繁杂的工作。2022年，气田进入全面智能化建设时期，原有的数据库和分析决策系统无法满足生产链条全过程管控要求，上级让葛兰牵头建设智能化气藏管理平台，需要把800多口井的实时动态和历史数据全部汇集到这个“最强大脑”里。

海量的数据、如山的资料，看得人头皮发麻。但葛兰毫不畏惧，她带人逐项梳理数据，有时候忙得连饭都顾不上吃，时常加班到凌晨。长时间面对电脑久坐，有一次她肩周炎犯了，忍了几天，肩颈痛到连轻微扭头都费劲，也只是去拔了个火罐又回来接着干。

2023年7月，100多万条数据全部录入整理完毕，平台正式上线。同类公司起码要花4年时间才建成的平台，葛兰带领团队只花了1年多，实现气藏管理的“规范管”“精准管”“智能管”，异常识别与治理效率提升50%，开启页岩气藏精细化管理新征程。

页岩气井初期产能高但递减快，落实产能接替是页岩气开发中的重要一环。葛兰团队打破固有页岩气开发规律，持续攻关深层常压页岩气、复兴页岩油气藏效益开发技术。其中，白马区块日产量突破100万立方米，复兴区块日产气达13万立方米、日产油超60吨，打破重庆地区不产油的原有观念，助力中国石化在页岩油领域的探索开发。

在不断更新的成绩中，葛兰团队信心倍增、越战越勇。2023年，涪陵气田面临产量快速递减问题，他们又开展气井增产潜力研究，明确了增产潜力井，“对症下药”，合理采取增产措施，形成科学合理的稳产对策，全面支撑气田产量重上2000万立方米。团队成员先后参与国家重大专项，省部级、局级科研项目研究，申报专利33项，获得国家专利20项。

2 光彩夺目的“花季”

从北京回到武汉的办公室，刘莉发现，网上订购的鲜花，还没来得及拆封，就烂在了包装盒里。

“收货前就接到出差任务，一忙就忘记交代了。”在研究院天然气开发所，所长刘莉（现为研究院副院长）回顾2023年，发现自己一大半时间都在外出差，喜欢办公室四季鲜花相伴的她，懊恼错过了好几场“花季”。

值得欣喜的是这趟北京之行，在中国石化2023年度油气勘探开发总结会上，江汉油田在油气高效开发专项奖中夺得8项，其中特等奖1项，一等奖3项。

“2023年，我们干成了许多过去认为是不可能的任务。”参与并见证了一场能源领域更盛大的“绽放”，这位“全国五一巾帼标兵”获得者语气自豪。

不能被国外“卡脖子”

从武汉到涪陵北火车站，有近5个小时的车程，一路上要穿越无数条隧道。坐在动车里，窗外明暗切换的风景，刘莉觉得像极了科研历程。“有时候眼前一亮、茅塞顿开，有时候又陷入黑暗、冥思苦想。”

涪陵页岩气田是她出差最多的地方。2023年，中国石化集结了各方优势力量，在这里开展了国内首次页岩压后取芯重大先导试验。

“气田已经开发11年了，地下的压裂缝网到底长啥样，立体开发效果如何，过去都停留在想象里，这次要眼见为实，指导下一步的攻关方向。”刘莉解释说。

施工现场，是一片红色工衣的海洋。每次看到国产化装备和自己的施工队伍，刘莉都激动不已。她不能忘记，十年前参与油田第一次页岩取芯卡层任务的情形。施工方是专门聘请的国际知名公司，现场全部用塑料布围起来，不允许中方人员靠近。

“开发页岩气，我们必须掌握属于自己的核心技术，不然就要被国外‘卡脖子’。”那次难忘的经历，让她对“端牢能源饭碗”有了更深切的体会。

追求无懈可击

2023年初，涪陵页岩气田江东区块立体开发调整效果不佳，令刘莉一度很苦恼。“到底哪里出了问题，一大堆问号等待破解。”

加奥启当时是新入职的大学毕业生，跟着刘莉一起做研究，他对刘莉最大的印象就是“严苛”。“每一个数据她都要深挖，不停问为什么，她说开发方案里的一句简单表述，背后都涉及地质、工程、配套工艺等大量研究分析工作，容不得一点马虎，要做到无懈可击。”

追求“无懈可击”的刘莉有自己的道理。她记得，2019年，他们想把页岩气藏数值模拟作为行业标准立项的时候，专家评委当众质疑：这个世界级难题你们能做吗?

“气田目前有800多口老井，剩余气的情况每天都在发生变化，要通过数值模拟实现实时动态刻画。这就好比你把珍珠、米、红豆撒在3000多米深的地下，现在要把它们找出来，吃干榨净，起初好多人觉得这是天方夜谭。”

生性要强的刘莉知道，掌握行业话语权，需要过硬的实力。“要让别人挑不出刺来，每一个细节都必须精益求精。”

用激情感染团队

在北京回武汉的火车上，刘莉听到《是妈妈是女儿》那首歌，边听边流泪。

和工作上的辛苦相比，对女儿的亏欠，是她心中过不去的坎儿。因为科研任务繁重，丈夫在外会战，已经读初中的孩子从小养成了独立生活的习惯。“有一次周末在家，女儿感到很奇怪，问妈妈今天怎么没有去上班。”

姜宇玲是刘莉的徒弟，也是该院天然气开发所建模数模室主任。她最难忘的是有一年7月，中国石化技术交流会有几个材料要准备，页岩压后取芯情况要跟踪，立体开发调整井要分析，刘莉带着她们，白天跑井场进行岩芯描述，晚上加班到深夜，神经高度紧绷。

“那段时间，我们一天只睡了四五个小时，她比我们休息时间更少。”姜宇玲感慨，身材瘦弱的师傅，体内竟然蕴藏着如此强大的能量。

作为中国石化页岩气建模数模团队带头人，刘莉希望用激情感染团队。“我们站在了中国页岩气开发的‘风口’，往小了说，是实现更大的个人价值，往大了说，是保持中国石化技术领跑地位。”

一次次在黑暗中摸索，一次次挑灯夜战，最终迎来花开时刻：2023年，江东区块打造出测试产量近百万立方米的采气平台，获得中国石化油气高效开发特等奖；页岩气立体开发技术被列为中国石化核心技术，目前正在申报国家科技进步奖；她作为主要负责人，牵头制定的《页岩气开发调整方案编制技术要求》行业标准获国家能源局批准发布，于2024年4月11日正式实施，让中国石化牢牢掌握了这一领域的行业话语权。

本是迎接鲜花掌声的时刻，她又瞄准了新的目标。“中国石油在川西地区致密砂岩气方面取得了突破，我们在建南区块有类似储层，要抓紧研究一下。”

科研路上，每一个“花开时节”，她都不愿错过。

3　酸压作业“混配大师”

在一望无际的塔克拉玛干沙漠，西北油田顺北5-21H井场像激流中的一个漩涡。漩涡的中心是20多台压裂车，突然一起发出怒吼，声浪震耳欲聋。酸压作业，将在上午11点正式开始。

酸压作业，就是在油层和油管之间，用压裂液压开地层，创造更多通道条件，然后注入酸液刻蚀通道，从而提高油气产量。在一排酸压体系的搅拌罐旁，一个身材娇小戴眼镜的女子，扎着马尾，清爽而干练，正指挥着几十名工人有条不紊地进行紧张的配液工作。她叫方裕燕，今年36岁，是西北油田“方裕燕巾帼专家创新工作室”的负责人，负责此次3000立方米酸压体系的配方设计和现场混配工作。

方裕燕于2011年硕士毕业后来到油田，一直都在从事压裂液的研制和作业设计工作。2023年夏天，她和同事针对顺北超深地层，专门设计形成新型一体化压裂液体系，耐温由140摄氏度提升至160~180摄氏度，耐盐3万矿化度，可实现顺北地层水在线混配，并能连续均匀加料，液体性能和用量均实时可调。

顺北超深井平均井深8000米，一口井的酸压作业需要上千甚至几千立方米酸压体系。各种酸压体系目前有效期只有一周，在井场临时混配，既可保证酸压体系不失效，又不影响作业的连续性。而且有的体系从注入到成胶只有两个小时，这就要求必须在现场混配。

“现杀现吃”是超深井最佳也是最难的选择。酸压体系往往需要十多种单剂组合，药剂供货单位一般都是5家以上，作业分属几个单位。酸压体系混配是从药剂勾兑开始，先做小样，而后进入正式混配。“几千立方米体系注入用时不到3个小时，中间几百立方米性质和功能组合的不同体系轮替注入，都是用分钟来确定的。”方裕燕介绍。

在这些粗犷壮实的石油汉子中间，体重42千克的方裕燕显得过于清瘦和单薄。但多年的合作，让这群能把50千克的材料桶用胳膊夹起就走的男人们，欣赏并信赖眼前这个似乎能被一阵大风吹走的女人。他们很多次见识过她的预言成真，见识过她关键时刻敢于承担的一锤定音，也见识过她在困难的时候帮助大家走出困境。

大家了解方裕燕的脾气和风格——语速快，却清晰明确，每一句都有用处。事前，她会深思熟虑把每个细节考虑透彻，做起来则干脆利落、雷厉风行。整个酸液作业流程，从一个工位到另一个工位，她一遍又一遍疾步前行，查看酸液的色泽、黏度，查看颗粒和纤维等材料，还不时强调工作节奏。现场上到处布满管子，她的双脚却像长了眼睛，从不磕磕绊绊。

她是工艺的设计者，却像战场上威风八面的女将军。

为了现场协调更加顺畅，方裕燕的作业总结总要留一定的篇幅，来评点分析承包商的特点和效率，并提出改进意见，反馈给乙方。现场作业队伍的优缺点、动作速度，她了如指掌。

“混配”不是专业，而是专业里的一个活儿。大家称方裕燕为“混配大师”，玩笑里透着对她能力的认可和钦佩。

4　大漠深处的“信号达人”

“顺北已经实现生产井数据采集覆盖率100%，20口高产井实现异常情况远程一键关断。”谈及此，西北油田采油四厂信息自动化主管何莉莉眉宇间透露出自豪。

挑战顺北，荣称“莉哥”

2021年7月，已在塔河工作12年的何莉莉挺进大漠，开启了新的挑战——顺北油气田信息化建设。刚到顺北的时候，大家对身材娇小的她产生了怀疑。恶劣的环境、极少的人员配置、不完善的基础设施、两万多平方千米的面积，也让她担心自己坚持不了多久。

前两个月，何莉莉白天跑现场，熟悉环境，盛夏的烈日炙烤着大漠，地表温度高达40摄氏度，她又常常赶不上基地的饭点，就啃馕饼喝矿泉水对付，晚上看图纸、做方案，日均工作时间长达14小时。两个月后，当她熟练自信地向各专业专家介绍顺北信息化建设进程及规划的时候，大家都对她刮目相看，同时送她“莉哥”的雅号。

移动通信，从无到有

“莉哥，咋你一来信号就好了？”何莉莉开着玩笑回答：“我在哪里，信号就跟到哪里啊！”

顺北油气田地处号称“死亡之海”的塔克拉玛干沙漠腹地，自然环境恶劣、社会依托条件差，要实现高速稳定的移动通信覆盖，难度极大，但办法总比困难多。梳理对接完现场需求后，她与相关部门沟通对接，一遍遍地现场踏勘、模拟仿真……

2021年底，一座座通信塔在顺北二区架起来了，一条条光缆铺设完成。2022年3月，移动、联通、电信三大信号齐聚顺北油田联合站片区；6月，5000多平方千米的顺北二区主要条带实现通信覆盖，生产单井光缆全覆盖。如今的顺北已经建成4G/5G、光传输、北斗相结合的“空天地一体”传输网。

挖掘数据，数业融合

数据已经有了，如何挖掘数据潜力，向数据要石油呢？带着这样的问题，何莉莉带领团队与岗位业务结合，对接需求，以敏捷迭代的方式不断完善“三端三系统”。通过深化数据应用，7大业务域、24个一级功能全部开发完成并投入试用，可实现报表一键生成、个性化定制等功能，有效减少重复劳动，节约时间达1.3小时/天，大力助推顺北油气田高质量发展。

“随着信息化建设的不断完善，顺北将布满‘千里眼’‘顺风耳’，我们可实现随时、随地办公，真正做到决胜千里之外。”娇小的何莉莉提到工作，信心满满。

5　扎根科研一线的“铿锵玫瑰”

有人形容，科研是一场与寂寞对抗的游戏，没有强大的定力坚持不下去。

赵素娟，江汉石油工程钻井一公司钻井液研发中心负责人，这位“80后”女孩潜心科研近十年，创造50多项技术成果，其中8项获得国家专利，形成了油基、水基、泡沫气体三大类别18种钻井液体系，填补了国内多项技术空白，为我国页岩气勘探开发插上了科技的翅膀。

钻井液又称泥浆，在钻井施工中起到稳固井壁、平衡压力、携带岩屑、润滑钻具等作用，被喻为钻井的“血液”。2013年涪陵页岩气大会战时，页岩气勘探开发所需要的油基钻井液技术掌握在外国公司手中，导致钻探成本始终居高不下。

“没有自主知识产权，就只能被对方卡着脖子要钱。”那时，29岁的赵素娟和团队成员决定从零起步，展开国产油基泥浆研发工作。

钻井液性能的优劣关键在处理剂。从上百种处理剂中找到最优配比，如同26个英文字母，可以组合成无数个单词，要找到最合适的那个，难度之大可想而知。

虽然屡屡受挫，但这个应用化学硕士研究生仍然斗志昂扬，“失败是常态，随随便便就成功那才不正常。”她说，“但只要坚持就一定会成功。”

600多次实验，7000多个数据，为了早日实现目标，赵素娟放弃了年轻女孩逛街休闲的时光，每天“两点一线”奔波在实验室和井场之间。仅用了一年时间，具有自主知识产权的高密度油基泥浆就研制成功，大大加快了涪陵页岩气勘探开发的国产化进程，经过推广应用，每口井可节约钻井液成本90万元。

正当大家都松了一口气时，赵素娟又有了新的目标。科研路上不能有一丝一毫的停歇，不断优化、不断进步才能不被超越。原来，随着页岩气勘探开发进程的加快，环保要求也越来越高，而油基钻井液性能虽好，可其基础配方是柴油，无法进行生物降解，环保压力很大。

“能不能研发一种环保泥浆来代替它呢？”赵素娟的思路很快得到公司支持，经过论证，确定了高性能水基泥浆的研发方向。

但是，让“水变油”绝不是说说那么简单。“有三年时间我们都没什么实质性的突破。”团队成员解丽影还记得，当时大家都很气馁，只有赵素娟仍然乐观又坚强。

“以前思路不对，我们总想将水完全变成油。”赵素娟说，一天做饭时她不小心把水倒进了油锅里，溅起的油花烫伤了手，也让她突然明白，“水就是水，不可能成为油，按水的性能对应解决问题就好了。”

在和涪陵会战的丈夫李思通电话时，她兴奋地把这个事告诉他，李思又心疼又生气，说她简直是“走火入魔”了。

正是靠着这种“走火入魔”的坚持，经过5年艰难探索，高性能水基钻井液诞生。2019年7月14日，在涪陵气田焦页18-10HF井首次成功应用，完成了长达1378米的水平段施工，开了“水代油”绿色钻探先河。《工人日报》《湖北日报》等各大媒体争相报道。

后来，江汉石油工程公司全力进军中国石油四川页岩气市场，为了应对区块生态敏感的问题，赵素娟又夜以继日研发性能优良的环保型白油基钻井液。

一次实验时，破乳电压从600伏急剧下降到100多伏，想了很多办法都无济于事。赵素娟百思不得其解，晚上回家躺在沙发上一边敷面膜一边思考，不一会儿两边脸颊上起了红疹子，又疼又痒。

这是常用的怎么会过敏？她仔细一想，可能是天热没保存好。等等！面膜会如此，那处理剂也会因为时间、温度的变化而发生氧化反应，游离出铵离子，而这一点点改变都会影响钻井液性能。

这个发现让赵素娟特别激动，当时已是晚上十一点多，她立即赶到实验室，从核心的乳化剂入手，改换新样品，重新配伍。破乳电压的数值逐渐回升，等到东方露出鱼肚白的时候，显示器上的刻度终于定格在600伏。

如今，白油基钻井液已成为该公司在中国石油川渝页岩气区块的钻井队的标配，钻进速度一路高歌，从最初的120多天缩短到80天、70天。

2021年1月30日，中国石油四川页岩气公司勘探开发有限责任公司发来贺信，赞扬公司70221JH钻井队在泸203H53-1井创造的优秀业绩，为四川盆地页岩气勘探开发做出了积极贡献，希望今后双方能继续共建战略合作伙伴关系，发挥优势，实现双赢。

这些年并非没有来自外界的诱惑，但在赵素娟心中始终有着一种情怀，“能为国家能源建设做点贡献，是一件有意义的事。”她说，看淡一点，想开一些，工作和生活都会更加纯粹。

两年前，公司以赵素娟的名字命名成立了“赵素娟创新工作室”，她信心更足了，已经拟定未来几年的发展规划，要攻关万能型环保钻井液，在特色钻井液技术研发路上继续生根发芽。

后 记

《向地球深部进军》是一部全面记述与真实反映石油铁军在油气勘探开发领域向地球深部进军辉煌历程的著作。本书在编纂过程中，始终坚持“质量第一”的原则，确保实现思想性、学术性及精准性的完美统一，赢得了各家石油企业领导、专家的一致认可、充分肯定。《向地球深部进军》依据的资料，包括史实、人名、地名、年代、引文等，来源于相关单位的各类材料、档案、文献、图书、报刊，以及调查采访实录。全书数据来源于国家统计局、国家发改委能源局及中国石化、中国石油、国家管网集团。

本书在编纂过程中，得到中国石油企业协会、中国能源化学地质工会领导的关心与支持，并得到中国石化、中国石油、国家管网集团领导的关心与支持，在此一并致谢。本书编纂人员长年累月奔波于“深地工程”第一线，采访收集大量第一手资料，刻苦编纂、精心修改、九易其稿，确保《向地球深部进军》一书能够高质量出版。特别是在采访座谈过程中，得到胜利油田、江汉油田、西北油田、胜利石油工程、江汉石油工程等企业领导的关心与支持，在此一并致谢。

感谢中国石化出版社有限公司毛增余书记、黄志华副总经理等对本书编辑出版工作的大力支持。

谨以此书献给伟大祖国75周年华诞，献给全国石油工业战线的百万石油铁军。在本书出版发行之际，诚恳欢迎广大读者指正，提出好的意见，以便我们在适当时机再版时能够订正、充实与完善。

编辑者

2024年9月2日于北京